2025
식품위생직(제한경쟁)

장미

식품미생물
기출예상문제

2025 장미

식품미생물

기출예상문제

4판 1쇄   2025년 1월 10일

편저자_ 장미
발행인_ 원석주
발행처_ 하이앤북
주소 _ 서울시 영등포구 영등포로 347 베스트타워 11층
고객센터_ 1588-6671
팩스 _ 02-841-6897
출판등록_ 2018년 4월 30일 제2018-000066호
홈페이지_ gosi.daebanggosi.com
ISBN_ 979-11-6533-526-7

정가_ 23,000원

식품미생물은 다양한 유기물을 분해하고 생물계를 순환하면서 많은 에너지로 작용하며, 발효나 양조 등 식품의 가공과 저장에도 매우 중요한 역할을 하는, 인간의 삶에서 분리할 수 없는 중요한 생물입니다.

따라서 식품미생물학은 식품미생물에 대한 전반적인 내용뿐 아니라, 식품위생학, 분자생물학, 가공저장학, 생화학 및 발효학 등 수많은 학문과 연계하여 공부해야 하는 복합적인 과목입니다. 식품미생물학을 시험과목으로 접하는 수험생들에게는 복잡한 내용과 낯선 용어를 공부해야 한다는 부담감으로 체감난이도가 매우 높은 과목 중 하나입니다.

기본이론 수업을 통해 정립한 내용을 문제풀이집을 활용함으로써 문제해결력을 높이고, 실제 시험에서 고득점을 취득하는 데 도움을 주고자 "장미 식품미생물 기출예상문제집"을 출간하였습니다. 본 교재는 식품미생물을 이해하는 데 기본이 되는 미생물의 분류, 세포구조 및 다양한 미생물의 생육과 물질대사를 비롯하여 유전자와 육종, 미생물 제어기술까지 전 범위에 걸쳐 빠짐없이 문제를 수록하여 식품미생물의 전반적인 내용들을 실제 문제로 접해보고 응용력을 키울 수 있도록 구성하였습니다.

본 교재의 특징은 다음과 같습니다.

첫째, 식품미생물의 발전사부터 생육, 대사산물 및 유전자까지 시험에 출제되는 광범위한 내용을 최대한 반영하여 다양한 문제를 수록하였습니다.

둘째, 단원별 기본개념을 정립할 수 있는 기초적인 문제부터 실력향상을 위한 핵심 및 응용문제까지 체계적으로 구성하였습니다.

셋째, 새로운 출제 경향을 파악하고 실전에 대비할 수 있도록 최신 기출문제를 수록하였고, 출제된 문제의 정확한 이해와 복습을 위하여 상세한 해설을 첨부하였습니다.

앞으로도 식품미생물학의 기출 현황을 민감하게 반영하고, 기본이론을 반복 복습할 수 있는 수준 높은 문제들을 계속적으로 보강하여 교재를 개정해나갈 것입니다. 본 교재가 많은 수험생에게 도움이 될 수 있기를 소망하며, 여러분들 합격의 순간까지 저도 함께 하겠습니다. 끝으로 이 책의 기획부터 출간까지 도움을 아끼지 않은 (주)대방고시 관계자분들께 깊은 감사를 전합니다.

2024년 11월
장 미 씀

<식품위생직 공무원>

1. 주관/시행

각 시·도 / 교육청

2. 응시자격

① 나이제한 폐지(9급 18세 이상, 7급 20세 이상), 학력제한 폐지
② 거주지 제한
    ㉠ 당해 1월 1일전부터 최종시험(면접)일까지 본인의 주민등록상 주소지가 해당지역으로 등록되어 있는 사람(해당기간 중 말소 및 거주불명으로 등록된 사실이 없어야 한다)
    ㉡ 당해 1월 1일 현재 주민등록상 주소지가 해당지역에 되어 있는 기간이 모두 합하여 3년 이상인 사람
    ㉢ 서울시 거주지 제한 없음
③ 가산점
    ㉠ 9급 공채: 산업기사 이상 관련 자격증 소지 시 가산점 5%, 기능사 3%

• 기술사: 축산, 수산제조, 품질관리, 포장, 식품 • 기사: 축산, 수산제조, 품질경영, 포장, 식품 • 산업기사: 축산, 품질경영, 포장, 식품 • 기능사: 축산, 식육처리, 식품가공	산업기사 자격증 가산비율 적용: 영양사, 위생사

    ㉡ 경채: 영양사, 위생사, 식품산업기사 소지 시 응시가능

3. 응시요강

구분	시험과목	시험전형
공개경쟁	국어, 영어, 한국사, 식품위생, 식품화학	• 1차: 필기시험 −4지선다 객관식 −과목당 20분, 20문항 • 2차: 구술면접
제한경쟁	화학, 식품위생, 식품미생물	

4. 선발 인원

매년 각 시·도에서 필요한 인원만큼 선발(상대평가 방식)

5. 합격 후 근무처 및 업무

• 초·중·고등학교의 급식을 담당하고 관리
• 식품을 취급하는 사업자에 대한 위생상태 관리
• 유통 중인 식품의 유통기한과 원산지 과대광고 유무 감시
• 사용금지 식품의 사용 여부 단속 및 감독 등

차례　　　　　　Contents

문제편

Part 1 미생물학의 기초
Chapter 01 | 미생물학의 개요 및 분류 ------ 8
Chapter 02 | 미생물학의 역사와 발전 ------ 15

Part 2 미생물 세포의 구조 및 기능
Chapter 01 | 미생물의 관찰 --------------- 20
Chapter 02 | 원핵세포 ------------------- 22
Chapter 03 | 진핵세포 ------------------- 46

Part 3 세균
Chapter 01 | 세균의 형태와 구조 ---------- 60
Chapter 02 | 그람양성균 ----------------- 66
Chapter 03 | 그람음성균 ----------------- 87
Chapter 04 | 방선균 -------------------- 98

Part 4 박테리오파지
Chapter 01 | 바이러스 ------------------ 104
Chapter 02 | 박테리오파지 --------------- 106

Part 5 효모
Chapter 01 | 효모의 특성 --------------- 114
Chapter 02 | 중요한 효모 --------------- 128

Part 6 곰팡이
Chapter 01 | 곰팡이 ------------------- 144
Chapter 02 | 중요한 곰팡이 ------------- 153
Chapter 03 | 버섯 --------------------- 168

Part 7 조류 -------------------------- 172

Part 8 미생물의 생육, 환경 및 제어
Chapter 01 | 미생물의 증식 ------------- 180
Chapter 02 | 미생물 증식의 환경인자 ---- 192
Chapter 03 | 식품에서의 미생물 제어법 --- 213

Part 9 미생물의 효소 및 대사
Chapter 01 | 효소의 특성 --------------- 222
Chapter 02 | 미생물 유래 식품 효소 ----- 229
Chapter 03 | 호흡과 발효 --------------- 235

Part 10 미생물의 유전과 변이, 유전자 재조합
Chapter 01 | 유전자 구조와 기능 -------- 252
Chapter 02 | 미생물의 돌연변이 --------- 267
Chapter 03 | 미생물의 유전적 재조합 ---- 272
Chapter 04 | 유전공학 ------------------ 276

Part 11 미생물 실험법
Chapter 01 | 실험기구 및 배지 ---------- 280
Chapter 02 | 살균법 -------------------- 286
Chapter 03 | 배양 및 균주보존법 -------- 289

Contents

차례

해설편

Part 1 미생물학의 기초

    Chapter 01 | 미생물학의 개요 및 분류 --- 294

    Chapter 02 | 미생물학의 역사와 발전 ---- 296

Part 2 미생물 세포의 구조 및 기능

    Chapter 01 | 미생물의 관찰 ------------- 298

    Chapter 02 | 원핵세포 ------------------ 298

    Chapter 03 | 진핵세포 ------------------ 306

Part 3 세균

    Chapter 01 | 세균의 형태와 구조 -------- 310

    Chapter 02 | 그람양성균 ---------------- 312

    Chapter 03 | 그람음성균 ---------------- 317

    Chapter 04 | 방선균 -------------------- 320

Part 4 박테리오파지

    Chapter 01 | 바이러스 ------------------ 321

    Chapter 02 | 박테리오파지 -------------- 321

Part 5 효모

    Chapter 01 | 효모의 특성 --------------- 324

    Chapter 02 | 중요한 효모 --------------- 328

Part 6 곰팡이

    Chapter 01 | 곰팡이 -------------------- 332

    Chapter 02 | 중요한 곰팡이 ------------- 334

    Chapter 03 | 버섯 ---------------------- 338

Part 7 조류 ---------------------------- 340

Part 8 미생물의 생육, 환경 및 제어

    Chapter 01 | 미생물의 증식 ------------- 342

    Chapter 02 | 미생물 증식의 환경인자 ---- 345

    Chapter 03 | 식품에서의 미생물 제어법 --- 351

Part 9 미생물의 효소 및 대사

    Chapter 01 | 효소의 특성 --------------- 353

    Chapter 02 | 미생물 유래 식품 효소 ----- 355

    Chapter 03 | 호흡과 발효 --------------- 357

Part 10 미생물의 유전과 변이, 유전자 재조합

    Chapter 01 | 유전자 구조와 기능 -------- 361

    Chapter 02 | 미생물의 돌연변이 --------- 365

    Chapter 03 | 미생물의 유전적 재조합 ---- 367

    Chapter 04 | 유전공학 ------------------ 368

Part 11 미생물 실험법

    Chapter 01 | 실험기구 및 배지 ---------- 369

    Chapter 02 | 살균법 ------------------- 370

    Chapter 03 | 배양 및 균주보존법 -------- 371

장미

식품미생물
기출예상문제

문제 편

Part
1

미생물학의 기초

Chapter 01 미생물학의 개요 및 분류

01

미생물의 크기에 따라 순서대로 배열한 것은?

① 바이러스 < 세균 < 효모 < 리케차 < 곰팡이
② 곰팡이 > 효모 > 리케차 > 세균 > 바이러스
③ 곰팡이 > 리케차 > 바이러스 > 세균 > 효모
④ 바이러스 < 리케차 < 세균 < 효모 < 곰팡이

02

미생물의 명칭을 명명 방식에 맞게 표기한 것은?

① *Escherichia Coli*
② *Escherichia coli*
③ *escherichia coli*
④ Escherichia coli

03

미생물의 명명법에 대한 설명으로 옳지 않은 것을 모두 고른 것은?

가. 첫 번째 단어인 속(genus)명은 대문자로, 두 번째 단어인 종(class)명은 소문자로 시작한다.
나. 미생물 분류방법의 발전에 따라 미생물 이름이 바뀌는 경우도 있다.
다. 책에서 이름 전체가 한 번 쓰인 이후에는 속명의 약어를 사용할 수 있으며, 반드시 약어 뒤에는 마침표를 찍어야 한다.
라. 미생물 이름을 손으로 기재할 때에는 이탤릭체로 써야 한다.
마. 미생물을 동정하는 과정에서 속은 결정되었으나, 종이 결정되지 않은 경우 spp.를 쓴다.

① 가, 라, 마   ② 나, 다
③ 다, 라   ④ 가, 나, 마

04

미생물의 명명법에 관한 설명 중 틀린 것은?

[18. 식품기사 2회]

① 종명은 라틴어의 실명사로 쓰고 대문자로 시작한다.
② 학명은 속명과 종명을 조합한 2명법을 사용한다.
③ 세균과 방선균은 국제세균명명규약에 따른다.
④ 속명 및 종명은 이탤릭체로 표기한다.

05

미생물의 분류(classification)에 대한 설명으로 옳지 않은 것은?

① 계층 시스템(hierarchical system) 방식을 통해 이루어진다.
② 각각의 생물은 단계적으로 계(kingdom), 문(phylum), 강(class)에 속하게 되는데, 이 단계를 내려갈수록 생물들은 더 비슷하게 된다.
③ 한 속(genus) 내에 있는 종(species)들은 같은 과(family) 내의 다른 속에 있는 종들보다 더 비슷하다.
④ Bacilli 강과 Clostridia 강은 그람양성균 목에 속한다.

06

현미경의 발달로 미생물이 발견되면서 헤켈(Haeckel)은 동물계와 식물계 어디에도 속하지 않는 단세포 생물을 원생생물계로 분류하였다. 이후 핵이 발달하지 않은 생물을 원핵생물계로 분류되었으며, 휘태커(whittaker)는 광합성을 하지 못하는 버섯과 곰팡이류를 식물계로부터 균계로 분류하였다. 다음 중 휘태커의 5계 분류를 바르게 나열한 것은?

① 원핵생물계, 원생생물계, 균계, 식물계, 동물계
② 원핵생물계, 원생동물계, 식물계, 균계, 동물계
③ 진정세균계, 고세균계, 균계, 식물계, 동물계
④ 진핵생물계, 고세균계, 진정세균계, 식물계, 동물계

07

진핵생물에 해당하지 않는 것은?

① 곰팡이
② 효모
③ 남조류
④ 원생동물

08

유리고세균문(Eury archaeota)에 포함되는 균은?

① 초고온균(hyperthermophile)
② 서모토가(Thermotoga)
③ 엔타뫼베(Entamoebae)
④ 호열산성균(thermoacidophile)

09

고세균은 핵이 없고 그 크기가 작아서 기본적으로는 원핵생물에 속하지만, 세균과도 여러 차이점을 지니므로 새로운 생물군으로 분류된다. 다음 중 고세균에 속하는 것은?

① Trichomonads
② Cyanobacteria
③ Hyperthermophile
④ Aquifex

10

진핵생물에 대한 설명으로 옳은 것은?

① 막으로 싸인 소기관이 없다.
② 원형의 염색체를 지닌다.
③ 스트렙토마이신에 대해 감수성을 지닌다.
④ RNA 중합효소는 여러 종류가 존재한다.

11

다음 〈보기〉에서 진핵생물을 모두 고른 것은?

> **보기**
>
> 가. 조류   나. 버섯
> 다. 써모토가   라. 고도호염균
> 마. 아나베나   바. 포자충류

① 가, 나, 바
② 가, 다, 라
③ 나, 라, 마
④ 다, 마, 바

12

다음 중 진핵세포를 지닌 미생물은?

① *Streptomyces*
② *Azotobacter*
③ *Saccharomyces*
④ *Proteobacteria*

13

진정세균에 대한 설명으로 옳지 않은 것은?

① 항생제에 의해 생장이 억제된다.
② 단백질 합성 개시아미노산이 메티오닌이다.
③ DNA-히스톤 복합체는 없고, 오페론은 있다.
④ 막지질에 곁가지가 없는 탄화수소가 에스터 결합을 하고 있다.

14

고세균(Archaea)에 대한 설명으로 옳은 것은?

① 새로운 생물군으로 분류되지만 진핵생물에 비해 진정세균과 유사한 점이 많다.

② 메탄생성균(methane bacteria)은 절대혐기성세균으로 이산화탄소와 수소를 이용한다.

③ 고세균은 진정세균과 달리 막으로 싸인 소기관을 지닌다.

④ 대부분의 고세균은 높은 온도, 높은 염도, 극한 pH 등에서 생육할 수 없다.

15

고세균(Archaea)에 대한 설명으로 옳지 않은 것은?

① 세포벽이 펩티도글리칸으로 이루어지지 않았다.

② RNA 중합효소가 한 종류이다.

③ DNA-히스톤 복합체가 있다.

④ 단백질 합성 개시아미노산이 메티오닌이다.

16

진정세균역과 고세균역에 포함되는 미생물을 비교한 것으로 옳은 것은?

① 고세균은 진정세균과 달리 핵막이 있다.

② 진정세균은 세포막 지질부분에 곁가지를 지니지 않는다.

③ 진정세균역과 고세균역에 포함된 미생물은 세포벽에 펩티도글리칸을 지닌다.

④ 고세균의 리보솜은 60S의 큰 단위와 40S의 작은 단위로 구성된다.

17

원핵생물을 고세균과 진정세균으로 분류하는 기준으로 옳은 것은?

① 세포벽의 성분

② 핵막의 존재유무

③ 세포막의 유무

④ 증식방법

18

미생물의 분류방법을 바르게 설명한 것은?

① 혈청학적 분류 – 효소활성 유무 등 미생물이 갖는 다양한 생화학적 특성을 통해 분류

② 인위적 분류 – 미생물간의 여러 성질에 대해 통계적으로 유사성이 높은 순위를 통해 분류하는 방법

③ 자연적 분류 – 미생물의 성질이 오랜 진화과정에서 어떻게 진화되었는지를 계통적으로 분류

④ 생화학적 분류 – 미생물의 구성성분들에 대한 항원항체 반응결과를 통해 분류

19

미생물을 〈보기〉와 같이 분류했다면, 어떤 분류방법에 따른 것인가?

> **보기**
>
> 알코올효모, 젖산균, 질소고정균, 아질산균

① 자연적 분류법

② 인위적 분류법

③ 수치적 분류법

④ 생화학적 분류법

20

rRNA 분석을 통해 계통분석을 활용한 세균 동정 방법으로 특정 미생물의 16S rRNA 염기서열 차이에 의한 DNA 밴드 패턴의 차이를 분석하여 미생물을 동정하는 방법은?

① DNA-DNA hybridization

② ribotyping

③ GC ratio

④ polymerase chain reaction

21

미생물이 지니고 있는 유전자의 차이, 즉 염기 배열의 차이에 의한 분류 방법으로 GC 함량분석, DNA 상동성 분석 결과를 통해 미생물을 분류하는 것을 무엇이라 하는가?

① 생화학적 분류법

② 혈청학적 분류법

③ 수치적 분류법

④ 분자생물학적 분류법

22

미생물의 진화과정에 대한 설명으로 옳은 것끼리 묶은 것은?

[23. 경기 식품미생물]

> ㉠ 계통발생학적 분석을 통해 생명의 계통수 (phylogenetic tree of life)를 작성하는 데에는 rRNA 유전자 염기서열 분석이 유용하다.
> ㉡ 원핵생물은 진핵생물보다 진화되었다.
> ㉢ 생명체는 동일조상으로부터 분화된 3개의 역 (domain)으로 진화해 왔다.
> ㉣ 고세균(Archaea)은 진핵세포이다.
> ㉤ 현재 3계통은 동물, 식물, 세균(bacteria)으로 분류한다.

① ㉠, ㉢
② ㉢, ㉤
③ ㉠, ㉡, ㉤
④ ㉡, ㉢, ㉣

23

미생물의 분류 및 동정에 대한 설명으로 옳지 않은 것은?

[23. 경북 식품미생물]

① 새로 분리된 균주가 확립된 분류체계에서 어디에 속하는가를 알아내는 것을 동정(identification)이라 한다.
② 미생물의 생육조건에 따라 특성의 변화가 적어 분류하기가 어렵다.
③ 계통학적 분류법은 미생물의 염기서열 분석을 통해 계통발생학적으로 분류하여 생명체에 대한 진화 이력을 추론하는 방법이다.
④ 미생물의 계통분석에 활용되는 여러 유전자 가운데 16S rRNA를 암호화하는 유전자가 가장 유용하며, 이는 변이가 느리면서도 유전적 상관관계를 확인할 수 있는 적당한 크기를 지닌다.

24

세균의 명명법에 대한 설명으로 옳지 않은 것은?

[23. 경남 식품미생물]

① 세균과 방선균은 국제식물명명규약에 따른다.
② 학명은 속명과 종명을 조합한 2명법을 사용한다.
③ 속명은 라틴어 실명사의 단수형으로 쓰며 대문자로 시작한다.
④ 종명은 특징을 나타내는 형용사를 쓰며 소문자로 시작한다.

25

미생물의 분류 및 동정에 대한 설명으로 옳은 것은?

[22. 경기 식품미생물]

① 초기에는 표현형(phenotype)으로 미생물을 구분하였으나, 최근에는 DNA 염기서열을 이용한 계통발생학적 분석방법을 함께 병행하고 있다.
② 선택배지에서 분리된 균주를 염색하고 혈청학적인 방법을 이용하여 분석하는 것은 유전형 분석법이다.
③ rRNA 유전자 염기서열 분석법의 보조방법으로, DNA-DNA 혼성화 정도를 비교하여 두 미생물의 유사도를 확인하는 방법을 라이보타이핑(ribotyping)이라고 한다.
④ 미생물 명명법은 18세기 분류학자인 린네가 개발한 것으로 첫 번째 단어는 종(species)명, 두 번째 단어는 속(genus)명을 의미한다.

26

미생물의 분류 중 미생물이 지니고 있는 유전자인 DNA의 염기 서열 분석에 의한 방법은?

[21. 경남 식품미생물]

① 자연적 분류법
② 수치적 분류법
③ 생화학적 분류법
④ 분자생물학적 분류법

27

각 생물체의 특성에 대한 설명으로 가장 옳지 않은 것은?

[20. 서울 생물]

① 세균 – 핵이 있는 가장 다양하고 잘 알려진 단세포생물집단
② 균류 – 외부의 물질을 분해하여 이 과정에서 방출되는 영양분을 흡수하는 단세포 또는 다세포 진핵생물집단
③ 고세균 – 세균보다 진핵생물과 밀접한 관련이 있는 단세포 생물집단
④ 원생생물 – 식물, 동물 또는 균류가 아닌 진핵생물집단

28

지구상의 생명체는 세균(진정세균), 고세균 및 진핵생물의 세 영역(domain)으로 이루어져있다. 다음 세 영역에 대한 설명으로 옳은 것은?

[16. 서울 생물]

① 세균(진정세균)의 막지질은 에테르(ether) 결합이다.
② 고세균의 리보솜(ribosome)은 80S이다.
③ 진핵생물의 개시 tRNA는 포르밀메티오닌(formyl methionine)이다.
④ 고세균에는 오페론(operon)이 있다.

29

고세균의 개념은 유전체 분석에 의해 확정되었으며, 고세균은 세균, 진핵생물과 구별되는 특징을 가지고 있다. 다음 중 고세균이 갖는 특성으로 옳지 않은 것은?

[15. 서울 미생물]

① 고세균의 DNA는 세균처럼 초나선을 형성하거나 진핵생물처럼 히스톤 결합에 의해 응축된다.
② 고세균의 세포벽은 펩티도글리칸을 갖고 있지 않다.
③ 세균과 달리 선형의 염색체를 갖는다.
④ rRNA 서열분석 결과 진핵생물이 세균보다 유전적으로 더욱 가까운 관계임이 밝혀졌다.

01

최초로 미생물의 존재를 증명함으로써 미생물학 발전에 매우 큰 공헌을 한 학자는?

① 파스퇴르(Louis Pasteur)
② 코흐(Robert Koch)
③ 레벤후크(Anton van Leeuwenhoeck)
④ 플레밍(Alexander Fleming)

02

코흐(Robert Koch)가 최초로 주장했던 학설이나 발견한 사실이 아닌 것은?

> 가. 특정 병원균이 특정 질병을 일으킨다.
> 나. 모든 생물은 생물로부터 발생한다.
> 다. 탄저균, 결핵균을 발견했다.
> 라. 간헐멸균법으로 포자형성균을 멸균하는 방법을 고안했다.

① 가, 다
② 나, 라
③ 가, 나, 다
④ 라

03

파스퇴르(Louis Pasteur)가 개발하였거나 확립한 개념이 아닌 것은?

① 실험을 통해 살아있는 미생물 없이도 알코올 발효가 일어나는 것을 확인하였다.
② 음료 변질과 부패는 세균 오염에 의해 일어남을 밝히고 저온살균법(pasteurization)을 개발하였다.
③ 백조 목 플라스크를 고안하여 자연발생설을 반증하였다.
④ 감염된 토끼의 건조척수로부터 공수병 백신을 개발하였다.

04

다음 〈보기〉의 괄호 안에 들어갈 말을 바르게 연결한 것은?

> **보기**
>
> (A)는 1897년에 생효모를 분쇄하여 추출한 cell free extract에 의하여 알코올 발효가 일어난다는 것을 증명하였다. 즉, 알코올 발효는 효모의 작용에 의하여 일어나는 것이 아니고 효모가 분비한 물질에 의해서 발생한다는 것을 발견하여 이 물질을 (B)라 칭하였다.

① Buchner − amylase
② Hansen − zymase
③ Buchner − zymase
④ Pasteur − sucrase

05

영국의 플레밍은 1929년에 *Staphylococcus* 속(포도상구균)을 배양한 한천평판배지에 오염된 (   ) 주변에서 포도상구균의 발육이 억제된 점을 발견하여 이 곰팡이의 배양액에서 세균의 발육을 억제하는 물질인 페니실린을 추출하였다. 괄호 안에 들어갈 말은?

① *Penicillium chrysogenum*

② *Penicillium expansum*

③ *Penicillium patulum*

④ *Penicillium notatum*

06

미생물학의 발전에 기여한 학자들과 그 업적을 바르게 연결한 것은?

① 한센(Hansen) − 소적배양법(hanging drop preparation) 고안

② 플레밍(Fleming) − 최초 항생물질인 스트렙토마이신 발견

③ 왓슨(Watson)과 크릭(Crick) − 1유전자 1효소설 규명

④ 틴들(Tyndall) − 간헐멸균법으로 포자형성균을 완전 멸균하는 방법 고안

07

미생물학의 발전에 이바지한 학자들에 대한 설명으로 옳지 않은 것은?

① 헤세(Hesse)부인은 주방에서 젤리용으로 사용되는 한천에서 착안하여 고체배지에 젤라틴 대신으로 한천을 사용하게 된 계기가 되었다.

② 훅(Hooke)은 생효모를 분쇄하여 추출한 무세포 추출액에 의하여 알코올 발효가 일어난다는 것을 증명하였다.

③ 이탈리아의 외과 의사인 리스터(Lister)는 석탄산으로 소독하면서 수술한 결과, 수술 후 염증이 생기지 않는 것을 확인하여 무균수술법을 개발하였다.

④ 덴마크의 한센(Hansen)은 맥주효모를 순수분리하여 자연발효법에서 순수배양균을 이용하는 시대를 열었다.

08

미생물학과 분자생물학의 발전에 이바지한 학자들의 업적을 바르게 연결한 것은?

> 가. 오페론(operon)설을 제창하여 유전자(DNA)의 정보가 제어되며, 최종적으로 단백질로 발현되는 기구를 설명
> 나. DNA의 이중나선구조 모형을 제출하였고, mRNA 및 tRNA의 기능을 규명
> 다. 붉은빵곰팡이속으로 유전자와 효소의 관계를 연구하여 1유전자 1효소설을 제창

① 가. Watson, Crick / 나. Mendel, Morgan /
　 다. Beedle, Tatum
② 가. Beedle, Tatum / 나. Watson, Crick /
　 다. Avery, MacLeod
③ 가. Monod, Jacob / 나. Watson, Crick /
　 다. Beedle, Tatum
④ 가. Monod, Jacob / 나. Mendel, Morgan /
　 다. Watson, Crick

09

Avery – McLoed – McCaty(1944년)의 실험을 통해 증명된 사실은?

① DNA → mRNA → 단백질이라는 생물학적 기본개념을 확립하였다.
② 형질전환(transformation) 현상을 발견하여 유전자의 화학적인 본체가 DNA라는 것을 증명하였다.
③ 3개의 염기배열(triplet)이 특정의 아미노산 한 개를 지정한다는 것을 증명하였다.
④ 제한효소(restriction enzyme)의 존재를 밝혀 유전자 조작기술의 발전을 이루었다.

10

Robert Koch에 대한 설명으로 가장 옳은 것은?

[18. 서울 생물]

① 질병의 배종설(germ theory of disease)을 지지하였으며, 질병을 일으키는 원인균이 있음을 주장하여 병인학(etiology) 연구를 주도하였다.
② 그람염색기법을 개발하여 현미경을 이용한 세균 관찰을 용이하게 하였다.
③ 미생물을 선별적으로 죽이는 화학물질인 "마법의 탄환"에 대한 연구로 화학요법 분야의 초석을 쌓았다.
④ 페놀을 환자의 상처, 수술부위, 드레싱에 뿌려 상처 소독의 개념을 변형 및 발전시켰다.

11

다음은 "Koch의 가설"에 대한 설명이다. 아래 설명과 관계 없는 것은?

[15. 서울 미생물]

> • 병원성 미생물은 병에 걸린 동물 속에 항상 존재하고, 건강한 동물 속에는 존재하지 않는다.
> • 미생물은 동물의 체외에서도 순수배양 되어야 한다.
> • 분리된 미생물은 감수성이 있는 건강한 동물에 접종되면 동일 질병을 일으켜야 한다.
> • 해당 미생물은 실험동물로부터 재분리 되어야 하고, 실험실에서 재배양될 수 있어야 하며, 배양 후에는 원래 미생물과 동일해야 한다.

① 한 특정한 미생물이 한 특정한 질병의 원인이 된다.
② 한 종류의 미생물만이 존재하도록 순수 분리해야 한다.
③ 바이러스 감염성 질병의 원인을 밝히는 검증기법이다.
④ 고체배지와 멸균기법 개발의 원동력이 되었다.

MEMO

MEMO

Part
2

미생물 세포의 구조 및 기능

Chapter 01 미생물의 관찰

01

다음 중 광학현미경이 아닌 것은?

① Fluorescence Microscope
② Scanning Electron Microscope
③ Stereo Microscope
④ Phase Contrast Microscope

02

현미경에 대한 설명으로 옳지 않은 것은?

① 광학현미경은 가시광선을 이용하여 물체를 관찰한다.
② 저배율로 검경 시 넓은 범위가 관찰되며 밝다.
③ 대물렌즈는 초점거리가 극히 짧은 렌즈이며, 물체가 확대된 실상을 만든다.
④ 실체 현미경은 색이 없고 투명한 시료라도 그 내부의 구조를 관찰할 수 있는 현미경이다.

03

투과 전자현미경에 대한 설명으로 옳은 것은?

① 평면적인 영상을 볼 수 있으며, 주로 명암으로 표시된다.
② 광학현미경에 비해 해상력은 떨어진다.
③ 전자를 투과시키므로 시료의 색을 볼 수 있다.
④ 표본을 얇게 자른 후 관찰하므로 시료의 표면을 입체적으로 보여준다.

04

현미경의 구조에 대한 설명으로 옳지 않은 것은?

① 접안렌즈는 고배율일수록 길이가 짧다.
② 미동나사는 초점을 정확하게 맞출 때 사용한다.
③ 재물대는 대물렌즈의 배율을 바꿀 때 사용한다.
④ 대물렌즈의 배율이 높을수록 작동거리가 짧아진다.

05

현미경의 구조 및 명칭을 설명한 것으로 옳지 않은 것은?

① 반사경(mirror)은 빛의 양을 알맞게 조절하는 역할을 하며, 빛의 양을 조절하여 상의 밝기를 맞춘다.
② 경통(body tube)은 접안렌즈와 대물렌즈를 연결하는 원통이며, 대물렌즈로 들어오는 빛이 지나가는 통로이다.
③ 재물대(stage)는 슬라이드글라스를 올려놓는 평평한 판으로 중앙에 구멍이 뚫려있어 빛이 들어온다.
④ 조동나사(coarse focus knob)는 경통이나 재물대를 위아래로 크게 움직이며 상을 찾는데 사용된다.

06

현미경에 배율이 10배인 접안렌즈와 배율이 45배인 대물렌즈를 썼을 때 전체적인 배율은?

[15. 식품기사 2회]

① 4.5배
② 45배
③ 450배
④ 4,500배

07

접안렌즈(×10)와 대물렌즈(×10)를 사용해서 접안 마이크로미터와 대물 마이크로미터를 끼우고 관찰한 결과, 대물 마이크로미터 4눈금과 접안 마이크로미터 12눈금이 일치하였다. 재물대에 세포를 올려놓고 관찰한 결과 접안마이크로 6눈금에 해당 되었다면 이 세포의 크기는 몇 μm인가?

① 10
② 15
③ 20
④ 30

08

광학현미경에 대한 설명으로 옳지 않은 것은?

[23. 경남 식품미생물]

① 현미경을 사용할 때 책이나 다른 물질이 없는 깨끗한 환경일 경우 좋은 결과를 얻을 수 있다.
② 고배율의 렌즈를 사용할 경우 immersion oil을 사용한다.
③ 시료를 관찰할 때 고배율에서 저배율로 렌즈를 이동하며 관찰한다.
④ 현미경의 배율은 대물렌즈와 접안렌즈의 배율을 곱한 것이다.

미생물 세포의 구조 및 기능

09

세포를 죽이지 않고 관찰할 수 있는 현미경으로 가장 옳은 것은?

[18. 서울 미생물]

① 위상차 현미경
② 형광 현미경
③ 명시야 현미경
④ 투과 전자현미경

Chapter 02 원핵세포

01

원핵세포(prokaryotic cell)를 지니는 미생물은?

① *Hanseniaspora*
② *Neurospora*
③ *Thamnidium*
④ *Nocardia*

02

다음 미생물 중 원핵생물에 속하는 것은?

① yeast
② anabaena
③ protozoa
④ algae

03

다음 〈보기〉에서 세균의 내부구조에 해당하는 것을 모두 고른 것은?

보기

가. 선모(pillus) 나. 점질층(slime layer)
다. 세포벽(cell wall) 라. 세포막(membrane)
마. 핵양체(nucleoid) 바. 메소솜(mesosome)

① 가, 나, 다
② 나, 라, 마
③ 가, 다, 바
④ 라, 마, 바

04

세포 내에 막으로 싸인 소기관이 발달되지 않은 미생물은?

① *Candida* 속
② *Aspergillus* 속
③ *Oscillatoria* 속
④ *Cladosporium* 속

05

다음 중 원시핵 세포를 가지는 미생물은?

① *Corynebacterium glutamicum*
② *Botrytis cinerea*
③ *Candida utilis*
④ *Torulopsis versatilis*

06

다음 〈보기〉에서 세포의 외부구조인 점질층과 협막의 기능을 모두 고른 것은?

보기

가. 숙주가 갖는 탐식세포에 대한 저항성을 부여
나. 함수능력이 뛰어나 건조에 대한 내성을 나타냄
다. 병독성(virulence)에 중요한 역할
라. 박테리오파지의 감염이나 계면활성제와 같은 소수성 독성물질의 침투로부터 보호

① 가, 나, 라
② 나, 다, 라
③ 가, 다
④ 가, 나, 다, 라

07

세균의 건조나 독성물질로부터 자신을 보호하고 숙주의 식균세포나 조직 세포로부터 포식되거나 소화됨을 방어하는 역할을 하는 것은?

① 세포벽(cell wall)

② 협막(capsule)

③ 골지체(golgi complex)

④ 리소솜(lysosome)

08

점질층과 협막에 대한 설명으로 옳은 것은?

① 원핵세포의 세포벽 구성성분이다.

② 점질층은 협막에 비해 구조가 치밀하고 두껍다.

③ 제거하여도 생명에 영향을 미치지 않는다.

④ 점질층과 달리 모든 균종의 협막은 화학적 조성이 동일하다.

09

세포 외부에 존재하는 협막과 점질층을 구성하는 물질이 아닌 것을 모두 고른 것은?

보기

| 가. 핵산 | 나. 단백질 |
| 다. 다당류 | 라. 플라젤린 |

① 가, 라

② 나, 다

③ 가, 다

④ 나, 라

10

세균세포의 협막(capsule)과 점질층(slime layer)의 구성성분은?

① 다당류

② 키틴

③ 디피콜린산

④ 필라멘트

11

당질피질(glycocalyx)의 주요기능이 아닌 것은?

① 숙주의 표면에 부착
② 다른 세균으로 유전자(DNA) 전달
③ 건조방지
④ 파지공격으로부터 보호

13

그람양성 세균의 세포벽이 음성의 극성을 갖는 데 관여하는 물질은? [17. 식품기사 2회]

① 펩티도글리칸
② 포린
③ 인지질
④ 테이코산

12

세포벽의 주요 성분으로, 그람염색법에 의해 그람양성세균과 그람음성세균으로 분류할 때 염색 정도에 차이가 생기는 원인 성분은?

① 테이코산(teichoic acid)
② 펩티도글리칸(peptidoglycan)
③ 지질 이중막(lipid bilayer)
④ 지질 다당류(lipopolysaccharide)

14

세포벽(cell wall)에 대한 설명으로 옳지 않은 것은?

① 세포의 특정 형태를 유지한다.
② 삼투에 의해 액체가 세포 내로 들어올 때 파열로부터 세포를 보호한다.
③ 진핵세포의 세포벽 구조는 원핵세포의 세포벽보다 화학적 조성이 복잡하다.
④ 세포 내로 들어오는 물질의 통과를 조절하지 못하며, 일부 항생물질이 작용하는 부위이다.

15

그람양성균에 비해 그람음성균의 세포벽의 특징으로 옳은 것은?

① 펩티도글리칸의 함량은 적으나, 세포벽의 두께가 더 두껍다.
② 라이소자임이나 페니실린에 대해 감수성을 지닌다.
③ 테이코산은 없고, 지단백질의 함량은 높다.
④ 세포벽의 층수는 1개이다.

16

그람양성균의 세포벽에만 있는 성분은?

[19. 식품기사 3회]

① 테이코산(teichoic acid)
② 펩티도글리칸(peptidoglycan)
③ 리포폴리사카라이드(lipopolysaccharide)
④ 포린단백질(porin protein)

17

그람음성균의 세포벽에 대한 특징을 설명한 것으로 옳지 않은 것은?

① 내막(inner membrane)은 인지질 이중층과 지질 다당류로 되어 있다.
② 펩티도글리칸이 있고, 테이코산이 존재하지 않는다.
③ 지질다당류(LPS)의 O항원은 형태를 계속 바꿔가며 숙주의 방어작용을 피해 간다.
④ 그람염색 시 대조염색제인 safranin-O에 염색되어 적색을 나타낸다.

18

세포벽에 대한 설명으로 옳은 것은?

① 세포의 내부와 외부사이에 물질을 선택적으로 투과시키는 기능을 지닌다.
② 곰팡이의 세포벽은 키틴과 섬유소가 주성분이다.
③ 그람양성균은 항생제에 대한 감수성이 높고, 기계적 손상을 받기 쉽다.
④ 펩티도글리칸은 N-acetylglucose와 N-acetylmuramic acid로 연결된 이당류가 반복되는 구성을 지닌다.

19

다음 〈보기〉에서 그람음성균의 세포벽 성분을 모두 고른 것은?

> **보기**
>
> 가. teichoic acid　　나. phospholipid
> 다. lipopolysaccharide　라. dipicolinate
> 마. peptidoglycan　　바. lipoprotein

① 가, 라
② 나, 다, 라
③ 나, 다, 마, 바
④ 가, 마

20

그람양성균 및 음성균의 세포벽 성분 함량에 대한 설명으로 옳은 것은?

① 그람양성균은 펩티도글리칸과 키틴의 함량이 높다.
② 그람양성균은 리포프로테인과 뮤코펩타이드의 함량이 높다.
③ 그람음성균은 지질과 리포프로테인의 함량이 높다.
④ 그람음성균은 베타글루칸과 지질다당류의 함량이 적다.

21

그람음성균의 세포벽을 구성하는 물질 중 endotoxin으로 작용하는 물질은?

① peptidoglycan
② porin
③ lipid A
④ mucopeptide

22

다음 〈보기〉에서 외막(outer membrane)을 지니는 균을 모두 고른 것은?

> **보기**
>
> 가. *Pediococcus*　　나. *Acetobacter*
> 다. *Alcaligenes*　　라. *Sporolactobacillus*

① 가, 라
② 나, 다
③ 가, 다
④ 나, 라

23

세포벽(cell wall)에 대한 설명으로 옳지 않은 것은?

① 세포막을 둘러싸고 있는 단단한 층으로 외부압력에 의한 파열을 방지하는 역할을 한다.

② 펩티도글리칸은 글리세린 인산 에스테르의 고중합 화합물에 당류나 D - 알라닌이 결합한 물질이다.

③ 그람음성균은 세포막과 외막사이에 주변 세포질공간이 잘 발달되어 있다.

④ 그람음성균 세포벽은 그람양성균의 세포벽보다 얇고 복합적이며 기계적 손상에 민감하다.

24

다음 〈보기〉에서 설명하는 것은 무엇인가?

> **보기**
>
> 펩티도글리칸층을 연결하며 음으로 하전되어 있어 양이온과 결합하고 세포내로 양이온의 이동을 조절한다.

① 주변 세포질공간(periplasmic space)

② 편모(flagella)

③ 포린(porin) 단백질

④ 벽테이코산(wall teichoic acid)

25

고세균은 세포벽이 결실되어 있거나 펩티도글리칸이 없는 세포벽을 지니는 것으로 알려져 있다. 고세균이 펩티도글리칸 대신 지니는 것은?

① sterol

② lipopolysaccharide

③ periplasmic space

④ pseudomurein

26

마이코박테리움(*Mycobacterium*) 속에 대한 설명으로 옳지 않은 것은?

① 편성혐기성의 그람양성균으로 결핵균이 대표적이다.

② 세포벽은 지질성분이 매우 높으며, 마이콜릭산(mycolic acid)을 지닌다.

③ 염기성 푹신염류가 산성알코올을 처리한 후에도 세포에서 제거되지 않는 현상(항산성, acid-fast)을 나타낸다.

④ 에너지 대부분을 지질합성에 소비하기 때문에 느리게 생육한다.

27

세균의 지질다당류(lipopolysaccharide)에 대한 설명으로 옳은 것은?

① O항원, 포린, lipid A의 세부분으로 이루어져 있다.
② 세균의 세포벽이 양(+)전하를 띠게 한다.
③ 그람양성균과 그람음성균에 동시에 존재하는 세포벽 성분이다.
④ 독성을 나타내는 경우가 많아 내독소(endotoxin)로 작용한다.

28

그람양성균에 존재하는 펩티도글리칸을 구성하는 성분이 아닌 것은?

① 아미노당
② 인지질
③ 펩타이드
④ 아미노산

29

그람양성균과 그람음성균의 세포벽에 대한 설명으로 옳은 것은?

① 그람양성균은 음성균에 비해 매우 두꺼운 펩티도글리칸과 외막을 지닌다.
② 그람음성균은 주변 세포질공간이 매우 좁거나 없는 것이 특징이다.
③ 결핵균은 세포벽이 두껍고 지질을 매우 많이 함유하여 산이나 항생제 등에 대해 저항성을 지닌다.
④ 그람음성균에 존재하는 테이코산은 세포벽에 음전하를 띠게 하여 이온의 통과에 영향을 미치는 것으로 추정된다.

30

그람염색에서 가장 먼저 사용하는 시약은?

[19. 식품기사 2회]

① 알코올(alcohol)
② 크리스탈 바이올렛(crystal violet)
③ 사프라닌(safranin)
④ 그람 요오드(gram's iodine)

31

그람염색법(Gram staining)에 대한 설명으로 옳지 않은 것은?

① 세균의 세포벽에 존재하는 펩티도글리칸의 화학적, 물리적 특성에 의해 구별된다.

② *Shigella* 속은 적색을 나타내고, *Acetobacter* 속은 자색을 나타낸다.

③ 그람음성균에 염색된 crystal violet은 알코올로 제거되기 쉽다.

④ 그람양성균은 safranin-O에 의해 염색되지 않는다.

32

Gram 염색에 사용되지 않는 것은? [18. 식품기사 2회]

① Lugol 용액

② Safranin

③ Methyl red

④ Crystal violet

33

그람염색 시 그람양성균과 음성균이 염색 차이를 나타내는 원리는 무엇 때문인가?

① 세포벽(cell wall)

② 세포막(cell membrane)

③ 핵(nucleus)

④ 테이코산(teichoic acid)

34

그람 염색 결과, 자주색을 나타내는 균과 적색을 나타내는 균을 바르게 연결한 것은?

① 자주색 − *Streptococcus*
　　적색 − *Propionibacterium*

② 자주색 − *Micrococcus*
　　적색 − *Erwinia*

③ 자주색 − *Campylobacter*
　　적색 − *Gluconobacter*

④ 자주색 − *Leuconostoc*
　　적색 − *Staphylococcus*

35

원핵세포의 편모에 대한 설명으로 옳지 않은 것은?

① 플라젤린이라는 단백질이 나선형으로 배열되어 만들어진 필라멘트이다.

② 내부는 중앙에 있는 2개의 미세소관 주변을 9쌍의 미세소관이 둘러싸고 있는 구조로 이루어져 있다.

③ 이동방법은 세포 바깥에 존재하는 양성자(proton)를 안으로 넣으며 생기는 양성자 동력을 이용하여 프로펠러처럼 회전시켜 이동한다.

④ 세균은 편모를 이용하여 화학적 유인물질, 공기, 온도, 빛, 중력 등에 반응하며, 원하는 방향으로 이동할 수 있다.

36

편모에 관한 설명 중 틀린 것은?　　[18. 식품기사 3회]

① 주로 구균이나 나선균에 존재하며 간균에는 거의 없다.

② 세균의 운동기관이다.

③ 위치에 따라 극모와 주모로 구분된다.

④ 그람염색법에 의해 염색되지 않는다.

37

편모를 구성하는 단백질은 무엇인가?

① pillin

② flagellin

③ microfilament

④ histone

38

다음 〈보기〉에 들어갈 말을 순서대로 바르게 나열한 것은?

> **보기**
>
> 운동성을 지닌 세균은 편모를 이용하여 운동을 하며, 세균은 하나 또는 여러개의 편모를 지닌다. (가)는 한쪽 끝에 한 개의 편모가 부착한 것이고, (나)는 한쪽 끝에 여러개의 편모가 부착한 것이며, (다)는 세포 표면 전체에 여러개의 편모가 부착한 것이다.

	가	나	다
①	단극모	양극모	속극모
②	단극모	속극모	주모
③	속극모	주모	양극모
④	속극모	양극모	주모

39

세균의 운동기관은 무엇인가?

① fimbriae
② inclusion body
③ flagella
④ cytoskeleton

40

편모에 대한 설명으로 옳은 것은?

① 필라멘트(filament)는 플라젤린이라는 뮤코다당류로 이루어져 있다.
② 대부분의 구균과 나선균은 편모를 지닌다.
③ *Campylobacter*나 *Bacillus*는 주모성 편모를 지닌다.
④ 훅(hook)은 필라멘트를 기부체에 고정시키는 부분이다.

41

세균의 편모(flagella)에 대한 설명으로 옳지 않은 것은?

① 많은 세균은 고유의 운동을 하는 독립된 운동기관인 편모를 가지고 있으며, 세균의 종류에 따라 부착부위나 수가 다르기 때문에 세균을 분류하는 유용한 수단이 된다.
② 그람양성균은 L환과 M환이 없으며, P환과 S환이 각각 세포막과 펩티도글리칸층에 접해있다.
③ lophotrichous flagella는 균체의 어느 한쪽에 술 모양의 편모 다발을 가지는 경우를 말한다.
④ 편모섬유는 세포밖으로 돌출한 훅에 연결되어 있고, 훅과 연결되어 세포에 삽입되어있는 부위를 기부체라 한다.

42

그람음성세균의 펩티도글리칸층(A)과 가장 안쪽(B)에 있는 고리의 명칭은 각각 무엇인가?

① (A) − P ring / (B) − M ring
② (A) − P ring / (B) − S ring
③ (A) − L ring / (B) − P ring
④ (A) − M ring / (B) − S ring

43

세균의 운동성에 대한 설명으로 옳지 않은 것은?

① 세균은 모두 운동성이 있으며 편모를 가지고 있다.
② 편모는 주로 발육이 왕성한 시기에 쉽게 관찰된다.
③ 극모는 단극모와 양극모, 속극모로 나누어진다.
④ *Salmonella*속, *Escherichia*속 등은 대부분 주모성 편모를 갖는다.

45

다음 중 운동성이 없는 식중독균은? [15. 식품기사 1회]

① *Bacillus cereus*
② *Vibrio parahaemolyticus*
③ *Listeria monocytogenes*
④ *Clostridium perfringens*

44

균체 주위에 편모(flagella)를 지닌 균은?

① *Vibrio cholera*
② *Bacillus subtilis*
③ *Clostridium perfringens*
④ *Campylobacter jejuni*

46

세포의 외부구조 중 조직 표면에 달라붙거나 미생물끼리 부착될 수 있도록 하는 것은?

① 편모(flagella)
② 선모(pilus)
③ 세포벽(cell wall)
④ 세포질(cytoplasm)

47

두 세포가 서로 접합(conjugation)하여 세포 사이에 유전물질(DNA)이 이동하도록 하는 것은?

① 편모(flagella)

② 섬모(cilia)

③ 성선모(sex pili)

④ 핌브리아(fimbriae)

48

편모보다 얇고 운동성과 관계없는 짧고 가는 실과 같은 부속기관을 무엇이라 하는가?

① fimbriae

② crista

③ cisterna

④ microtubule

49

다음 〈보기〉에서 설명하는 세균 세포의 구조는 무엇인가?

> **보기**
>
> • 일부의 세균에서만 발견되며 핌브리아 보다 길다.
> • 두 세포를 서로 접합하여 세포 사이에 유전물질이 이동하도록 한다.
> • 한 세포에서 다른 세포로 항생물질 내성 유전자의 이동을 허용하기 때문에 의학적으로 중요하다.

① 섬모(cilla)

② 성선모(sex pilli)

③ 훅(hook)

④ 플라스미드(plasmid)

50

호기성 세균의 경우 세포 내 호흡과 인산화 반응에 관계하는 효소들이 어디에 존재하는가?

① 미토콘드리아

② 세포막

③ 편모

④ 리보솜

51

미생물의 세포막을 구성하는 주요 물질은?

[17. 식품기사 1회]

① 인지질
② 지질다당류
③ 다당류
④ 펩티도글리칸

52

세포막(cytoplasmic membrane)은 세포벽의 안쪽에 위치하며 세포질을 둘러싸고 있는 얇은 막이다. 다음 중 세포막을 구성하는 물질로만 묶인 것은?

① 펩티도글리칸, 단백질
② 인지질, 셀룰로스
③ 히스톤, 다당류
④ 인지질, 단백질

53

세포막에 대한 설명으로 옳은 것은?

① 지질의 친수성은 친수성끼리, 소수성은 외부 물 층을 향한 이중막 구조로 되어 있다.
② 막에 존재하는 단백질이 반유동적으로 이동하는 형태인 유동모자이크모델(fluid mosaic model)로 이루어져 있다.
③ 원핵세포는 삼투적 용균에 저항성을 높이는 스 테롤(sterol)을 함유한다.
④ 그람양성균, 방선균, 효모 등은 메소솜이 호흡기 능을 한다.

54

세포막의 기능을 설명한 것으로 옳지 않은 것은?

① 세포벽 구성성분 합성에 관여
② 에너지 생산
③ 단백질 분비
④ 손상된 조직 세포 분해

55

ATP를 소비하면서 저농도에서 고농도로 농도 구배에 역행하여 용질 분자를 수송하는 방법은?

[20. 식품기사 1,2회]

① 단순 확산(simple diffusion)
② 촉진 확산(facilitated diffusion)
③ 능동 수송(active transport)
④ 세포 내 섭취작용(endocytosis)

56

세포벽 안쪽에서 원형질을 둘러싸고 있는 얇은 구조물로 단백질을 포함하는 인지질 이중층으로 이루어진 것은?

① glycocalyx
② nucleoid
③ plasmid
④ cytoplasmic membrane

57

다음 〈보기〉에서 세포막에 대한 설명으로 옳은 것은?

> **보기**
>
> 가. 유동모자이크(fluid mosaic)라고도 불리운다.
> 나. 세포막의 지질은 소수성인 머리부분과 친수성인 꼬리로 구성되어 있다.
> 다. 세포막 부분이나 리보솜에 세포호흡에 관여하는 효소가 존재한다.
> 라. 세포벽 구성성분을 합성하고, DNA 복제(replication)에 관여한다.

① 가, 라
② 가, 다
③ 나, 다
④ 나, 라

58

세포막에 대한 설명으로 옳지 않은 것은?

① 메소솜(mesosome)은 모세포와 딸세포에 각각의 염색체를 전달하는 데 중요한 역할을 수행한다.
② 선택적 투과의 장벽으로 작용하여 특정한 이온과 분자는 들여보내거나 내보내는 반면, 다른 것들은 투과시키지 않는다.
③ 세균과 고세균의 경우 지질은 글리세롤과 소수성 곁사슬(5개의 탄소로 구성된 아이소프렌의 반복단위)이 연결되어 있다.
④ 구성성분인 인지질의 경우, 소수성은 소수성끼리 친수성은 외부 물층을 향한 이중층 구조로 되어 있다.

59

세포질(cytoplasm)에 대한 설명으로 옳지 않은 것은?

① 세포 내부물질들이 존재하는 곳으로 약 10%의 수분으로 이루어져 있다.

② 세포막과 핵양체 사이를 채우고 있는 물질이다.

③ 단백질, 핵산, 저분자 화합물 및 무기이온 등이 포함되어 있다.

④ 원형질이라고도 불리운다.

60

일부 세균은 증식과정에서 영양분이 부족하거나 유해한 환경조건이 되면 무엇을 형성하는가?

① 플라스미드

② 외생포자

③ 내생포자

④ 중심체

61

핵양체(nucleoid)에 대한 설명으로 옳은 것은?

① 세균 염색체라 불리는 선형 DNA 형태로 존재한다.

② 감수분열과 유사분열을 하지 못한다.

③ 핵 속에 염색체가 불규칙한 모양으로 모여있는 부분을 말한다.

④ 하나의 단일 가닥 분자로 존재한다.

62

플라스미드(plasmid)에 대한 설명으로 옳은 것은?

① 염색체와 연결된 작은 환형 DNA이다.

② 자가복제하지 못한다.

③ 세균의 증식 시 둘로 분할되어 딸세포로 전달된다.

④ 염색체와 달리 생존과는 무관한 유전자를 지닌다.

63

세포 내에서 단백질의 합성이 주로 이루어지는 기관은?

① 골지체(golgi complex)

② 소포체(endoplasmic reticulum)

③ 미토콘드리아(mitochondria)

④ 리보솜(ribosome)

64

DNA로부터 유전정보를 받아 단백질을 합성하는 세포 내 기관은?

① 리보솜(ribosome)

② 플라스미드(plasmid)

③ 메소솜(mesosome)

④ 미토콘드리아(mitochondria)

65

세균의 리보솜(ribosome)에 대한 설명으로 옳지 않은 것은?

① 단백질 합성장소로 한 개의 세포는 수천 개의 리보솜을 보유하고 있다.

② 소단위는 30S와 50S이며, 합쳐지면 70S 리보솜을 이룬다.

③ 진핵세포의 리보솜보다 작고 밀도가 높다.

④ 구성성분은 단백질과 ribosomal RNA이며, 2개의 subunit로 구분된다.

66

포자가 형성된 세포를 포자낭(sporangium)이라고 하며, 포자낭의 형태에는 세포의 형태가 변하지 않는 (A)형, 세포의 중앙이 팽창되는 (B)형 및 세포의 끝이 팽창되는 (C)형이 있다. 괄호 안에 들어갈 말을 바르게 연결한 것은?

① (A) - clostridium

② (B) - plectridium

③ (C) - bacillus

④ (B) - clostridium

67

영양세포에는 없고 내생포자에만 존재하는 특이한 화학물질은?

① DNA

② fumaric acid

③ dipicolinic acid

④ raffinose

68

세균의 내생포자(endospore)에 대한 설명으로 옳은 것은?

① 편모를 통해 활발한 운동성을 지닌다.

② 대사가 활발하게 진행되어 분열·증식하는 상태의 세포이다.

③ 영양세포에 비해 일반소독제에 대한 저항성이 현저히 떨어진다.

④ 보통 염색법에 의해 쉽게 염색되지 않는다.

69

세균의 포자에 대한 설명으로 옳지 않은 것은?

① 방사선, 화학물질, 가열 등에 대한 저항력이 강하다.

② 대사활성이 거의 없는 휴면상태로 존재한다.

③ 탄소원 또는 질소원과 같은 주영양분이 풍부할 때 포자 형성이 시작된다.

④ 주위환경이 좋아지면 발아해서 다시 영양세포로 전환된다.

70

세균의 내생포자에 대한 설명으로 옳은 것은?

① 세균의 증식과정 중 정상기(stationary phase)에 주로 형성된다.

② 생존에 불리한 조건에서 형성되므로 매우 단순한 구조를 이룬다.

③ 내생포자를 형성하는 세균의 대부분은 그람음성의 간균이다.

④ 내생포자의 벽은 굴절성이 있어 광학현미경으로 쉽게 관찰할 수 없다.

71

내생포자의 구조를 내부에서 바깥쪽 순서대로 바르게 나열한 것은?

① exosporium - spore coat - cortex - core wall - core
② core - core wall - spore coat - cortex - exosporium
③ cortex - core - exosporium - spore coat - core wall
④ core - core wall - cortex - spore coat - exosporium

72

포자 구조 중 발아하게 되면 영양세포의 세포질이 되는 부분은?

① 피질(cortex)
② 중심부(core)
③ 외피(exosporium)
④ 포자막(spore coat)

73

내생포자를 형성하는 그람양성 구균은?

① *Bacillus*
② *Pediococcus*
③ *Sporosarcina*
④ *Sporolactobacillus*

74

다음 〈보기〉에서 내생포자에 대한 설명으로 옳은 것을 모두 고른 것은?

> **보기**
>
> 가. 칼슘 - 디피콜린산 복합체가 다량 형성되어 포자의 저항성이 강해진다.
> 나. SASP(small acid-soluble protein)는 외부환경으로부터 DNA를 보호하는 것으로 알려져 있다.
> 다. 포자가 발아하여 영양세포로 전환되는 과정은 매우 빠르게 진행된다.
> 라. 영양세포의 끝부분이 부풀어 오른 것을 Clostridium type이라 한다.

① 가, 다
② 나, 라
③ 가, 나, 다
④ 라

75

내생포자(endospore)의 발아 과정을 바르게 나열한 것은?

① 성장(out-growth) → 발아(germination) → 활성화(activation)

② 발아(germination) → 활성화(activation) → 성장(out-growth)

③ 활성화(activation) → 발아(germination) → 성장(out-growth)

④ 활성화(activation) → 성장(out-growth) → 발아(germination)

76

다음 〈보기〉에서 설명하는 세포 내 구성물질은 무엇인가?

보기

• 세포질 안에 유기물 또는 무기물을 저장하는 기구
• 탄수화물, 무기물, 에너지 등을 저장
• 막에 싸여있지 않고 세포질에 과립형태로 존재

① 봉입체(inclusion body)
② 리보솜(ribosome)
③ 골지체(golgi complex)
④ 내생포자(endospore)

77

일반적인 원핵세포의 구조적 특징이 아닌 것은?

[15. 식품기사 3회]

① DNA가 존재하는 곳에 특정한 막이 없다.
② 세포벽이 있다.
③ 유사분열을 볼 수 있다.
④ 세포에 따라 운동성 기관의 편모가 존재한다.

78

원핵세포(prokaryotic cell)에 대한 설명으로 옳은 것은?

① 핵을 둘러싸고 있는 막이 있다.
② 진핵세포에 비하여 복잡한 구조를 갖는다.
③ 삼투압 등의 외부 환경으로부터 세포를 보호하기 위한 세포벽이 없다.
④ 세포와 외부의 경계를 이루는 세포막이 있다.

79

원핵세포에 대한 설명으로 옳은 것은?

① 세포질에 있는 중요한 요소로는 단백질과 핵산, 작은 분자량의 유기물 및 무기이온 등이 있다.

② 그람양성균의 세포벽은 음성균에 비해 단순하지만, 페니실린 등의 세포벽 합성을 저해하는 항생제에 저항성이 강한편이다.

③ 막 구조가 없어 염색체가 불규칙한 모양으로 모여있으며, 고리형의 단일 가닥형태로 존재한다.

④ 골지체는 소포체에서 합성된 단백질의 저장, 세포벽다당류 및 당단백질의 합성, 분비과립을 통해 물질을 세포 밖으로 방출하는 등의 운반을 담당한다.

80

원핵세포에 대한 설명으로 옳지 않은 것은?

[23. 경기 식품미생물]

① 소포체: 물질의 수송, 합성 및 저장을 하는 소기관

② 리보솜: DNA의 유전정보를 받아서 단백질 합성

③ 편모: 세균의 종류에 따라 부착 위치와 개수가 다름

④ 세포막: 세포질을 감싸는 역할로 외부환경과 내부물질을 분리

81

다음 중 옳지 않은 것은?

[23. 경북 식품미생물]

① 주사 전자현미경은 표면을 관찰할 때 사용하고, 투과 전자현미경은 내부구조를 관찰할 때 주로 사용한다.

② 세포 소기관이 없는 것은 원핵세포로, 미토콘드리아와 같은 막 구조의 소기관이 있는 것은 진핵세포로 분류한다.

③ 원핵세포는 삼투압으로부터 세포파괴를 보호하기 위해 세포막으로 둘러싸여 있다.

④ 세포막은 세포내에서 발생하는 부산물 등을 외부로 보내며, 외부에 있는 영양물질 등을 흡수하는 역할을 수행한다.

82

그람염색법에 대한 설명으로 옳지 않은 것은?

[23. 경북 식품미생물]

① 그람염색은 세균의 세포벽에 존재하는 펩티도글리칸의 화학적, 물리적 특성에 의해 구별된다.

② 그람음성균은 그람염색 시 분홍색으로 염색된다.

③ 그람염색 시 2차 시약으로 요오드를 사용한다.

④ 초산균은 그람음성균이다.

83

다음 중 그람염색 시 균체가 보라색으로 염색되는 세균은?

[23. 경남 식품미생물]

① *Escherichia coli*
② *Corynebacterium glutamicum*
③ *Vibrio cholera*
④ *Salmonella typhimurium*

84

그람염색에 대한 설명으로 옳은 것은?

[22. 경기 식품미생물]

> ㉠ 그람염색 시 사프라닌으로 1차 염색을 하고, 크리스탈바이올렛으로 2차 염색을 한다.
> ㉡ 그람양성의 경우 보라색을 띤다.
> ㉢ 그람음성의 경우 초록색을 띤다.
> ㉣ 세포벽을 구성하는 펩티도글리칸의 물리적, 화학적 차이에 의해서 구별된다.

① ㉠, ㉢
② ㉡, ㉣
③ ㉠, ㉣
④ ㉡, ㉢

85

원핵세포의 구조에 대한 설명으로 옳지 않은 것은?

[22. 경기 식품미생물]

① 구균(coccus), 간균(bacillus)의 두 가지 형태를 이루고 있으며, 붙어있는 모양으로 나누어 이름에 첨가되기도 한다.
② 세포막의 경우 대부분 단백질, 지질로 이루어져 있으며, 지질의 한쪽은 친수성의 머리부분과 다른 쪽은 두 가닥 소수성의 꼬리로 이루어진 이중막 구조로 되어 있다.
③ 그람양성균은 그람음성균에 비해 두껍고 균질한 여러 층의 펩티도글리칸 구조를 가진다.
④ 핌브리아(fimbriae)는 짧고 가는 실과 같은 부속기관으로 양성자 동력(proton motive force)을 이용하여 미생물의 이동에 관여한다.

86

그람염색 시 사용하는 시약이 아닌 것은?

[22. 경북 식품미생물]

① Carbol fuchsin
② Crystal violet
③ Iodine
④ Safranin

87

세균의 세포벽 구조 중 내독소(endotoxin)로 작용하는 것은? [21. 경남 식품미생물]

① 인지질
② 펩티도글리칸
③ Lipid A
④ 포린

88

많은 원핵 미생물들은 세포 표면에 점질성 또는 점액성 물질을 분비한다. 이에 대한 설명으로 가장 옳지 않은 것은? [21. 서울 미생물]

① 세포의 고체표면에 부착이 용이하게 하며, 조밀도에 따라 캡슐(capsule)과 점액층(slime layer)으로 구별한다.
② 면역세포의 식세포 작용을 방해하여 병원성을 증가시킨다.
③ 많은 양의 물분자를 함유하여 건조환경에 대한 내성에 기여한다.
④ 세포의 뚜렷한 구조적 견고성에 관여하여 세포벽의 일부로 판단된다.

89

그람 염색(Gram stain)에서 요오드 용액(iodine solution)이 수행하는 역할에 해당하는 것은? [21. 서울 미생물]

① 고정제(fixative)
② 매염제(mordant)
③ 염색제(stain)
④ 용해제(solublizer)

90

원핵생물인 세균에 대한 설명으로 가장 옳지 않은 것은? [18. 서울 생물]

① 편모는 튜불린 단백질로 구성되어 있다.
② 외막에는 특이적인 O-항원이 존재하며 미생물의 혈청학적 구분에 이용된다.
③ 세포벽은 펩티도글리칸이 주성분이다.
④ 막으로 둘러싸인 핵과 세포 소기관이 없다.

91

세균에 의한 감염병을 치료하기 위하여 오랫동안 항생물질인 페니실린을 사용해 왔는데, 이 항생물질은 세균 세포구조 중 어디에 작용하여 생장을 억제하는가?

[15. 서울 미생물]

① 미토콘드리아(mitochondria)
② 펩티도글리칸(peptidoglycan)
③ 원형질막(plasmamembrane)
④ 리보좀(ribosome)

92

크리스탈 바이올렛(crystal violet)과 사프라닌(safranin)을 사용하여 그람염색을 수행하는 과정에 대한 설명으로 옳지 않은 것은?

[15. 서울 미생물]

① 1차 염색약으로 크리스탈 바이올렛을 사용한다.
② 최종적으로 그람음성 박테리아는 사프라닌에 의해 염색된다.
③ 1차 염색약에 의해 그람양성 박테리아는 염색되지만, 그람음성 박테리아는 염색되지 않는다.
④ 에탄올 탈색과정 후에 그람양성 박테리아는 크리스탈 바이올렛에 의해 염색된 채로 남아 있다.

93

세균의 세포벽에 대한 설명 중 옳은 것을 모두 고른 것은?

[15. 서울 미생물]

> ㉠ 글리칸 사슬(glycan chain)을 구성하는 N-acetyl glucosamine과 N-acetyl muramic acid는 α-1,4 배당결합(glycosidic bond)으로 연결되어 있다.
> ㉡ 페니실린은 N-acetylglucosamine과 N-acetyl muramic acid 사이의 배당결합을 끊어주는 효소이다.
> ㉢ 그람양성 세균의 세포벽에 있는 teichoic acid는 인산기를 가지고 있다.
> ㉣ *Mycoplasma*는 pseudomurein 성분의 세포벽을 가진다.
> ㉤ 항결핵성 항생제인 isoniazid는 결핵균의 세포벽 합성을 억제한다.

① ㉠, ㉡, ㉢, ㉤
② ㉠, ㉣
③ ㉡, ㉢
④ ㉢, ㉤

94

다음 그림은 그람음성 세균의 세포구조를 간단하게 나타낸 것이다. 그림에 표시된 A, B, C, D, E가 지칭하는 구조체들에 관한 설명으로 올바르지 않은 것은?

[14. 서울 미생물]

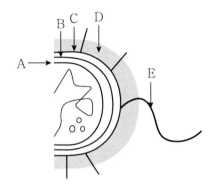

① A: 인지질로 구성된 이중층의 구조이다.
② B: Lysozyme을 처리하면 분해된다.
③ C: 장독소(enterotoxin) 성분을 가진 물질을 포함하고 있다.
④ D: 주로 다당체로 구성되고 숙주세포의 부착에 관여한다.
⑤ E: 회전을 할 수 있는 구조체로 회전력은 PMF (protonmotive force)로부터 얻는다.

95

영양세포(vegetative cell)와 내생포자(endospore)를 비교할 때, 내생포자의 특징으로 알맞은 것은?

[14. 서울 미생물]

① mRNA가 많다.
② 칼슘염이 많다.
③ 방사능에 감수성이 있다.
④ 열에 불안정하다.
⑤ 약물에 감수성이 있다.

01

진핵세포 중 식물세포에는 존재하지만, 동물세포에는 없는 소기관은?

① 리소솜(lysosome)
② 미토콘드리아(mitochondria)
③ 세포골격(cytoskeleton)
④ 엽록체(chloroplast)

02

진핵세포의 세포벽에 대한 설명으로 옳은 것은?

① 모든 진핵세포가 세포벽을 가지는 것은 아니지만, 세포벽이 있는 경우 원핵세포보다 단순하고 펩티도글리칸이 없다.
② 조류(algae)와 식물(plant)은 셀룰로스와 키틴이 주성분이다.
③ 효모(yeast)와 곰팡이(mold)는 글루칸과 만난이 주성분이다.
④ 동물세포는 원핵세포보다 두껍고 견고한 세포벽이 있어 외부의 물리적 충격과 삼투압으로부터 세포를 보호한다.

03

효모나 곰팡이의 세포벽 성분이 아닌 것은?

① cellulose
② peptide
③ β-glucan
④ mannan

04

진핵세포의 세포막에 대한 설명으로 옳지 않은 것은?

① 원핵세포막과 유사하지만, 삼투적 용균에 대한 저항성을 높이는 스테롤(sterol)을 함유한다.
② 세포질과 외부환경을 구분하고 외부의 신호를 감지하는 역할을 한다.
③ 세포막의 수송방법은 확산, 삼투, 능동수송 등의 방법을 사용하는 원핵세포와 달리 특수수송 방식으로 이루어진다.
④ 원핵세포와 달리 호흡효소가 세포막에 존재하지 않고, 미토콘드리아 내막에 존재한다.

05

이중층의 이중막을 지니는 세포 내 소기관은 무엇인가?

① 미토콘드리아
② 세포막
③ 골지체
④ 리소솜

06

이중층의 단일막을 지니지 않는 세포 내 소기관은 무엇인가?

① 리보솜
② 소포체
③ 세포막
④ 중심액포

07

다량의 리보솜, 효소 등을 함유하고 생화학 반응이 진행되는 장소는?

① 핵
② 미토콘드리아
③ 액포
④ 세포질

08

〈보기〉의 세포골격(cytoskeleton)을 나타내는 모식도에 대한 설명으로 가장 옳은 것은?

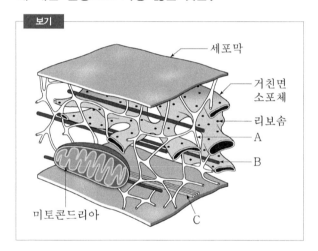

① (A)는 가장 큰 지름을 지니며, 원통형 소기관으로 단백질인 튜불린으로 구성된다.
② (B)는 세포분열과 염색체 이동에 관여하며, 편모 및 섬모 운동에 관여한다.
③ (C)는 중간크기 섬유로 소기관의 고정 및 백혈구 세포의 아메바 운동의 원천이다.
④ (A)는 microtubule이고, (C)는 microfilament이다.

09

세포골격(cytoskeleton)은 세포질 내에서 세포의 형태 유지를 위한 망상구조로 세포의 3차원 모양을 형성하고 물질수송을 용이하게 한다. 다음 〈보기〉의 설명은 세포골격을 이루는 세가지 성분 중 무엇에 대한 설명인가?

> **보기**
>
> • 지름 10nm, 섬유 모양의 다양한 단백질
> • 핵막과 세포막 사이에 위치
> • 세포 소기관들을 제자리에 고정

① 미세섬유(microfilament)
② 미세소관(microtubule)
③ 중간섬유(intermediate filament)
④ 스트로마(stroma)

10

세포골격에 대한 설명으로 옳은 것은?

① 미세소관은 가장 큰 섬유로 세포분열과 염색체 이동에 관여한다.
② 중간섬유는 필라멘트성 원통형 소기관으로 단백질인 튜불린으로 구성된다.
③ 미세섬유의 지름은 10nm 정도이며, 2개의 액틴이 나선모양으로 꼬인 구조로 이룬다.
④ 세포 내 소기관을 지탱해주는 역할을 하며, 원핵세포와 진핵세포에 모두 존재한다.

11

세포의 생명활동에 필수적인 유전정보를 저장하며, 이중막으로 세포질과 구분되어 있는 기관은?

① 엽록체(chloroplast)

② 내생포자(endospore)

③ 핵(nucleus)

④ 액포(vacuole)

12

진핵세포의 유전물질을 포함하는 핵에 대한 설명으로 옳지 않은 것은?

① 이중층의 이중막으로 된 핵막은 인지질과 단백질로 구성된다.

② 핵질(nucleoplasm)은 리보솜의 구성물질인 rRNA를 합성하는 중요한 장소이다.

③ 핵과 세포질 사이의 성분을 교환할 수 있는 핵공(nuclear pore)이 존재한다.

④ 핵 내부에는 유전물질(DNA)이 단백질인 히스톤(histone)과 결합하여 존재한다.

13

mRNA로부터 단백질 합성에 직접 관여하는 세포소기관은?

① ribosome

② mitochondria

③ genome

④ protoplast

14

자유리보솜(free ribosome)과 부착리보솜(membrane-bound ribosome)에 대한 설명이다. 각 리보솜이 합성하는 단백질을 바르게 연결한 것은?

가. 엽록체막 단백질
나. 핵막, 세포막 단백질
다. 세포질 내 효소
라. 핵공을 통해 들어가는 단백질
마. 리소솜 내 효소

① 자유리보솜 - 가, 나, 라

② 부착리보솜 - 나, 다, 마

③ 자유리보솜 - 가, 다, 라

④ 부착리보솜 - 나, 라

15

진핵세포 내 리보솜(ribosome)에 대한 설명으로 옳지 않은 것은?

① 조면소포체와 결합되어 있거나, 세포질에 유리형으로 존재한다.
② 진핵세포의 리보솜은 원핵세포보다 크기가 크다.
③ 핵, 미토콘드리아, 엽록체의 막단백질은 자유리보솜에서 합성한다.
④ 단백질과 rRNA로 구성되어 있으며, 핵이나 세포질에서 합성된다.

16

리보솜(ribosome)에 대한 설명으로 옳지 않은 것은?

① 세포에는 단백질과 rRNA(ribosomal RNA)로 구성된 수천 개의 리보솜이 존재한다.
② 단백질 합성기관이며, 두 개의 소단위(subunit)로 구성된다.
③ 진핵세포 내 리보솜은 원핵세포 리보솜보다 크기가 크고 밀도가 높다.
④ 원핵세포 리보솜의 50S 소단위체에는 16S rRNA와 34개의 단백질이 포함되어 있다.

17

핵막과 연결되어 있으며, 물질 수송 및 단백질과 지질 합성을 담당하는 소기관은 무엇인가?

① 골지체(golgi complex)
② 소포체(endoplasmic reticulum)
③ 인(nucleolus)
④ 리보솜(ribosome)

18

소포체 막의 바깥 표면에 리보솜이 많이 붙어 거친 면을 갖는 조면소포체(RER)의 기능으로 옳은 것은?

① 세포와 근육수축을 위한 칼슘저장
② 스테로이드 합성
③ 알코올 분해
④ 단백질 합성 및 이동

19

매끈면 소포체(SER)에 대한 설명으로 옳은 것은?

① 글리코겐을 분해한다.
② 세포에 필요한 막을 만든다.
③ 단백질의 화학적 변형이 일어난다.
④ 손상된 조직세포를 소화분해한다.

20

골지체에 대한 설명으로 옳은 것은?

① 4~8개의 납작한 주머니 모양의 시스터네(cisterna)가 서로 연결된 형태의 소기관이다.
② 내막과 외막의 이중막구조이며, 내막에는 전자전달계 효소가 존재한다.
③ 세포 내 소화를 담당하는 리소솜의 형성에 중요한 역할을 수행한다.
④ 골지체에서 합성된 분비단백질을 저장하여 농축한 후 소포체로 운반한다.

21

골지체로부터 분비된 소낭인 리소솜에 대한 설명으로 옳지 않은 것은?

① 외부로부터 유입된 유기물질을 분해하는 기관이다.
② 조면소포체에서 합성된 다양한 가수분해 효소를 함유한다.
③ 리소솜 효소의 최적 pH는 약 5이며, 식물세포에서 주로 발견된다.
④ 리소솜 막은 내부의 소화효소가 투과할 수 없다.

22

진핵세포의 호흡장소인 미토콘드리아에 대한 설명으로 옳지 않은 것은?

① 이중막을 지니며, 내막은 주름이 많아 표면적이 넓은 크리스타(crista) 구조를 하고 있다.
② ATP를 이용하여 화학에너지와 같은 활용 가능한 에너지로 변환하는 곳이다.
③ 자신만의 DNA와 70S 리보솜을 함유하여 단백질을 합성할 수 있다.
④ 내막에는 전자전달계 효소가 존재하여 세포호흡, ATP생산, 산화적 인산화 반응을 한다.

23

엽록소를 비롯하여 광합성에 필요한 구성요소들이 함유된 납작한 주머니 형태의 기관은 무엇인가?

① 스트로마(stroma)
② 크리스타(crista)
③ 시스테나(cisterna)
④ 틸라코이드(thylakoid)

24

진핵생물의 편모(flagella)와 섬모(cilia)에 대한 설명으로 옳지 않은 것은?

① 진핵생물의 편모는 채찍질과 같은 방식으로 세포를 이동시킨다.
② 편모를 구성하는 미세소관은 튜불린이라는 단백질로 되어 있다.
③ 편모와 섬모는 매우 다른 구조와 움직임을 나타낸다.
④ 섬모는 편모보다 길이가 짧고 수가 많다.

25

진핵세포의 소기관에 대한 설명으로 가장 옳은 것은?

① 세포막은 세포 소기관을 포함하여 원핵세포의 세포막보다 더 다양한 기능을 갖는다.
② 골지체는 생명활동에 필요한 대부분의 유전정보(DNA)를 수용하고 rRNA를 합성하는 중심 장소이다.
③ 미토콘드리아의 내막에서는 TCA cycle과 지방산의 산화가 일어난다.
④ 조면소포체는 주로 단백질 합성과 관련된 장소이며, 활면소포체는 지방을 합성하는 장소이다.

26

진핵세포(eukaryotic cell)에 대한 설명으로 옳은 것은?

① 다양한 세포 소기관이 분화되어 있다.
② 세포벽의 구성성분에 펩티도글리칸 층을 가진다.
③ 염색체가 핵 내에 존재하지 않는다.
④ 생물의 종류에는 동물, 식물, 원생동물, 스피로헤타 등이 있다.

27

진핵세포에 대한 설명으로 옳지 않은 것은?

① 핵(nucleus) 안에 인(nucleolus)이 존재한다.
② 펩티도글리칸 함량이 10 ~ 20%로 원핵세포에 비해 낮다.
③ 광합성 기관인 엽록체를 지닌다.
④ 세포질 내에 세포골격이 존재한다.

28

진핵세포에 대한 설명으로 옳은 것은?

① 소포체에서 리소좀이 형성된다.
② 진핵세포에는 막으로 둘러싸인 핵과 소기관이 존재한다.
③ 진핵세포 리보솜의 크기는 10S이다.
④ 핵 안에 있는 인에서는 DNA가 합성된다.

29

진핵세포의 특징에 대한 설명 중 틀린 것은?

[20. 식품기사 3회]

① 염색체는 핵막에 의해 세포질과 격리되어 있다.
② 미토콘드리아, 마이크로솜, 골지체와 같은 세포소기관이 존재한다.
③ 스테롤 성분과 세포골격을 가지고 있다.
④ 염색체의 구조에 히스톤과 인을 갖고 있지 않다.

30

세포의 (가) 엽록체, (나) 핵 및 (다) 미토콘드리아에 대한 설명으로 옳은 것은?

① 동물세포와 식물세포에 (가), (나), (다) 모두 존재한다.
② (다)의 세포막은 이중막 구조이며, 분자의 화학에너지를 ATP와 같은 활용가능한 에너지로 변환하는 곳이다.
③ 스트로마(stroma)는 (가)의 내막이 감싸고 있는 부분으로 태양에너지를 포착하는 녹색색소 클로로필을 함유한다.
④ (가), (나), (다) 모두 자신만의 DNA와 70S 리보솜을 함유하여 단백질을 합성하고 이분법으로 분열하여 자가증식을 한다.

31

진핵세포 각 소기관의 주요 기능과 역할을 가장 바르게 연결한 것은?

① 리보솜 – 유전정보 저장
② 세포골격 – 물질의 선택적 투과
③ 엽록체 – 전자전달을 통한 ATP 생산
④ 소포체 – 지질합성

32

진핵세포 각 소기관의 기능과 역할을 연결한 것으로 옳지 않은 것은?

① 골지체 – 물질의 분비와 농축 포장
② 미토콘드리아 – 산화적 인산화반응
③ 인 – 단백질 합성
④ 세포질 – 다양한 대사작용 장소

33

진핵생물 소기관의 특성과 기능의 연결이 틀린 것은?

[15. 식품기사 3회]

① 미토콘드리아 – 에너지 발생, 호흡
② 소포체 – 단백질 합성
③ 골지체 – 효소 및 거대분자 분비
④ 액포 – 인지질 합성

34

세포 내 구조의 기능에 대한 설명으로 옳지 않은 것은?

[22. 경북 식품미생물]

① 세포막(cell membrane)은 세포질을 둘러싼 막으로 외부환경과 내부물질을 분리하는 기능을 한다.
② 세포벽(cell wall)은 단단한 구조로 인지질 이중막으로 구성되어 있으며 세포를 보호하는 역할을 한다.
③ 리보솜(ribosome)은 단백질을 합성하는 기관으로 원핵세포와 진핵세포에 둘 다 존재한다.
④ 세포질(cytoplasm)은 단백질, 지질, 탄수화물 등의 유기물과 세포 물질 대사에 필요한 소기관, 효소 등이 존재한다.

35

Haeckel의 분류에 따라 다음의 특징을 지니는 미생물에 해당하는 것은? [21. 경남 식품미생물]

- 핵막이 있다.
- 편모 및 섬모의 내부는 9+2 미세소관으로 되어 있다.
- 80S 리보솜을 지닌다.
- 인을 가지고 있다.

① 효모, 방선균, 곰팡이
② 효모, 곰팡이, 조류
③ 효모, 남조류, 곰팡이
④ 방선균, 효모, 세균

36

진핵세포의 소기관으로 TCA회로에서 이용하는 효소를 저장하는 곳은? [21. 경남 식품미생물]

① 리소좀
② 미토콘드리아
③ 펩티도글리칸
④ 소포체

37

세포의 (가) 미토콘드리아(mitochondria)와 (나) 엽록체에 대한 설명으로 가장 옳은 것은? [21. 서울 생물]

① (가)는 동물 세포에 존재하고 식물세포에는 존재하지 않는다.
② (가), (나) 모두 핵 속에 DNA가 들어있다.
③ 간세포나 근육세포같이 에너지 소비가 큰 세포는 (나)가 많이 들어있다.
④ (가), (나)에는 모두 DNA와 리보솜이 있어 스스로 복제하고 증식할 수 있다.

38

세포 내에서 단백질 합성은 리보솜에 의해 이루어진다. 리보솜은 소포체와 결합되어 있는 형태 또는 세포질 내에 홀로 떨어져 있는 형태로 존재한다. 다음 중 소포체와 결합되어 있는 형태의 리보솜에서 만들어지는 단백질의 종류를 가장 잘 나타낸 것은?

[16. 서울 생물]

① 핵으로 이동하여 DNA에 결합하는 단백질
② 세포 밖으로 배출되는 단백질
③ 리보솜 자체의 생성에 직접적으로 관련된 단백질
④ 리보솜과 직접 또는 간접적으로 결합하는 단백질

39

미생물 세포의 구조에 대한 설명으로 옳은 것은?

[14. 식품기사 1회]

① 원핵세포에는 메소솜(mesosome) 대신 미토콘드리아(mitochondria)가 있다.
② 진핵세포에서 핵은 핵막에 의해 세포질과 구별되어 있다.
③ 진핵세포에는 핵부위(nuclear region)가 있다.
④ 원핵세포의 세포벽은 주로 글루칸(glucan)과 만난(mannan)으로 구성되어 있다.

41

진핵세포와 원핵세포에 공통으로 존재하는 것은?

① 메소솜
② 편모
③ 미토콘드리아
④ 세포질

40

원핵세포와 진핵세포로 분류하는 기준이 아닌 것은?

① 핵막의 유무
② 미토콘드리아의 유무
③ 엽록체의 유무
④ 세포형태가 단세포인지 다세포인지의 여부

42

원핵세포와 진핵세포에 공통적으로 존재하는 것이 아닌 것은?

① 리소솜(lysosome)
② 세포질(cytoplasm)
③ 리보솜(ribosome)
④ DNA(deoxyribonucleic acid)

43

원핵세포와 진핵세포의 차이점을 비교 설명한 것으로 옳은 것은?

① 원핵세포는 세포벽의 변형으로 생성된 메소솜이 미토콘드리아 대신 세포 호흡계로 작용한다.
② 세균, 남조류, 원생생물, 방선균 등은 원핵세포를 지닌다.
③ 핵을 지니고 있는 진핵세포는 원핵세포에 비해 크기가 크고 대부분 미생물이다.
④ 진핵세포는 DNA 이동통로인 성선모를 지니지 않는다.

44

60%의 RNA와 40%의 단백질로 구성되며 단백질을 합성하는 세포 내 소기관은? [23. 경남 식품미생물]

① 골지체(golgi complex)
② 리보솜(ribosome)
③ 메소좀(mesosome)
④ 미토콘드리아(mitochondria)

45

진핵세포의 구조 및 기능을 옳게 연결한 것은?

[22. 경기 식품미생물]

① 골지체 – 호흡 및 ATP 합성
② 리보솜 – 생명체 유전 및 복제
③ 미토콘드리아 – 단백질 합성
④ 세포막 – 물질의 선택적 투과

MEMO

MEMO

Part
3
세균

Chapter 01 세균의 형태와 구조

01

세균에 대한 설명으로 옳지 않은 것은?

① 하등미생물의 분열균류에 해당하며 폭이 대략 $1\mu m$ 이하의 작은 단세포생물이다.
② 세균과 효모의 중간적 성상을 가지는 방선균도 넓은 의미에서 세균류에 포함시키기도 한다.
③ 진정세균으로 분류되는 원핵생물로 구형 또는 막대기 형태를 지닌다.
④ 발효 · 양조산업에 이용되는 것도 있고, 식중독 및 경구감염병, 부패의 원인이 되기도 한다.

02

세균(Bacteria)에 대한 설명으로 옳지 않은 것은?

① 세포질 내에는 수분이 거의 존재하지 않는다.
② 단일세포로 분열에 의하여 번식한다.
③ 운동하는 세균은 편모를 갖고 있다.
④ 미토콘드리아가 없다.

03

세균에 대한 설명으로 옳은 것은?

① 세포막에 핵양체가 존재한다.
② 일반적으로 세균의 포자는 곰팡이, 효모의 포자보다 내열성이 약하다.
③ 분열법과 출아법으로 증식하고 내생포자를 형성하는 균도 있다.
④ 플라스미드(plasmid)라는 작은 환형 DNA를 지닌다.

04

세균에 대한 설명 중 틀린 것은? [19. 식품기사 3회]

① 저온성 세균이란 최적 발육온도가 12 ~ 18℃이며, 0℃ 이하에서도 자라는 균을 말한다.
② *Clostridium* 속은 저온성 세균들이다.
③ 고온성 세균은 45℃ 이상에서 잘 자라며 최적 발육 온도가 55 ~ 65℃인 균을 말한다.
④ *Bacillus stearothermophilus* 는 고온균이다.

05

세균을 분류하는 기준으로 옳지 않은 것은?

① 그람염색성
② 핵산의 종류
③ 세포의 형태
④ 생화학적 특성

07

세포가 분열 후 부러지면서 V, Y, L자 모양으로 연결된 형태의 간균(bacillus)을 무엇이라 하는가?

① corynebacterium
② long rod
③ streptobacillus
④ spirillum

06

구균(coccus)에 대한 설명으로 옳은 것은?

① 연쇄상구균(staphylococcus)은 한 방향으로만 분열하며, 길게 연결되는 균을 말한다.
② 사련구균(tetracoccus)은 분열 후 2개씩 연결되어 존재하는 균을 말한다.
③ 단구균(monococcus)은 길이가 폭의 2배 이하인 구균을 말한다.
④ 팔련구균(sarcina)은 세방향으로 분열하여 여덟 개의 세포군을 형성하는 균을 말한다.

08

다음 세균 중 크기가 가장 큰 것은?

① *Escherichia coli*
② *Bacillus subtilis*
③ *Spirillum serpens*
④ *Vibrio cholera*

09

세균이 주로 증식하는 방법은?

① 포자형성법
② 출아법
③ 막형성법
④ 이분법

10

분열법에 의한 세포의 영양증식 순서로 옳은 것은?

① 세포 분리 → 격벽 형성 → 세포 크기 증가 → DNA 복제
② 세포 분리 → 세포 크기 증가 → DNA 복제 → 격벽 형성
③ 세포 크기 증가 → DNA 복제 → 격벽 형성 → 세포 분리
④ 세포 크기 증가 → 세포 분리 → DNA 복제 → 격벽 형성

11

세균의 증식방법에 대한 설명으로 옳지 않은 것은?

① 대부분의 세균은 분열법으로 증식한다.
② 내생포자를 형성하는 것도 있다.
③ 균종에 따라 세포벽 형성방법에 차이가 있다.
④ 포자낭 포자를 형성하여 증식한다.

12

다음 〈보기〉에서 유성생식이 불가능한 미생물은?

보기	
가. 버섯류	나. 효모류
다. 곰팡이류	라. 세균류

① 가, 라
② 나, 다
③ 가, 나, 다
④ 라

13

다음 중 통성 혐기성균에 속하지 않는 것은?

[18. 식품기사 3회]

① *Staphylococcus* 속
② *Salmonella* 속
③ *Micrococcus* 속
④ *Listeria* 속

15

버지분류법(Bergey's Manual)에 따라 세균을 분류하는 기준으로 틀린 것은?

[23. 경기 식품미생물]

① 산소 요구성
② 내생포자
③ 격벽의 유무
④ 편모의 유무와 종류

14

다음 중 그람양성균과 그람음성균을 바르게 연결한 것은?

① 그람양성균 − *Lactobacillus*
　 그람음성균 − *Zymomonas*
② 그람양성균 − *Serratia*
　 그람음성균 − *Acetobacter*
③ 그람양성균 − *Micrococcus*
　 그람음성균 − *Corynebacterium*
④ 그람양성균 − *Alcaligenes*
　 그람음성균 − *Pediococcus*

16

식품의 부패를 일으키는 미생물에 대한 설명으로 옳지 않은 것은?

[23. 경기 식품미생물]

① 감귤류의 연부를 유발하는 균은 *Penicillium italicum* 이다.
② 생유의 저온 변패균은 *Pseudomonas aeruginosa* 이다.
③ 무가스 산패를 일으키는 균은 *Bacillus stearothermophilus* 이다.
④ 재래식 간장에 회백색의 피막을 형성하는 것은 *Zygosaccharomyces rouxii* 이다.

17

지표미생물에 대한 설명으로 옳지 않은 것은?

[23. 경북 식품미생물]

① 지표미생물은 일반미생물과 달리 생육을 위해 특정조건을 필요로 하는 균을 말한다.
② 식품 내 특정 유해미생물이 검출되면 지표미생물도 검출되어야 한다.
③ 식품 내 특정 유해미생물이 검출되지 않으면 지표미생물도 검출되지 않는다.
④ 지표미생물은 검출방법이 용이해야 한다.

18

세균(bacteria)에 대한 설명으로 옳지 않은 것은?

[23. 경남 식품미생물]

① 저온성 세균은 냉장온도 증식에 유리하며, 대표적으로 *Pseudomonas* 속이 있다.
② 고온성 세균은 45℃ 이상에서 증식하며 *Clostridium thermosaccharolyticum* 등이 있다.
③ 운동성을 가진 균은 편모가 있으며, 편모의 수나 위치는 세균을 구분하는 중요한 지표이다.
④ *Bacillus* 속은 그람양성 편성혐기성 나선균이다.

19

다음 미생물의 공통점은?

[22. 경북 식품미생물]

- 장염비브리오균
- 황색포도상구균
- 살모넬라균

① 최적 생육 온도가 37℃인 중온균이다.
② 그람염색 시 붉은색으로 변한다.
③ 미생물의 형태가 길쭉한 막대기형이다.
④ 독소형 식중독을 유발하는 미생물이다.

20

세균의 특징에 대한 설명으로 옳지 않은 것은?

[22. 경북 식품미생물]

① 원핵세포이며 진정세균과 고세균으로 나뉜다.
② 핵막이 존재하지 않는다.
③ 호흡은 미트콘드리아 내에서 이루어진다.
④ 리보솜 크기는 70S이다.

21

열저항성이 가장 큰 것은? [22. 경북 식품미생물]

① *Staphylococcus aureus*

② *Clostridium botulinum*

③ *Staphylococcus aureus* 독소

④ *Clostridium botulinum* 독소

22

식중독 및 식품감염을 일으키는 원인 미생물 병원체
의 종류가 다른 것은? [22. 서울 미생물]

① *Salmonella enterica*

② *Campylobacter jejuni*

③ *Listeria monocytogenes*

④ *Ciardia intestinals*

23

다음 중 인간에게 식중독을 일으키지 않는 미생물은?

[15. 서울 미생물]

① 비브리오균

② 리스테리아균

③ 살모넬라균

④ 효모

01

다음 〈보기〉에서 그람양성균을 모두 고른 것은?

> **보기**
>
> 가. *Proteus*   나. *Propionibacterium*
> 다. *Brucella*   라. *Helicobacter*
> 마. *Listeria*   바. *Lactococcus*

① 가, 다, 라
② 나, 마, 바
③ 나, 라
④ 마, 바

02

그람양성균(gram positive bacteria)이 아닌 것은?

① *Bacillus megaterium*
② *Leuconostoc mesenteroides*
③ *Erwinia carotovora*
④ *Mycobacterium bovis*

03

빵이나 밥에서 증식하며, 청국장 제조에 관여하는 유포자 간균은?

① *Bacillus* 속
② *Sporosarcina* 속
③ *Desulfotomaculum* 속
④ *Sporolactobacillus* 속

04

통조림의 flat sour에 대한 설명으로 틀린 것은?

[18. 식품기사 2회]

① 관의 형태는 정상이지만 내용물은 산 생성 때문에 신맛이 생성된다.
② 채소나 수산물 통조림 등 산도가 낮은 식품에서 주로 발생한다.
③ 유포자 내열성 세균에 의한 경우가 많다.
④ 과도한 탄산가스 생성이 수반된다.

05

내열성 포자를 만드는 호기성 또는 통성혐기성 세균은 무엇인가?

① *Bacillus* 속
② *Halobacterium* 속
③ *Desulfotomaculum* 속
④ *Sporolactobacillus* 속

06

편성혐기성(anaerobes) 포자형성 세균으로만 묶인 것은?

① *Bacillus, Clostridium*
② *Clostridium, Sporolactobacillus*
③ *Bifidobacterium, Klebsiella*
④ *Desulfotomaculum, Clostridium*

07

바실러스 속에 대한 설명으로 옳지 않은 것은?

① 포자를 형성하는 그람양성의 세균으로 호기성 또는 통성혐기성 간균이다.
② 세포 외 효소를 생성하는 균주가 많고, 카탈레이스는 양성이다.
③ 포자를 형성해도 영양세포의 모양이나 크기는 변하지 않는다.
④ 일반적으로 토양 중에 존재하는 것이 많고, 공중 질소를 고정하는 능력이 있는 것도 있다.

08

바실러스(*Bacillus*) 속에 대한 설명으로 옳은 것은?

① *B. cereus*는 다른 균주에 비해 크기가 크고, 비타민 B_{12}를 생산한다.
② *B. natto*는 삶은 콩에서 끈끈한 점질물을 생성하며, 생육인자로 비오틴을 요구한다.
③ *B. circulans*는 주모성의 편모을 지니며 설사형 식중독의 원인균이다.
④ *B. coagulans*는 인수공통감염병인 탄저의 원인균이다.

09

고초균(*Bacillus subtilis*)에 대한 설명으로 옳지 않은 것은?

① 바실러스속의 대표균으로 통성혐기성의 극모형 편모를 지닌 그람양성균이다.

② 아밀레이스와 프로테이스를 다량 생성하므로 공업적으로 효소를 생산하는 데 이용된다.

③ 서브틸린(subtilin) 등의 항균단백질을 생산하는 것도 있다.

④ 청국장, 된장, 간장 등 장류의 제조에 이용된다.

10

고초균(*B. subtilis*)에 대한 설명으로 옳은 것은?

① 포자는 내열성이 강하며, 부패균의 하나로 밥을 쉽게 하기도 한다.

② 생육적온이 50℃ 이상인 호열성의 통조림 부패균으로 알려져 있다.

③ 항생물질인 polymixin을 생성한다.

④ *B. natto*와 달리 비오틴(biotin)을 생육인자로 요구한다.

11

고온성으로 내열성 포자를 형성하기 때문에 열처리가 불완전한 통조림에서 플랫사워(flat sour) 변패를 일으키는 원인균으로만 묶인 것은?

① *B. coagulans, B. cereus*

② *B. thuringiensis, B. polymyxa*

③ *B. stearothermophilus, B. coagulans*

④ *B. stearothermophilus, B. anthracis*

12

식빵의 점질화(rope) 현상을 일으키는 미생물은?

① *Rhizopus nigricans*

② *Bacillus licheniformis*

③ *Proteus morganii*

④ *Saccharomyces cerevisiae*

13

화학 농약의 경우 장기간 사용한 결과 식물병원성 해충과 병원균이 농약에 대한 내성을 획득하거나 병원균이나 해충에 대항하는 천적 생물체들이 농약에 민감해져 왔다. 이에 미생물을 이용한 생물농약에 관한 연구가 진행되어 왔으며, BT toxin을 생산하는 대표적인 살충미생물로 알려진 세균은?

① *Bacillus anthracis*

② *Bacillus subtilis*

③ *Bacillus thuringiensis*

④ *Bacillus megaterium*

14

클로스트리듐(*Clostridium*) 속에 대한 설명으로 옳은 것은?

① 절대 혐기성의 그람양성 구균이다.

② 글루탐산 생성력이나 탄화수소 자화성이 있다.

③ 편모를 지니지 않으므로 운동성을 나타내지 않는다.

④ 탄수화물을 발효시켜 낙산, 초산, 아세톤을 생성하기도 한다.

15

Clostridium 속에 대한 설명으로 옳지 않은 것은?

① 세포의 중앙부나 말단에 내생포자가 생성된다.

② 주모로 운동하지만, 비운동성인 것도 있다.

③ *C. tetani*는 2급 법정감염병인 백일해의 원인균이다.

④ 카탈레이스(catalase) 음성이다.

16

다음 〈보기〉에 나열된 생육 특성을 지닌 *Clostridium* 속 균주를 바르게 연결한 것은?

> **보기**
>
> 가. 독성이 매우 강한 신경독소를 생산
> 나. 통조림의 부패 및 팽창의 원인균
> 다. 당을 발효하여 낙산을 생성

① 나 – *Cl. sporogenes*

② 가 – *Cl. perfringens*

③ 다 – *Cl. botulinum*

④ 나 – *Cl. difficile*

17

*Cl. botulinum*에 대한 설명으로 옳은 것은?

① 전분 및 당을 발효하여 아세톤, 부탄올 등을 생성한다.

② 내생포자의 내열성은 매우 강하나, 생성독소는 이열성이다.

③ 장관내에서 영양세포가 포자를 생성할 때 neurotoxin이 생성된다.

④ 소량의 산소가 존재하여도 생육할 수 있다.

18

다음 〈보기〉는 *Cl. acetobutyricum*에 대한 설명이다. (가)에 들어갈 말로 옳지 않은 것은?

> **보기**
>
> 편성혐기성의 그람양성균으로 생육 적온은 35 ~ 37℃이다. 옥수수나 감자와 같은 전분질이나 당류를 발효시켜 (가) 등을 생성한다.

① 유산(lactate)

② 아세톤(acetone)

③ 부탄올(butanol)

④ 에탄올(ethanol)

19

Desulfotomaculum 속에 대한 설명으로 옳지 않은 것은?

① 포자형성균으로 세포의 말단이나 말단 부근에 포자를 형성한다.

② 그람양성 간균의 편성혐기성 균으로 비운동성이다.

③ 유황 화합물이 최종전자 수용체로 되어 황화수소(H_2S)로 환원된다.

④ *D. nigrificans*는 통조림의 황화물 부패균이다.

20

설탕배지에서 배양하면 dextran을 생산하는 균은?

[19. 식품기사 1회]

① *Bacillus levaniformans*

② *Leuconostoc mesenteroides*

③ *Bacillus subtilis*

④ *Aerobacter levanicum*

21

그람양성균 중 유산(lactate)을 생성하는 막대모양의 세균은?

① *Clostridium*
② *Leuconostoc*
③ *Propionibacterium*
④ *Lactobacillus*

22

유산균(lactic acid bacteria)에 대한 설명으로 옳지 않은 것은?

① 유산균은 모두 그람양성균으로 구균과 간균이 있다.
② catalase와 peroxidase 음성이다.
③ 당류를 발효해서 다량(50% 이상)의 유산(lactate)을 생성하는 세균이다.
④ 일부 유산균은 항균 단백질인 박테리오신(bacteriocin)을 생성한다.

23

유산균(lactic acid bacteria)에 대한 설명으로 옳은 것은?

① 6탄당을 발효하여 에너지를 얻지는 못한다.
② 덱스트란의 제조, 비타민의 정량 등에 사용되기도 한다.
③ *Lactobacillus*와 *Sporolactobacillus*는 유포자 젖산 간균에 속한다.
④ G+C 함량이 50% 이상이다.

24

유산균의 생리활성이 아닌 것은?

① 혈중 콜레스테롤 저하
② 항균작용
③ 면역증진, 항암작용
④ 정장작용

25

다음 〈보기〉에서 젖산균에 대한 설명으로 옳은 것을 모두 고른 것은?

가. GRAS(Generally Recognized As safe)로 인정된다.
나. 색소를 생성하지 않으며, 영양 요구성이 높다.
다. 유산만을 다량 생성하며, 자신이 생성한 유산에 대해 내산성을 지닌다.
라. 산소분압이 낮은 환경에서 잘 증식한다.
마. 대부분 포자를 형성하지 않는다.

① 나, 다, 마
② 나, 라
③ 가, 다, 마
④ 가, 나, 라, 마

26

포도당으로부터 유산만을 생성하고 다른 부산물은 거의 생성하지 않는 유산균 속은?

① *Pediococcus*
② *Leuconostoc*
③ *Oenococcus*
④ *Propionibacterium*

27

정상유산발효(homo lactic fermentation) 유산균으로만 묶인 것은?

① *Lactobacillus casei, Lactobacillus brevis*
② *Lactobacillus delbrueckii, Streptococcus thermophilus*
③ *Leuconostoc mesenteroides, Lactobacillus acidophilus*
④ *Lactobacillus brevis, Pediococcus sojae*

28

이상유산발효(hetero lactic fermentation) 유산균이 생성하는 대사산물이 아닌 것은?

① CH_3COOH
② $CH_3CHOHCOOH$
③ CH_3CH_2OH
④ CH_3OH

29

유산균이 당을 발효하여 대사산물을 생성하는 방식에 대한 설명으로 옳지 않은 것은?

① 정상유산발효균은 포도당을 발효하여 2개의 유산을 생성한다.
② 포도당을 기질로 하여 유산을 생성할 때, 유산과 함께 초산을 생성하는 균주만 이상유산발효균에 해당된다.
③ 이상유산발효균은 오탄당 인산경로를 통하여 유산 이외의 다른 부산물 등을 생성한다.
④ 오탄당이 기질이 될 때는 정상발효 또는 이상발효 구분 없이 동일하게 발효한다.

30

Homo 젖산균과 Hetero 젖산균에 대한 설명 중 옳은 것은?

[15. 식품기사 1회]

① $Leuconostoc$ 속은 Homo형이고, $Pediococcus$ 속은 Hetero형이다.
② Homo 젖산균은 당으로부터 젖산, 에탄올, 초산을 생성하며, Hetero 젖산균은 젖산만을 생성한다.
③ EMP 경로에 따라서 포도당 1mole에 대해 2mole의 ATP가 생성되는 것이 Homo 젖산발효이다.
④ $Lactobacillus$ 속은 Hetero형이다.

31

다음 유산균 중 이상유산발효균은?

① $Lactobacillus\ plantarum$
② $Pediococcus\ pentosaceus$
③ $Sporolactobacillus\ ilulinus$
④ $Lactobacillus\ brevis$

32

오탄당(pentose)이 기질일 때, 유산균의 발효형식을 바르게 표현한 것은?

① $C_5H_{10}O_5 \rightarrow CH_3CHOHCOOH + CH_3COOH$
② $C_5H_{10}O_5 \rightarrow CH_3CHOHCOOH + CH_3CH_2OH$
③ $C_5H_{10}O_5 \rightarrow 2CH_3CH_2OH + CO_2$
④ $C_5H_{10}O_5 \rightarrow 2CH_3COOH + CO_2$

33

우유나 유청(whey)을 원료로 하여 젖산을 생성하는 유산균이 아닌 것은?

① *Lactobacillus acidophilus*

② *Lactococcus lactis* subsp. *cremoris*

③ *Lactobacillus delbrueckii*

④ *Lactobacillus casei*

34

락토바실러스(*Lactobacillus*) 속에 대한 설명으로 옳지 않은 것은?

① 그람양성의 유산간균으로 비운동성이다.

② 장내 생존성이 우수하여 유산균 제제로도 이용된다.

③ 청주에서 백색의 혼탁과 악취를 유발하는 균주도 있다.

④ 산 생성능은 강하나, 산에 대한 내성이 약한편이다.

35

류코노스톡(*Leuconostoc*) 속에 대한 설명으로 옳지 않은 것은?

① 이상유산발효균으로 유산 이외에 초산, 에탄올, 이산화탄소 등을 생성한다.

② 대부분 운동성이 없으며, 카로티노이드 색소를 생성하기도 한다.

③ 당으로부터 다량의 덱스트란(dextran)을 생성하기도 한다.

④ 쌍구균 또는 연쇄상구균으로 존재한다.

36

페디오코커스(*Pediococcus*) 속에 대한 설명으로 옳지 않은 것은?

① 정상유산발효균으로 쌍구균 또는 사련구균으로 존재한다.

② 내염성을 지니므로 염도가 높은 곳에서도 생육할 수 있다.

③ catalase 양성으로 호기적인 환경에서 빠르게 증식하여 맥주를 변패시킨다.

④ 채소절임, 간장·된장 숙성 중에 발견된다.

37

스트렙토코커스(*Streptococcus*) 속에 대한 설명으로 옳지 않은 것은?

① 당을 분해하여 유산만을 생성한다.

② 유용한 유산균도 많으나, 용혈작용을 하는 화농성 균도 존재한다.

③ 요구르트의 제조 시 스타터로 이용된다.

④ 비타민 B_{12}를 정량하는 데 이용되기도 한다.

38

정상유산발효균으로 요구르트 생산공정에 스타터로 첨가되는 균은?

① *Lactobacillus bulgaricus*

② *Leuconostoc mesenteroides*

③ *Lactococcus cremoris*

④ *Lactobacillus delbrueckii*

39

장내에서 생육하기 쉽고 정장작용이 강하기 때문에 유산균 제제로 이용되는 균은?

① *Lactobacillus acidophilus*

② *Lactobacillus plantarum*

③ *Streptococcus cremoris*

④ *Streptococcus lactis*

40

정상유산발효균으로 젖산 생성 능력이 강하여 전분 당화액이나 당밀로부터 산업적인 유산의 제조에 이용되는 균은?

① *Lactobacillus bulgaricus*

② *Lactobacillus homohiochi*

③ *Lactobacillus delbrueckii*

④ *Streptococcus thermophilus*

41

*Lactobacillus bulgaricus*에 대한 설명으로 옳지 않은 것은?

① 포도당을 분해하여 젖산만 생성한다.
② 25℃ 정도의 저온에서 생육한다.
③ 정장제, 우유발효, 피혁의 탈석회제로 이용된다.
④ 산 생성능이 강하여 우유 단백질을 응고시킨다.

42

Lactobacillus 속 여러 균주의 특성을 바르게 연결한 것은?

① *Lb. brevis* − 정상유산발효균
② *Lb. plantarum* − 김치 발효 초기에 주로 관여
③ *Lb. heterohiochi* − 요구르트 제조 시 종균으로 사용
④ *Lb. leichmannii* − 비타민 B_{12} 정량

43

유산간균 중 유일한 유포자균으로 정상형 유산 발효를 하는 세균은?

① *Lactobacillus casei*
② *Sporolactobacillus inulinus*
③ *Clostridium butylicum*
④ *Bacillus licheniformis*

44

사람이나 동물의 장관에서 상재하는 장구균의 일종으로 유산균제제로 이용되기도 하는 균은?

① *Streptococcus cremoris*
② *Streptococcus faecalis*
③ *Streptococcus lactis*
④ *Streptococcus thermophilus*

45

요구르트 제조 시 종균(starter)으로 이용되는 유산균으로만 묶인 것은?

① *Streptococcus thermophilus, Lactobacillus casei*

② *Lactococcus lactis, Lactococcus cremoris*

③ *Lactobacillus bulgaricus, Streptococcus thermophilus*

④ *Pediococcus cerevisiae, Leuconostoc dextranicum*

46

다음 〈보기〉에서 설명하는 유산균은 무엇인가?

보기

- 내염성으로 채소 발효식품의 숙성에 관여하는 대표적인 유산균
- 김치가 가장 맛있다고 느껴지는 숙성초기까지 주된 역할
- 제당 공장의 파이프를 막히게 하는 유해균

① *Leuconostoc dextranicum*

② *Pediococcus halophilus*

③ *Lactobacillus plantarum*

④ *Leuconostoc mesenteroides*

47

유산균의 특성을 연결한 것으로 옳지 않은 것은?

① *Pediococcus halophilus* – 간장발효에 중요한 역할

② *Streptococcus thermophilus* – 나이신(nisin) 생성

③ *Leuconostoc mesenteroides* – 대용 혈장으로 이용

④ *Lactobacillus leichmannii* – 비타민 B_{12} 정량

48

젖산균이 우유 중의 구연산을 발효하여 생성되는 대표적인 방향성분은?

① 알코올(alcohol)

② 에스테르(ester)

③ 케톤(ketone)

④ 디아세틸(diacetyl)

49

김치 발효와 관련된 균주가 아닌 것은?

① *Lactobacillus acidophilus*
② *Lactobacillus plantarum*
③ *Leuconostoc mesenteroides*
④ *Lactobacillus brevis*

50

김치 발효 초기에 주로 생육하여 젖산을 생산함으로써 일반 세균의 증식을 억제하는 젖산균은?

[17. 식품기사 3회]

① *Leuconostoc mesenteroides*
② *Enterococcus faecalis*
③ *Lactobacillus plantarum*
④ *Saccharomyces cerevisiae*

51

김치 숙성에 관여하지 않는 미생물은?

① *Lactobacillus plantarum*
② *Leuconostoc mesenteroides*
③ *Clostridium sporogenes*
④ *Pediococcus pentosaceus*

52

Micrococcus 속의 일반적인 특징에 대한 설명으로 옳지 않은 것은?

① 그람양성의 호기적인 균주이다.
② 카탈레이스(catalase) 음성의 구균이다.
③ 비교적 높은 염농도의 환경에서 생육할 수 있다.
④ 대부분이 황색, 적색 등의 색소를 생성한다.

53

식빵 등 식품 표면에 증식하여 분홍색의 색소를 생성하는 그람양성균은?

① *Serratia marcescens*
② *Micrococcus luteus*
③ *Micrococcus roseus*
④ *Clostridium sporogenes*

54

Micrococcus 속에 대한 설명으로 옳은 것은?

① 당류를 발효하여 산을 생성하며 점질물(slime)을 형성한다.
② 황색색소를 생성하는 균주의 경우 독소형 식중독을 유발하기도 한다.
③ 물, 공기, 해수 등에 널리 분포되어 있지 않고, 주로 동물의 장관에 상재한다.
④ 산소에 의해 생육이 저해되는 혐기적인 균주이다.

55

다음 〈보기〉에서 *Micrococcus* 속에 대한 설명으로 옳은 것을 모두 고른 것은?

> **보기**
>
> 가. 단백분해성 및 당으로부터 산 생성
> 나. 10℃ 이하의 온도에서도 생육 가능
> 다. 황색 또는 적색 색소 생성
> 라. 내열성으로 저온살균에 의해서도 생존
> 마. 내염성으로 비교적 낮은 수분활성도에서도 생육가능

① 가, 다, 마
② 나, 다, 라
③ 가, 나, 마
④ 가, 나, 다, 라, 마

56

육류의 표면을 착색시키는 세균과 색소가 바르게 연결된 것은?

① *Serratia marcescens* − 녹색
② *Pseudomonas fluorescens* − 청색
③ *Micrococcus luteus* − 황색
④ *Vibrio parahaemolyticus* − 흑색

57

포도송이 모양으로 뭉쳐서 자라며 유기질소를 필요로하는 통성혐기성의 구균으로 대표적인 화농균은?

① *Streptococcus pyogenes*
② *Staphylococcus aureus*
③ *Lactococcus lactis*
④ *Micrococcus varians*

58

황색포도상구균(*Staphylococcus aureus*)의 특징으로 옳지 않은 것은?

① 그람양성의 호기성 또는 통성혐기성 구균이다.
② 사람에게 화농성 질환과 식중독을 유발한다.
③ 장독소(enterotoxin)을 형성하며, 혈액응고효소 (coagulase) 음성이다.
④ 편모를 지니지 않으므로 운동성을 나타내지 않는다.

59

Corynebacterium 속에 대한 설명으로 옳은 것은?

① 글루탐산(glutamic acid) 생성
② 그람음성의 호기성 간균
③ 내열성 포자 형성
④ 활발한 운동성

60

Propionibacterium 속의 특성에 대한 설명으로 옳은 것은?

① 활발한 운동성을 지님
② 당류나 젖산 발효
③ 편성호기성균
④ catalase 음성

61

프로피오니박테리움(*Propionibacterium*) 속에 대한 설명으로 옳지 않은 것은?

① 그람양성의 비운동성이며, 포자를 형성하지 않는다.
② 영양 요구성이 복잡하여 생장속도가 매우 느린 편이다.
③ 발생된 CO_2는 치즈 내 조직이 약한 곳에 모여서 치즈의 눈(eye)이라고 불리는 구형의 구멍을 만든다.
④ 급성 혹은 만성 위염을 초래하여 소화성 궤양을 일으키기도 한다.

62

스위스 에멘탈(emmental) 치즈의 숙성에 관여하며, 이산화탄소를 생성하여 치즈에 구멍을 만드는 균은?

① *Brevibacterium erythrogenes*
② *Corynebacterium bovis*
③ *Desulfotomaculum nigrificans*
④ *Propionibacterium shermanii*

63

글루탐산(glutamate) 등과 같은 아미노산 생산에 사용되고 있는 세균은? [19. 식품기사 1회]

① *Corynebacterium glutamicum*
② *Lactobacillus bulgaricus*
③ *Streptococcus thermophilus*
④ *Bacillus natto*

64

리스테리아의 세균 특성에 대한 설명으로 틀린 것은? [16. 식품기사 1회]

① 건조한 환경에서도 비교적 잘 견딘다.
② 일반미생물보다 냉동조건에 강하다.
③ 식중독 발생 시 감염형 특성을 나타낸다.
④ 최적온도가 25℃ 정도이다.

65

우유의 pasteurization에서 지표균으로 주로 이용되는 것은?

[14. 식품기사 2회]

① *Mycobacterium tuberculosis*

② *Clostridium botulinum*

③ *Bacillus stearothermophilus*

④ *Staphylococcus aureus*

66

식품의 발효 또는 부패와 관련된 균주를 바르게 연결한 것은?

① 식초발효 − *Acetobacter xylinum*

② 간장발효 − *Pediococcus sojae*

③ 맥주발효 − *Pediococcus cerevisiae*

④ 청주변패 − *Lactobacillus leichmannii*

67

탄화수소를 자화하여 글루탐산을 생산할 수 있는 속이 아닌 것은?

① *Mycobacterium*

② *Arthrobacter*

③ *Brevibacterium*

④ *Corynebacterium*

68

간장덧에 존재하거나 숙성에 관여하는 세균이 아닌 것은?

① *Bacillus subtilis*

② *Pediococcus sojae*

③ *Torulopsis versatilis*

④ *Halobacterium* sp.

69

MSG(monosodium glutamate)를 생성하는 균주는?

[23. 경기 식품미생물]

① *Bacillus cereus*
② *Acetobacter aceti*
③ *Lactobacillus plantarum*
④ *Corynebacterium glutamicum*

70

김치와 요구르트 발효에 관여하는 연쇄상구균은?

[23. 경기 식품미생물]

① *Micrococcus*
② *Leuconostoc*
③ *Streptococcus*
④ *Staphylococcus*

71

엡실론(ε) − 프로테오박테리아 강에 속하는 그람음성의 운동성을 가진 나선균으로 급성 혹은 만성 위염을 초래하여 소화성 궤양을 유발하는 세균은?

[23. 경기 식품미생물]

① *Campylobacter*
② *Vibrio*
③ *Gluconobacter*
④ *Helicobacter*

72

오탄당 인산경로를 통하여 유산 이외에 에탄올, 초산, 이산화탄소 등을 생성하는 유산균은?

[23. 경기 식품미생물]

① *Leuconostoc*
② *Pediococcus*
③ *Lactococcus*
④ *Streptococcus*

73

다음 중 옳지 않은 것은?　　　　[23. 경북 식품미생물]

① 바실러스속은 호기적이며 내생포자를 형성한다.
② 락토바실러스속은 미호기성의 간균이다.
③ 류코노스톡속은 간균이며 김치 발효에 관여한다.
④ 황색포도상구균은 독소형 식중독을 유발한다.

74

유산균(lactic acid bacteria, LAB)에 대한 설명으로 옳지 않은 것은?　　[23. 경북 식품미생물]

① 그람양성의 간균 또는 구균 형태로 식품 내에 존재하는 유기산을 이용하여 에너지를 획득한다.
② 항균작용, 면역증진 및 정장작용 등의 생리활성이 보고되어 프로바이오틱스(probiotics) 미생물을 대표하는 균으로 알려져 있다.
③ 박테리오신을 생성하여 유해세균을 억제하고 식품의 보존성을 높인다.
④ 장내 미생물의 생태계 파괴를 억제시키고, 유익한 균이 장내 균총을 형성하도록 돕는다.

75

다음 중 옳은 것은?　　　　[23. 경북 식품미생물]

① *B. cereus*는 편성혐기성이며 포자를 형성하지 않는다.
② *Cl. botulinum*은 그람음성이며 포자를 형성한다.
③ *L. monocytogenes*는 냉장온도인 4℃에서 생육이 가능하다.
④ *E. coli* O157 : H7은 비병원균이다.

76

*Clostridium perfringens*에 대한 설명으로 옳지 않은 것은?　　[23. 경남 식품미생물]

① 그람양성의 포자형성균으로 편성혐기성이다.
② 발견자인 웰치의 이름을 인용하여 웰치균이라고도 한다.
③ 베로톡신(verotoxin)을 생성한다.
④ 식중독의 증상으로는 설사, 복통 등이 있다.

77

유산균에 대한 설명으로 옳은 것은? [22. 경기 식품미생물]

> ㉠ 그람양성이다.
> ㉡ 포자를 생성한다.
> ㉢ 낮은 pH에서는 비활성화된다.
> ㉣ *Oenococcus* 는 와인 제조 시 말로-락틱 발효를 이용한다.

① ㉠, ㉡
② ㉡, ㉢
③ ㉠, ㉣
④ ㉢, ㉣

78

Clostridium 속에 대한 설명으로 옳지 않은 것은?

[22. 경북 식품미생물]

① *Clostridium botulinum* 은 신경계 독소를 생산한다.
② *Clostridium perfringens* 는 인체 내에서 발아할 때 장독소를 생산한다.
③ 그람음성 간균이다.
④ *Clostridium perfringens* 는 장에서 복통과 설사를 유발한다.

79

특성이 다른 균은? [22. 경북 식품미생물]

① *Streptococcus mutans*
② *Lactobacillus acidophilus*
③ *Streptococcus thermophilus*
④ *Lactobacillus delbrueckii*

80

그람양성의 간균 형태를 지니는 미생물은?

[21. 경남 식품미생물]

① *Bacillus*
② *Staphylococcus*
③ *Streptococcus*
④ *Shigella*

81

젖산균의 젖산발효 시 젖산 이외의 다른 물질을 생성하는 발효는? [21. 경남 식품미생물]

① 알코올발효
② 정상발효
③ 이상발효
④ 초산발효

82

상업적으로 열처리 된 통조림 식품의 부패는 대부분 내열성포자를 갖는 세균의 활동에 기인한다. 포자를 형성하는 내열성 세균에 의해 발생하는 식품 부패에 대한 설명으로 가장 옳지 않은 것은? [21. 서울 미생물]

① 플랫사우어(flat sour): 가스 발생 없이 생성되는 산에 의한 부패로 통조림 속의 산성인 식품이 맛을 잃는 것.
② T.A 부패(T.A. spoilage): 저산 식품에서 산과 가스(CO_2, H_2, H_2S)를 발생시키는 호열성 혐기성 세균에 의해 야기됨.
③ 스팅커 부패(stinker spoilage): 황화수소를 생산하는 내열성 포자 때문에 발생하며 그 결과 통조림과 내용물이 검게 변화함.
④ 식품 제조 과정에서 *Clostridium botulinum*이 보툴리누스 독소를 생산하여 식중독을 야기시킴.

83

*Bacillus anthracis*에 대한 설명으로 옳지 않은 것은? [14. 서울 미생물]

① 가축에서 탄저병을 일으킨다.
② 그람양성 간균이다.
③ 혐기성 미생물이다.
④ 포자를 생성하는 미생물이다.
⑤ 호흡기 및 피부를 통해서 감염될 수 있다.

01

그람음성균(gram negative bacteria)이 아닌 것은?

① *Vibrio cholerae*
② *Escherichia coli*
③ *Micrococcus luteus*
④ *Yersinia enterocolitica*

02

그람음성세균에서 가장 큰 그룹인 프로테오박테리아(proteobacteria)문에 해당되지 않는 것은?

① 헬리코박터(*Helicobacter*)
② 노카르디아(*Nocardia*)
③ 아세토박터(*Acetobacter*)
④ 슈도모나스(*Pseudomonas*)

03

초산균(acetic acid bacteria)에 대한 설명으로 옳지 않은 것은?

① 대부분 당을 발효하여 초산을 생성하는 그람음성균이다.
② 편성호기성 간균으로 비운동성인 것이 많으나 운동성을 지닌것도 있다.
③ 액체 배양 시 공기가 풍부한 액면에서 잘 번식하여 피막을 형성한다.
④ 특성에 따라 *Acetobacter* 속과 *Gluconobacter* 속으로 분류된다.

04

초산균(acetic acid bacteria)에 대한 설명으로 옳은 것은?

① 생육적온이 42℃ 전후로 호열성 균이다.
② 모든 초산균은 내산성이 강하며, 초산을 재분해하지 않는다.
③ *Gluconobacter* 속은 *Acetobacter* 속에 비해 다량의 초산을 생성할 수 있다.
④ 주정발효 공정에서는 에탄올을 감소시키고 산패를 유발하는 유해균으로 작용한다.

05

식초 제조 시 액면에 두꺼운 균막을 생성하는 양조 유해균은?

① *Acetobacter aceti*
② *Acetobacter schutzenbachii*
③ *Acetobacter oxydans*
④ *Acetobacter xylinum*

06

다음 〈보기〉에서 설명하는 초산균은 무엇인가?

> **보기**
>
> • 식초 속양용(速釀用)으로 이용한다.
> • 8 ~ 11% 아세트산을 생산한다.
> • 균막을 형성하는 것과 형성하지 않은 것이 있다.

① *Acetobacter aceti*
② *Acetobacter schutzenbachii*
③ *Acetobacter oxydans*
④ *Acetobacter xylinum*

07

*Acetobacter oxydans*에 대한 설명으로 옳지 않은 것은?

① 8% 정도의 아세트산을 생산한다.
② 자당을 이용하여 아세트산을 만든다.
③ 아세트산을 재분해한다.
④ 병맥주 혼탁의 원인이 되기도 한다.

08

다음 초산균 중 초산생성력이 가장 약한 것은?

① *Acetobacter oxydans*
② *Acetobacter schiitzenbachii*
③ *Acetobacter aceti*
④ *Acetobacter vini aceti*

09

생성된 초산을 재분해하는 균으로 묶인 것은?

① *Acetobacter pasteurianus, Acetobacter oxydans*
② *Acetobacter xylinum, Acetobacter aceti*
③ *Acetobacter oxydans, Acetobacter aceti*
④ *Gluconobacter oxydans, Gluconobacter roseus*

10

*Gluconobacter*에 대한 설명으로 옳은 것을 모두 고른 것은?

> **보기**
>
> 가. 아세토박터 속에 비하여 초산 생성력이 약하다.
> 나. 채소, 과일 등의 식품에 신맛을 부여하기도 한다.
> 다. 포도당을 산화하여 글루콘산을 다량 생성한다.
> 라. 비타민 C의 제조에 관여한다.

① 가, 나, 다
② 나, 다
③ 라
④ 가, 나, 다, 라

11

D-소비톨을 산화하여 L-소르보스를 높은 수율로 생산할 수 있어 비타민 C 제조에 이용되고 있는 균주는?

① 글루코노박터 로세우스
② 아세토박터 아세티
③ 슈도모나스 퓨티다
④ 알칼리제네스 페칼리스

12

Pseudomonas 속의 특징이 아닌 것은?

① 혐기적으로 저장되는 식품의 부패에 주로 관여한다.
② 단백질 또는 유지분해력이 강한 종이 많다.
③ 많은 균종이 저온에서 잘 증식한다.
④ 형광색, 청색, 황색 색소를 생성하는 종도 있다.

13

겨울에 살균하지 않은 생유(raw milk)에서 발생하여 쓴맛의 원인이 되는 균주는?

① *Pseudomonas aeruginosa*
② *Pseudomonas fluorescens*
③ *Gluconobacter oxydans*
④ *Proteus vulgaris*

14

슈도모나스(*Pseudomonas*) 속에 대한 설명으로 옳은 것은?

① 그람음성의 카탈레이스 양성인 구균이다.

② 편모를 지니지 않으므로 운동성이 없다.

③ 생육필수인자 및 비타민류를 합성하지 못하므로 영양요구성이 높다.

④ 어패류, 육류, 육가공품 등 많은 식품에 부패를 일으키는 원인균이다.

15

Pseudomonas 속에 대한 설명으로 옳지 않은 것은?

① *P. mildenbergii*는 L-이돈산에서 2-케토굴론산을 생성한다.

② *P. putida*는 글루코스에서 글루콘산을 생성한다.

③ *P. aeruginose*는 녹농균으로 불리우며, pyocyanin 이라는 황색 색소를 형성한다.

④ *P. fluorescens*는 호냉성의 부패균으로 녹색형광 색소를 생성한다.

16

그람음성의 호기성 간균으로, 우유와 치즈를 점질화 (ropiness) 시키는 등 단백질이 풍부한 식품의 변패와 관련 있는 균주는?

① *Alcaligenes* 속

② *Pseudomonas* 속

③ *Vibrio* 속

④ *Escherichia* 속

17

Campylobacter 속에 대한 설명으로 옳지 않은 것은?

① S자 혹은 나선형의 그람음성균이다.

② 25℃ 이하의 온도에서는 증식이 어렵다.

③ 5 ~ 10% 산소농도에서 생육하는 미호기성 균이다.

④ 주모성 편모를 이용하여 전형적인 나선형 운동을 한다.

18

불완전하게 조리된 가금류에서 증식하여 급성위장염을 유발시키는 감염형 식중독의 원인균은?

① *Alcaligenes viscolactis*
② *Salmonella typhi*
③ *Campylobacter jejuni*
④ *Vibrio parahaemolyticus*

19

그람음성의 호기성 간균으로 4℃ 저온에서도 생육이 가능하며, 황색, 적색 등의 색소를 생산하여 육류표면을 착색시키는 비운동성 균주는?

① *Pseudomonas* sp.
② *Flavobacterium* sp.
③ *Yersinia* sp.
④ *Serratia* sp.

20

할로박테리움(*Halobacterium*) 속에 대한 설명으로 옳지 않은 것을 고른 것은?

> **보기**
>
> 가. 그람음성, 호기성 구균
> 나. 높은 식염농도에서 증식
> 다. 비운동성, 적색변색
> 라. 장류나 절임식품에서 발견

① 가, 다
② 나, 라
③ 가, 나
④ 다, 라

21

Escherichia coli 와 *Enterobacter aerogenes* 의 공통적인 특징은?　　　[18. 식품기사 2회]

① Indole 생성여부
② Acetoin 생성여부
③ 단일 탄소원으로 구연산염의 이용성
④ 그람염색 결과

22

Zymomonas 속에 대한 설명으로 옳은 것은?

① 열대지방에서 효모 대신 알코올 음료를 만드는 데 많이 사용된다.
② 대부분의 당을 발효하여 알코올을 생산할 수 있다.
③ 그람양성 간균으로 Entner-Doudoroff pathway 를 이용한다.
④ 대표균인 *Z. venesuelae* 는 멕시코의 전통술 pulque 제조에 이용된다.

23

장내세균과(Enterobacteriaceae)에 대한 설명으로 옳은 것은?

① 그람음성간균으로 산소가 없는 환경에서는 생육할 수 없다.
② 카탈레이스와 사이토크롬 산화효소를 지닌다.
③ 포도당이나 기타의 당을 발효하지 않는다.
④ 대부분 주모성 편모를 지니며, 포자를 형성하지 않는다.

24

장내세균과에 해당하는 균주로만 묶인 것은?

① *Escherichia, Staphylococcus, Salmonella*
② *Yersinia, Serratia, Enterobacter*
③ *Shigella, Proteus, Campylobacter*
④ *Erwinia, Alcaligenes, Pseudomonas*

25

다음 세균들의 속 중 Enterobacteriaceae에 속하지 않는 것은? [17. 식품기사 2회]

① *Escherchia* 속
② *Klebsiella* 속
③ *Pseudomonas* 속
④ *Shigella* 속

26

다음 중 사람의 장내세균(Enteric bacteria)이 아닌 것은?

① *Listeria* spp.
② *Enterobacter* spp.
③ *Escherichia* spp.
④ *Citrobacter* spp.

27

그람음성의 포자를 형성하지 않는 간균으로, 대개 주모에 의한 운동성이 있고 유당으로부터 산과 가스를 형성하는 균은? [16. 식품기사 3회]

① *Salmonella typhi*
② *Shigella dysenteriae*
③ *Proteus vulgaris*
④ *Escherichia coli*

28

대장균(*E. coli*)에 대한 설명으로 옳지 않은 것은?

① 사람이나 포유동물의 장관에 존재하며 분변으로 계속 배출된다.
② 유당을 분해하여 산과 가스를 생성하는 통성혐기성균이다.
③ 비타민 K를 생산하는 등 이로움을 주기도 한다.
④ 대장에서 베로독소를 생성하여 출혈성 설사, 용혈성 요독증후군을 유발한다.

29

대장균(*Escherichia coli*)에 대한 설명으로 틀린 것은? [20. 식품기사 3회]

① 그람양성간균으로 장내세균과에 속한다.
② 사람이나 동물의 장내에서 일반적으로 발견된다.
③ 젖당을 발효하여 산과 가스를 생성한다.
④ 식품과 음료수에서 분변오염의 지표로 이용된다.

30

Escherichia coli 에 대한 설명으로 옳은 것은?

① 단백질 부패력이 강하므로 심한 불쾌취를 발생한다.

② 생육 최적온도는 44℃이며, 주모성 편모로 활발한 운동성을 지닌다.

③ 식품위생에서 분변의 오염지표균으로 이용되고 있다.

④ 히스티딘 탈탄산효소의 활성이 강하여 알레르기성 식중독의 원인이 된다.

31

살모넬라(*Salmonella*) 속에 대한 설명으로 옳지 않은 것은?

① 자연계에 널리 분포하고 있는 균으로 대부분 병원성이 없다.

② 그람음성의 통성혐기성 간균으로 대부분 주모를 지닌다.

③ *Sal. typhi* 는 제2급 감염병인 장티푸스의 원인균이다.

④ 항원을 달리하는 약 2,000여종의 혈청형이 있다.

32

살모넬라 식중독의 원인균주가 아닌 것은?

① *Sal. typhimurium*

② *Sal. enteritidis*

③ *Sal. cholerasuis*

④ *Sal. paratyphi*

33

Shigella dysenteriae 에 대한 설명으로 옳은 것은?

① 장내세균과에 속하는 편성호기성 균주이다.

② 편모를 지니지 않으므로 운동성이 없다.

③ 적색색소인 prodigiosin을 생성하여 식품의 표면에 적변을 일으킨다.

④ 4℃ 냉장온도와 진공포장 상태에서도 증식이 가능하다.

34

*Shigella*속에 대한 설명으로 틀린 것은?

[18. 식품기사 1회]

① 운동성이 있다.
② 그람음성균이다.
③ Shigellosis의 원인균으로써 소아에게 흔한 장질환을 유발한다.
④ 영장류의 장내가 서식처가 될 수 있다.

35

장내세균과에 속하는 세균에 대한 설명으로 옳은 것은?

① *Serratia marcescens* − 감염형 식중독 원인균
② *Proteus morganii* − 3 ~ 4% 식염농도에서 증식 가능
③ *Erwinia carotovora* − 야채와 과일의 부패를 유발
④ *Enterobacter aerogenes* − 알레르기 유발물질인 히스타민 다량 생성

36

비브리오(*Vibrio*) 속에 대한 설명으로 옳은 것은?

① 콤마 모양의 나선균으로 주모로 운동을 한다.
② *V. parahaemolyticus*는 10% 이상의 식염농도에서도 생육가능한 식중독균이다.
③ *V. vulnificus*는 생물발광(bioluminescence)을 하는 형광세균이다.
④ *V. cholerae*는 비호염성균으로 제2급 감염병인 콜레라의 원인균이다.

37

빵, 육류, 우유 등을 붉게 변화시키는 세균은?

[19. 식품기사 3회]

① *Acetobacter xylinum*
② *Serratia marcescens*
③ *Chromobacterium lividum*
④ *Pseudomonas fluorescens*

38

식품의 부패 및 우유의 청변에 관여하며, 녹농균이라 불리는 *Pseudomonas aeruginosa* 가 생성하는 화농성 청색 색소는? [23. 경남 식품미생물]

① prodigiosin

② pyocyanin

③ phycoxanthin

④ phycoerythrin

39

장내세균과(Enterobacteriaceae)에 대한 설명으로 옳은 것은? [22. 경기 식품미생물]

① 그람양성이다.

② 산소를 필요로 하지 않는 절대혐기성(obligate anaerobes)이다.

③ 식중독의 원인인 병원성 미생물을 가지고 있다.

④ 장내세균과 미생물은 대부분 인간 혹은 동물의 장내에서만 서식한다.

40

우유의 냄새와 변패를 일으키고 색깔을 적색으로 변하게 하는 균은? [22. 경기 식품미생물]

① *Bacillus cereus*

② *Serratia marcescens*

③ *Listeria monocytogenes*

④ *Salmonella* spp.

41

아세트산 제조 시 사용하는 균주로 옳은 것은? [22. 경기 식품미생물]

> ㉠ *Acetobacter*
> ㉡ *Gluconobacter*
> ㉢ *Saccharomyces cerevisiae*
> ㉣ *Propionibacterium*

① ㉠, ㉡

② ㉠, ㉢

③ ㉢, ㉣

④ ㉡, ㉣

42

콜레라균이 속한 비브리오 속(genus *Vibrio*)에 대한 설명으로 가장 옳지 않은 것은? [22. 서울 미생물]

① 감마-프로테오박테리아 강(class γ-proteobacteria)에 속한다.
② 대부분이 굽은 막대 모양의 형태를 가지고 있다.
③ 대부분이 수생미생물로 담수에서는 발견되지만 해수에서는 발견되지 않는다.
④ 일부 종의 세균은 생체발광(bioluminescence)을 할 수 있다.

43

살모넬라균에 대한 설명으로 옳은 것은? [21. 경남 식품미생물]

① 그람양성의 간균이다.
② 조류, 파충류에 널리 분포하고 있다.
③ 유당을 이용한다.
④ 열에 강한 내성을 가지고 있다.

44

장내세균이 속해있는 문(phylum)으로 가장 옳은 것은? [18. 서울 미생물]

① *Actinobacteria*
② *Bacteroidetes*
③ *Firmicutes*
④ *Proteobacteria*

01

계통분류학적으로 방선균과 관련이 있는 속이 아닌 것은?

① *Arthrobacter*
② *Bifidobacterium*
③ *Nocardia*
④ *Flavobacterium*

02

방선균(Actinomycetes)에 대한 설명으로 옳지 않은 것은?

① 항생물질을 생산하는 종이 많다.
② 원시핵 세포 생물이다.
③ 주로 토양에 서식하며 흙 냄새의 원인균이다.
④ 포자를 형성하지 않는 세균이다.

03

항생물질과 그 항생물질의 생산에 이용되는 균이 잘못 연결된 것은?

① Chloramphenicol − *Streptomyces venezuelae*
② Streptomycin − *Streptomyces aureofaciens*
③ Vancomycin − *Streptomyces orientalis*
④ Kanamycin − *Streptomyces kanamyceticus*

04

실모양의 균사가 분지하여 방사상으로 성장하는 특징이 있는 미생물로 다양한 항생물질을 생산하는 균은?

[15. 식품기사 2회]

① 초산균
② 방선균
③ 프로피온산균
④ 연쇄상구균

05

다음 중 방선균이 아닌 것은?

① *Micromonospora*

② *Streptomyces*

③ *Nadsonia*

④ *Actinomyces*

06

방선균의 균사는 크게 두가지 형태로 나눌 수 있다. 배양 후기에 균사가 파쇄되어 구균이나 간균과 같은 세포로 변하는 (가)형과 곰팡이처럼 전 생활사를 통해서 균사형을 유지하는 (나)형이 있다. 다음 괄호 안에 들어갈 말을 바르게 연결한 것은?

① 가 – *Streptomyces*

② 나 – *Nocardia*

③ 가 – *Aspergillus*

④ 나 – *Streptomyces*

07

*Streptomyces griseus*에 대한 설명으로 옳지 않은 것은?

① 편성혐기성의 그람양성 간균이다.

② 1944년 왁스먼(Waksman)이 이균에서 streptomycin을 발견하였다.

③ 배지에서 무색으로 발육하며 기중균사는 담황록색이다.

④ 다양한 항생물질을 생성하고, 강력한 단백분해효소를 생성한다.

08

방선균에 대한 설명으로 옳지 않은 것은?

① 곰팡이와 세균의 중간적 존재이나 분류학상 세균에 속한다.

② 직쇄상, 나선상, 윤생상 등의 다양한 형태의 균사를 지닌다.

③ 세포벽 성분이 그람음성 세균과 유사한 펩티도글리칸과 테이코산으로 구성되어 있다.

④ 균사의 지름은 곰팡이 균사에 비하여 매우 가늘고 작다.

09

Streptomyces 속에 대한 설명으로 옳지 않은 것은?

① 방선균 중에서 매우 큰 속으로 수백 종 이상 많은 균주가 속해있다.

② 공중균사체를 만들며 연쇄상으로 연결된 분생포자를 형성한다.

③ 토양의 축축한 냄새는 geosmin과 같은 방향성 물질 때문이다.

④ 소와 사람의 방선균병의 원인이 되기도 한다.

10

항생제 클로르테트라사이클린(chlortetracycline)을 생산하는 균으로 색은 백색, 회색, 암회색이며, 분생자는 나선형으로 사슬을 이루는 균주는?

① *Actinomyces bovis*

② *Streptomyces aureofaciens*

③ *Norcardia asteroides*

④ *Streptomyces griseus*

11

다음 중 방선균인 *Streptomyces* 가 생성하는 항생물질이 아닌 것은? [23. 경남 식품미생물]

① cephalosporin

② streptomycin

③ chloramphenicol

④ kanamycin

12

계통분류학적으로 나머지 셋과 가장 거리가 먼 세균의 속(genus)은? [18. 서울 미생물]

① *Clostridium*

② *Corynebacterium*

③ *Mycobacterium*

④ *Streptomyces*

13

방선균인 *Streptomyces*에 관한 설명 중 옳은 것을 모두 고른 것은?

[14. 서울 미생물]

> ㉠ 주로 수생 생태계에 분포한다.
> ㉡ 균사체를 형성하는 원핵생물이다.
> ㉢ 항생물질을 생산한다.
> ㉣ 내생포자(endospore)를 생성한다.
> ㉤ 그람 염색 후 현미경으로 관찰하면 붉은색으로 보인다.

① ㉠, ㉡
② ㉠, ㉢
③ ㉠, ㉤
④ ㉡, ㉢
⑤ ㉢, ㉣

MEMO

MEMO

Part
4

박테리오파지

Chapter 01 바이러스

01

바이러스에 대한 설명으로 옳지 않은 것은?

① 동식물의 세포에 기생하여 증식하며, 광학현미경으로 볼 수 있다.
② 매우 작은 초여과성 미생물을 지칭한다.
③ 바이러스에는 DNA 바이러스와 RNA 바이러스가 있다.
④ 반드시 살아 있는 세포 내에서만 증식이 가능하다.

02

대장균과 박테리오파지의 공통점은?

① 세포구조를 갖는다.
② 독립적으로 물질대사를 한다.
③ 비생물적 특성이 있다.
④ 유전 물질로 핵산을 갖는다.

03

바이러스에 대한 설명으로 틀린 것은?

① 생물과 무생물의 중간적 성격을 띠는 비세포성 미생물이다.
② 세포 밖에서는 독립적으로 증식과 대사를 할 수 없고, 항상 숙주의 세포 내에서만 증식할 수 있다.
③ 핵산(DNA와 RNA)과 그것을 보호하는 단백질로 구성되어 있다.
④ 완전한 형태의 바이러스 입자를 비리온(virion)이라 한다.

04

담배모자이크병에 걸린 담뱃잎의 추출액이 세균 통과 불능의 필터로 여과한 후에도 여전히 감염력을 유지한다는 사실을 발견한 학자는?

① 파스퇴르(Pasteur)
② 이바노프스키(Ivanovsky)
③ 헤세(Hesse)
④ 레벤후크(Leeuwenhoek)

05

바이러스(virus)와 파지(phage)에 대한 설명으로 옳은 것은?

① 바이러스의 핵산을 둘러싸고 있는 단백질 껍질을 외피(envelop)라고 한다.
② 파지는 동식물 및 세균 세포에 기생하며, 세균의 약 10분의 1정도의 크기를 지닌다.
③ 바이러스가 숙주세포 내로 들어가 자신의 핵산을 합성하는 과정이 바이러스의 증식과정이다.
④ 파지는 정육각형의 머리(head)와 꼬리(tail) 부분으로 이루어져 있다.

06

간염의 원인이 되고 황달을 일으키는 바이러스는?

[21. 경남 식품미생물]

① Norovirus
② Hepatitis A Virus
③ Rotavirus
④ Astrovirus

07

바이러스 중에서 이중가닥 RNA를 유전체로 가지고 있는 것은?

[19. 서울 생물]

① 아데노바이러스(adenovirus)
② 파보바이러스(parvovirus)
③ 코로나바이러스(coronavirus)
④ 레오바이러스(reovirus)

01

박테리오파지에 감염될 수 있는 균이 아닌 것은?

① *Streptococcus thermophilus*
② *Escherichia coli*
③ *Clostridium butyricum*
④ *Saccharomyces cerevisiae*

02

파지에 대한 설명으로 옳지 않은 것은?

① 용원파지는 두 가지 생활환을 가진다.
② 파지는 열에 약하다.
③ 약품에 의한 살균효과 및 항생물질에 의한 살균효과가 거의 없다.
④ 하나의 파지가 여러 종류의 세균에 침입한다.

03

다음 〈보기〉에서 파지(phage)에 대한 설명으로 옳은 것은?

> **보기**
>
> 가. 외피가 있는 파지는 외피에 지질이 함유되어 있어서 에테르나 유기용매에 대하여 감수성을 나타낼 수 있다.
> 나. 유전정보원이 되는 DNA 또는 RNA는 머리부분에 존재하고, 꼬리부분은 대부분 숙주에의 흡착기관으로 이용된다.
> 다. 약품에 대한 저항력은 일반세균보다 훨씬 강하여 살균효과가 낮다.
> 라. 파지 자체는 단백질로 되어 있으므로 열에 약하여 가열처리하면 쉽게 사멸한다.

① 가, 나, 다
② 나, 다
③ 라
④ 가, 나, 다, 라

04

박테리오파지(bacteriophage)에 대한 설명으로 옳은 것은?

① DNA가 들어있는 머리부분이 숙주에 부착되면 효소를 분비하여 자기복제를 실시한다.
② 약품에 대한 저항력은 일반 세균보다 약하여 항생물질에 의해 쉽게 사멸된다.
③ 세균의 생세포에 감염하여 증식하며, 세균여과기를 통과하지 못한다.
④ 발효공정에 이용되는 세균을 감염시켜 커다란 피해를 입히기도 한다.

05

박테리오파지(T₄)의 구조를 설명한 것으로 옳지 않은 것은?

① 두부(head)와 미부(tail)로 구분할 수 있으며, 꼬리부분은 매우 복잡한 구조를 지닌다.
② 미초(sheath)의 속은 비어있고, 불용성의 섬유질로 이루어져 있다.
③ 6개의 스파이크(spike)가 존재한다.
④ 두부에 존재하는 유전정보는 캡시드(capsid)라는 단백질로 둘러싸여 있다.

06

파지가 숙주 세균에 부착하여 DNA를 숙주 세균에 넣을 때 표면에 몸을 고정시키는 장치는?

① 목(collar)
② 캡시드(capsid)
③ 스파이크(spike)
④ 미초(sheath)

07

독성파지의 증식과정 순서로 옳은 것은?

① 부착 → 합성 → 조립 → 성숙 → 침투 → 방출
② 부착 → 침투 → 합성 → 조립 → 성숙 → 방출
③ 침투 → 합성 → 조립 → 방출 → 부착 → 성숙
④ 침투 → 부착 → 합성 → 조립 → 성숙 → 방출

08

다음 중 파지(phage)에 대한 설명으로 틀린 것은?

[20. 식품기사 3회]

① 단백질 외각(capsid) 내에 DNA와 RNA를 모두 가지고 있다.
② 세균을 숙주로 하여 증식하는 것을 박테리오파지(bacteriophage)라고 한다.
③ 독성파지는 숙주세균을 용균하고 세포 밖으로 유리파지를 방출한다.
④ 용원파지는 숙주세포를 파괴하지 않고 세포의 일부가 되어 세포의 증식과 함께 늘어나는 파지이다.

09

용균성 박테리오파지(virulent bacteriophage)의 증식 과정으로 올바른 것은? [15. 식품기사 1회]

① 흡착 − 용균 − 침입 − 핵산 복제 − phage 입자 조립
② 흡착 − 침입 − 핵산 복제 − phage 입자 조립 − 용균
③ 흡착 − 침입 − 용균 − phage 입자 조립 − 핵산 복제
④ 흡착 − 용균 − 침입 − phage 입자 조립 − 핵산 복제

10

방출까지의 바이러스 증식 단계가 옳은 것은? [19. 식품기사 3회]

① 부착 − 주입 − 단백 외투 합성 − 핵산 복제 − 조립
② 주입 − 부착 − 단백 외투 합성 − 핵산 복제 − 조립
③ 부착 − 주입 − 핵산 복제 − 단백 외투 합성 − 조립
④ 주입 − 부착 − 조립 − 핵산 복제 − 단백 외투 합성

11

용원성(lysogenic) 파지의 특성이 아닌 것은?

① 숙주 세포 염색체의 특정부위에 삽입되어 prophage 가 된다.
② 프로파지를 지닌 숙주세균을 용원균이라 한다.
③ 일반 세균처럼 분열하고 증식하면서 파지 DNA 만 전달한다.
④ 숙주 세포 내에서 새로운 DNA나 단백질을 합성 하지 않는다.

12

용원성 파지에 대한 설명으로 옳은 것은?

① DNA가 세포안에 주입되면 세균 세포의 대사계 를 이용하여 수백 개 이상의 새로운 파지를 생합 성한다.
② 성숙된 파지는 숙주세포를 용균시키고 밖으로 나온다.
③ 감염 후 일정 시간이 경과하면 plaque 수가 급격 히 증가함을 확인할 수 있다.
④ 프로파지는 자외선이나 화학물질에 의해 독성파 지로 바뀌어 용균생활사로 전환될 수 있다.

13

프로파지 DNA와 세균 세포 염색체 DNA 간에 유전적 변이가 발생하여 프로파지의 유전형질이 숙주세포에 도입되는 것을 이르는 용어는?

① 형질전환(transformation)
② 접합(conjugation)
③ 전사(transcription)
④ 형질도입(transduction)

14

다음 〈보기〉의 괄호 안에 들어갈 말로 옳은 것은?

> **보기**
>
> 발효 상등액을 한천 평판 배지에서 배양하면 독성 파지에 의해 발효 세균이 자랄 수 없기 때문에 파지가 있는 부분에서 투명한 (   )을(를) 확인할 수 있다.

① 집락(colony)
② 포자(spore)
③ 용균반점(plaque)
④ 유전자(gene)

15

10^{-6}으로 희석한 바이러스 시료 0.5mL가 37개의 플라크(plaque)를 형성했다면, 원래의 바이러스 시료에 들어있는 플라크 형성단위(plaque forming units, PFU)는 얼마인가?

① 3.7×10^6 PFU/mL
② 7.4×10^6 PFU/mL
③ 3.7×10^7 PFU/mL
④ 7.4×10^7 PFU/mL

16

다음 그래프 중 파지의 증식곡선으로 옳은 것은?

①
②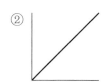
③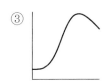
④

17

요구르트 등의 발효유 제조 시 2종 이상의 스타터를 혼합사용하는 가장 중요한 이유는?

① 파지감염에 대비하기 위하여
② 다른 세균의 감염 방지
③ 항생제 사용을 줄이기 위하여
④ 요구르트의 향미를 개선하기 위하여

19

Bacteriophage에 대한 오염방지 대책으로 옳지 않은 것은?

① 발효공정을 2 ~ 3일마다 바꾸는 rotation system으로 이용한다.
② 1종류의 균주를 사용하는 대신 2 ~ 3종의 혼합균주를 사용한다.
③ 공장 내의 공기를 자주 바꾸고 온도, pH 등의 환경조건을 변화시킨다.
④ 발효장치의 가열살균 등으로 철저히 살균한다.

18

발효산업에서 박테리오파지에 의한 오염이 발생하지 않는 공정은?

① 아세톤–부탄올 발효
② 글루탐산 발효
③ 치즈 발효
④ 맥주 발효

20

식품 발효산업에서 발생할 수 있는 파지감염에 의한 대책으로 옳은 것은?

① 저농도의 항생물질에 잘 견디고 정상적으로 발효를 수행할 수 있는 내성균주를 이용한다.
② 혼합균주 사용을 줄이고, 단일균주로 효율을 높인다.
③ 항생물질로 파지의 생육을 억제한다.
④ 파지에 감수성을 지니지 않는 방선균을 스타터로 이용한다.

21

대장균을 숙주로 하는 독성파지가 아닌 것은?

① T$_4$ phage
② ϕX174 phage
③ λ phage
④ MS$_2$ phage

22

독성파지의 용균성 주기를 순서대로 나열한 것은?

[23. 경기 식품미생물]

① 방출 → 조립 및 성숙 → 침투 → 부착 → 증식
② 부착 → 침투 → 증식 → 조립 및 성숙 → 방출
③ 침투 → 조립 및 성숙 → 증식 → 방출 → 부착
④ 부착 → 증식 → 조립 및 성숙 → 방출 → 침투

23

박테리오파지(bacteriophage)에 대한 설명으로 옳은 것은?

[23. 경남 식품미생물]

① 파지의 꼬리섬유를 숙주에 부착한 후 효소를 분비하여 꼬리섬유에 있는 DNA를 숙주세균 속으로 집어넣는다.
② 일반세균에 비해 항생제 저항력이 약하여 항생물질에 쉽게 사멸된다.
③ 단독으로는 생육하지 못하며, 생존하기 위해 반드시 숙주를 필요로 한다.
④ 하나의 박테리오파지가 모든 세균에 침입한다.

24

박테리오파지에 대한 설명으로 옳은 것은?

[22. 경기 식품미생물]

ㄱ 세균을 숙주로 하는 바이러스이다.
ㄴ 독성파지는 2개의 생활환을 지니고 있다.
ㄷ 광학현미경으로 관찰할 수 있다.
ㄹ 세균이 유용한 물질을 생성하는 공정에 문제를 야기할 수 있다.

① ㄱ, ㄴ
② ㄱ, ㄹ
③ ㄴ, ㄹ
④ ㄷ, ㄹ

25

박테리오파지에 의해 생육이 저해되는 균은?

[21. 경북 식품미생물]

① *Penicillium*
② *Saccharomyces*
③ *Lactobacillus*
④ *Chlorella*

26

독성 파지(phage)에 대한 설명으로 옳지 않은 것은?

[21. 경남 식품미생물]

① 숙주 생육에 필요한 DNA, RNA, 단백질 합성이 중지된다.
② 파지 DNA가 숙주세포의 염색체에 삽입되어 일부가 된다.
③ 성숙된 파지는 숙주세포를 용균시키고 나온다.
④ 생성된 파지의 핵산과 단백질로 원래의 파지와 동일한 파지가 생성된다.

MEMO

Part 5 효모

Chapter 01 효모의 특성

01

효모에 대한 설명으로 옳지 않은 것은?

① 진핵세포(eukaryotic cell)로 구성된 고등미생물이나 분류학상 진균류에 속하지는 않는다.
② 주로 당분이 풍부한 곳에 존재한다.
③ 이산화탄소가 생성되면서 빵이 부풀기 때문에 제빵산업에서 널리 이용된다.
④ 비타민류, 핵산 관련 물질 등 고부가가치의 식품 소재 생산에도 이용된다.

02

효모에 대한 설명으로 옳은 것은?

① 곰팡이와 유사한 편성호기성 미생물이다.
② 자낭균류, 불완전균류 또는 조상균류에 속한다.
③ *Torulopsis* 속은 대표적인 유포자 효모이다.
④ 유기 탄소원을 필요로 한다.

03

효모의 형태는 종류와 배양방법에 따라 다양하다. 다음 중 효모의 기본형태에 속하지 않는 것은?

① cerevisiae type
② torulopsis type
③ comma type
④ pseudomycellium type

04

맥주효모 세포의 기본적인 형태는? [18. 식품기사 3회]

① 난형(cerevisiae type)
② 타원형(ellipsoideus type)
③ 소시지형(pastorianus type)
④ 레몬형(apiculatus type)

05

레몬형의 apiculatus형 효모를 모두 고른 것은?

> 보기
>
> 가. *Kloeckera* 속   나. *Hanseniaspora* 속
>
> 다. *Trigonopsis* 속   라. *Rhodotorula* 속

① 가, 다

② 가, 나

③ 나, 라

④ 다, 라

06

소시지 형태의 효모와 위균사형 효모를 바르게 연결한 것은?

① 소시지형 － *T. versatilis*
  위균사형 － *Ct. albidus*

② 소시지형 － *S. pastorianus*
  위균사형 － *S. ellipsoideus*

③ 소시지형 － *S. cerevisiae*
  위균사형 － *Schizo. asporus*

④ 소시지형 － *S. pastorianus*
  위균사형 － *C. tropicalis*

07

고염분의 간장에서 분리되며, 간장 특유의 향미생성에 관여하는 내염성 효모 형태는?

① 위균사형

② 타원형

③ 구형

④ 레몬형

08

효모의 형태에 관한 설명으로 옳은 것은?

[17. 식품기사 1회]

① 효모는 배지조성, pH, 배양 방법 등과는 관계없이 항상 일정한 형태로 나타난다.

② 효모의 영양번식 방법으로는 출아법, 분열법 및 출아 분열법이 있다.

③ 일반적으로 효모 세포의 크기는 구균 형태의 세균보다 작다.

④ 효모는 곰팡이와는 달리 위균사나 진균사를 형성하지 않는다.

09

출아한 것이 길게 뻗고 연결되어 균사 모양의 위균사(pseudomycellium) 형태를 지니는 효모는?

① *Endomycopsis* 속
② *Candida* 속
③ *Cryptococcus* 속
④ *Schizosaccharomyces* 속

10

효모 미토콘드리아(mitochondria)의 주요 작용은?

① 호흡작용
② 단백질 생합성 작용
③ 효소 생합성 작용
④ 지방질 생합성 작용

11

효모의 세포벽을 분석하였을 때 일반적으로 많이 검출될 수 있는 화합물은?

① glucan, mannan
② protein
③ lipid
④ glucosamine

12

효모의 내부구조에서 효모와 관련이 없는 부분은?

① 글리코겐 저장립이 있다.
② 지방구나 액포를 지니지 않는다.
③ 핵은 핵막으로 둘러 싸여 있다.
④ 미토콘드리아에 호흡효소가 존재한다.

13

원시핵 세포인 세균에서와 같이, 원형질이 두 개로 대등하게 나누어지는 분열 형식으로 증식하는 효모는?

① *Saccharomyces* 속
② *Schizosaccharomyces* 속
③ *Kloeckera* 속
④ *Candida* 속

14

효모의 모세포 표면에 생긴 작은 아세포가 커지면서 낭세포로 독립되는 대표적인 증식방법은?

① 출아법
② 사출법
③ 세포분열
④ 접합

15

효모의 증식과 관계가 없는 것은?

① 출아법
② 분생포자 형성
③ 출아분열법
④ 자낭포자 형성

16

출아(budding)로 영양증식을 하는 효모 중에서 세포의 어느 곳에서나 출아가 일어나는 다극 출아(multilateral budding)를 하는 것은? [20. 식품기사 1,2회]

① *Hanseniaspora* 속
② *Kloeckera* 속
③ *Nadsonia* 속
④ *Saccharomyces* 속

17

세포의 말단에서만 출아하는 양극성 출아(bipolar budding) 방식으로 증식하는 효모를 모두 고른 것은?

> 보기
>
> 가. *Nadsonia* 속　　나. *Hanseniaspora* 속
> 다. *Kloeckera* 속　　라. *Saccharomycodes* 속

① 가, 다
② 나, 라
③ 가, 나, 라
④ 가, 나, 다, 라

18

다음 〈보기〉에서 다극성 출아(multilateral budding)법으로 증식하는 효모를 모두 고른 것은?

> **보기**
>
> 가. *Saccharomycodes* 나. *Saccharomyces*
> 다. *Cryptococcus* 라. *Pichia*
> 마. *Kloeckera* 바. *Schizosaccharomyces*

① 가, 마, 바
② 나, 다, 라
③ 나, 라, 마
④ 가, 마, 바

19

영양분이 부족하거나 주변 환경이 좋지 못할 때 일부효모는 포자를 만들 수 있다. 다음 중 무성적인 증식을 통하여 포자를 생성하는 방법이 아닌 것은?

① 분절포자(arthrospore)
② 동태접합(isogamic conjugation)
③ 사출포자(ballistospore)
④ 위접합(pseudocopulation)

20

영양세포 위에서 돌출한 소병 위에 낫 모양의 사출포자를 형성하여 독특한 기작으로 포자를 사출하는 효모가 아닌 것은?

① *Torulopsis* 속
② *Bullera* 속
③ *Sporobolomyces* 속
④ *Sporidiobolus* 속

21

한 개의 영양세포가 무성적으로 직접 포자를 형성하는 효모에 속하는 것은?

① *Saccharomyces cerevisiae*
② *Schizosaccharomyces pombe*
③ *Debaryomyces hansenii*
④ *Nadsonia fulvescens*

22

효모의 무성생식에 대한 설명으로 옳지 않은 것은?

① *Schizosaccharomyces* 속은 세포가 한 개 또는 수 개의 위결합관을 형성하지만 접합하지 않고, 단위 생식으로 포자를 형성하는 위결합(pseudocopulation) 으로 포자를 만든다.

② *Saccharomyces cerevisiae*는 한 개의 영양세포가 무성적으로 포자를 형성하는 단위생식(partheno genesis)을 한다.

③ *Bullera* 속은 영양세포 위에서 돌출한 소병 위에 낫 모양의 사출포자를 형성하여 포자를 사출한다.

④ *Endomycopsis* 속은 위균사의 말단에서나 연결부 에서 분절포자를 형성한다.

23

같은 모양과 크기의 세포가 서로 접합하여 자낭포자 를 형성하는 효모는?

① *Saccharomyces* sp.

② *Schizosaccharomyces* sp.

③ *Debaryomyces* sp.

④ *Nadsonia* sp.

24

유포자 효모는 충분한 영양을 섭취하여 왕성하게 번 식하는 시기와 주위 환경이 불리하여 포자를 형성하 는 시기가 있다. 다음 중 염색체가 반수체(n)인 기간 이 짧고 배수체(2n) 시기가 긴 효모가 아닌 것은?

① *Saccharomyces*

② *Saccharomycodes*

③ *Hansenula*

④ *Debaryomyces*

25

효모의 생활환(life cycle)은 접합에 의해서 2배체가 된다. 유포자 효모(sporogenous yeast)의 영양세포는 보통 몇 배체인가?

① 모두 1배체

② 모두 2배체

③ 1배체 또는 2배체

④ 3배체

26

유포자 효모가 형성하는 포자가 아닌 것은?

① 접합포자

② 자낭포자

③ 담자포자

④ 사출포자

27

모자형의 포자를 형성하는 것은 어느 것인가?

① *Bullera* 속

② *Debaryomyces* 속

③ *Hansenula* 속

④ *Cryptococcus* 속

28

포자 표면에 돌기가 있는 자낭포자를 형성하는 효모는?

① *Debaryomyces*

② *Hansenula*

③ *Schizosaccharomyces*

④ *Nadsonia*

29

Metschnikowia 속의 포자형태를 바르게 표현한 것은?

① 구형 가시돋음

② 토성형

③ 편모가 있는 방추형

④ 바늘모양, 곤봉모양 자낭

30

효모의 Neuberg 발효 제1형식에서 에틸알코올 이외에 생성되는 물질은?

① $2CO_2$

② $6H_2O$

③ $C_3H_5(OH)_3$

④ $6O_2$

31

Glucose에 *Saccharomyces cerevisiae*를 접종하여 호기적으로 배양하였을 경우의 결과물은?

[16. 식품기사 2회]

① $6CO_2 + 6H_2O$

② CH_3CH_2OH

③ CO_2

④ $2CH_3CH_2OH + 2CO_2$

32

노이베르크(Neuberg) 발효 제2형식을 바르게 설명한 것은?

① $C_6H_{12}O_6 \rightarrow 2C_3H_5(OH)_3 + CO_2$

② $2C_6H_{12}O_6 \rightarrow 2C_3H_5(OH)_3 + C_2H_5OH + 2CO_2$

③ $C_6H_{12}O_6 \rightarrow C_3H_5(OH)_3 + CH_3CHO + CO_2$

④ $C_6H_{12}O_6 \rightarrow 2C_2H_5OH + 2CO_2$

33

노이베르크(Neuberg) 발효 제3형식의 생성물이 아닌 것은?

① $C_3H_5(OH)_3$

② CH_3COOH

③ C_2H_5OH

④ CH_3CHO

34

노이베르크(Neuberg) 발효 제2형식과 3형식에서 공통으로 생성되는 물질은?

① 알코올
② 글리세롤
③ 아세트알데히드
④ 초산

35

S. cerevisiae 를 포도 착즙액에 접종하고 혐기적으로 배양할 때 주로 생성되는 물질은? [16. 식품기사 3회]

① 초산, 물
② 젖산, 이산화탄소
③ 에탄올, 젖산
④ 이산화탄소, 에탄올

36

효모 생육에 이용하는 영양원에 대한 설명으로 옳은 것은?

① 효모는 탄소원으로 5탄당과 6탄당을 주로 이용한다.
② 젖당 및 올리고당을 이용하는 효모도 있다.
③ 하면효모는 갈락토스, 포도당, 말토스로 구성된 라피노스를 이용할 수 있다.
④ 대부분의 비타민을 합성할 수 있으므로 생육인자는 필요로 하지 않는다.

37

효모에 의하여 이용되는 유기 질소원은?

[20. 식품기사 1,2회]

① 펩톤
② 황산암모늄
③ 인산암모늄
④ 질산염

38

효모의 생육인자(growth factor)를 모두 고른 것은?

> **보기**
>
> | 가. 젖당 | 나. 이노시톨 |
> |---|---|
> | 다. 피리독신 | 라. 염화암모늄 |
> | 마. 질산염 | 바. 티아민 |

① 가, 나, 마
② 나, 다, 바
③ 가, 다, 라
④ 나, 라, 바

39

효모의 분류 및 동정에 이용되는 특성이 아닌 것은?

[17. 식품기사 3회]

① 포자형성 유무
② 라피노스 이용성
③ 그람염색
④ 피막형성 유무

40

효모의 분류기준으로 옳지 않은 것은?

① 유성생식의 유무
② 포자의 형성 여부
③ 이산화탄소 생성 유무
④ 영양세포의 증식법

41

자낭포자를 형성하는 효모로만 묶인 것은?

① *Saccharomyces, Kloeckera, Hansenula*
② *Lipomyces, Pichia, Kluyveromyces*
③ *Rhodosporidium, Saccharomycodes, Nadsonia*
④ *Sporobolomyces, Debaryomyces, Hanseniaspora*

42

다음 효모 중 불완전균류에 해당하지 않는 것은?

① *Cryptococcus*

② *Saccharomycopsis*

③ *Rhodotorula*

④ *Trigonopsis*

43

다음 중 포자를 형성하지 않는 효모는?

① *Saccharomyces cerevisiae*

② *Schizosaccharomyces pombe*

③ *Candida utilis*

④ *Hansenula anomala*

44

배양액의 상층으로 부유하므로 발효액이 혼탁해지는 맥주효모는?

① *Saccharomyces cerevisiae*

② *Zygosaccharomyces rouxii*

③ *Saccharomyces carlsbergensis*

④ *Saccharomyces fragilis*

45

대표적인 하면발효(bottom fermenting) 맥주효모는?

① *Saccharomyces cerevisiae*

② *Saccharomyces mellis*

③ *Saccharomyces carlsbergensis*

④ *Saccharomyces mali*

46

하면발효 효모에 대한 설명으로 옳지 않은 것은?

① 난형 또는 타원형이다.

② 발효작용이 상면발효 효모보다 빠르다.

③ melibiose를 발효시킬 수 있다.

④ 발효 최적온도는 5 ~ 10℃ 정도이다.

47

하면발효 효모의 특징으로 옳은 것은?

① 발효액 중에 쉽게 분산되며 연결세포가 적다.

② 균체가 균막을 형성하고, 저면으로 침전하는 특징을 지닌다.

③ 멜리비오스를 분해하지 못하므로 라피노스를 발효할 수 있다.

④ 대표적으로 독일식 맥주 발효에 이용한다.

48

배양효모와 야생효모를 비교한 것으로 옳은 것은?

① 배양효모는 장형이 많으며 세대가 지나면 형태가 축소된다.

② 야생효모는 액포가 작고 원형질이 흐려진다.

③ 배양효모는 발육온도가 높고, 산에 대한 저항성이 약하다.

④ 야생효모의 세포막은 점조성이 풍부하여 세포가 쉽게 액내로 흩어지지 않는다.

49

맥주 발효 시 사용되는 (㉠) 상면발효 효모와 (㉡) 하면발효 효모를 바르게 연결한 것은?

① ㉠ *Saccharomyces carlsbergensis*

　㉡ *Saccharomyces cerevisiae*

② ㉠ *Saccharomyces cerevisiae*

　㉡ *Saccharomyces carlsbergensis*

③ ㉠ *Saccharomyces ellipsoideus*

　㉡ *Saccharomyces carlsbergensis*

④ ㉠ *Saccharomyces cerevisiae*

　㉡ *Saccharomyces pastorianus*

50

산막효모의 특징이 아닌 것은?　[20. 식품기사 3회]

① 산소를 요구한다.
② 산화력이 강하다.
③ 발효액의 내부에서 발육한다.
④ 피막을 형성한다.

51

자연계의 우수한 효모를 순수분리하여 그 목적에 맞도록 식품산업에 응용하는 배양효모(culture yeast)에 대한 설명으로 옳지 않은 것은?

① 원형 · 둥근형으로 세포 크기가 크다.
② 세포막 점조성이 풍부하여 액내 분산이 어렵다.
③ 저온에 대한 저항력이 약하다.
④ 빠른 시간에 포자를 형성한다.

52

산소농도가 높은 액상 배양액의 표면에 발육하여 피막을 생성하는 효모가 아닌 것은?

① *Hansenula*
② *Debaryomyces*
③ *Schizosaccharomyces*
④ *Pichia*

53

적색 및 유지효모에 대한 설명으로 옳은 것은?

① 적색효모로는 *Rhodotorula, Sporobolomyces, Rhodosporidium* 속이 있으며, 모두 포자를 형성하지 않는다.
② *Rhodotorula glutinis* 는 적색효모이면서 유지효모로도 알려져 있다.
③ 적색효모는 적황색의 플라보노이드(flavonoid) 색소를 함유한다.
④ 유지효모는 세포벽에 지방을 축적하여 지방구(fat globule)를 형성한다.

54

맥주효모 중 상면발효를 하는 것으로 옳은 것은?

[23. 경기 식품미생물]

① *Aspergillus oryzae*
② *Saccharomyces cerevisiae*
③ *Lactobacillus bulgaris*
④ *Saccharomyces carlsbergensis*

55

효모에 대한 설명으로 옳지 않은 것은?

[23. 경북 식품미생물]

① 효모는 증식환경에 따라 그 형태가 다양하며, 영양생식과 포자생식을 한다.
② 출아법은 세포 표면에 작은 돌기가 생겨 점차 커지고 핵이 이동하면 원래의 세포와의 사이에 경계가 생겨 새로운 세포를 형성하는 번식방법이다.
③ 효모는 통성혐기성으로, 혐기적 환경과 호기적 환경에서 모두 생존한다.
④ 분열법은 세포의 중앙에 격벽이 생겨 원형질이 두 개의 세포로 분열하는 방법이며, 사카로마이세스 속이 이에 해당한다.

56

효모에 의해 진행되는 Neuberg 발효 3형식의 생성물들을 모두 고른 것은?

[23. 경남 식품미생물]

> (ㄱ) 글리세롤 ($C_3H_5(OH)_3$)
> (ㄴ) 아세트알데히드 (CH_3CHO)
> (ㄷ) 아세트산 (CH_3COOH)
> (ㄹ) 에탄올 (C_2H_5OH)
> (ㅁ) CO_2

① (ㄹ), (ㅁ)
② (ㄱ), (ㄴ), (ㅁ)
③ (ㄱ), (ㄴ), (ㄹ), (ㅁ)
④ (ㄱ), (ㄷ), (ㄹ), (ㅁ)

01

Saccharomyces 속에 대한 설명으로 옳은 것은?

① *S. fragilis* — 마유주에서 분리한 효모로 유당과 맥아당을 발효하고, 이눌린을 발효하지 못한다.

② *S. robustus* — 60~70% 고농도 당액인 벌꿀에서도 증식하며 시럽을 변질시키는 유해효모이다.

③ *S. rouxii* — 포도당과 맥아당은 발효하지만, 과당과 설탕을 발효하지 못하며 알코올 발효력은 약하다.

④ *S. diastaticus* — 전분이나 덱스트린을 분해하므로 청주의 주 발효효모이다.

02

Saccharomyces ellipsoideus 에 대한 설명으로 옳은 것은?

① 덴마크 칼스버그 맥주공장에서 분리한 하면효모이다.

② 난형~소시지 형태를 지니며, 맥주에서 불쾌한 향기를 부여한다.

③ 고농도 식염배지에서도 생육할 수 있는 내염성 효모이다.

④ 포도주 발효에 이용되는 하면효모로 *S. cerevisiae* 의 변이주로 알려져 있다.

03

덱스트린과 전분을 분해하는 효모로 맥주 양조 시 혼입되면 맥주 중의 고형분을 감소시키는 유해균은?

① *Saccharomyces diastaticus*

② *Saccharomyces sake*

③ *Saccharomyces pastorianus*

④ *Saccharomyces rouxii*

04

내삼투압성 효모로 염분 함량이 높은 간장이나 된장 등에서 생육하는 효모는? [18. 식품기사 3회]

① *Candida* 속

② *Rhodotorula* 속

③ *Pichia* 속

④ *Zygosaccharomyces* 속

05

다음 〈보기〉에서 설명하는 효모는 무엇인가?

- 내삼투압성 효모(osmophilic yeast)
- 18% 이상의 고농도 식염에서 증식 가능
- 간장에 독특한 향미 부여

① *Saccharomyces mellis*

② *Zygosaccharomyces japonicus*

③ *Saccharomyces rouxii*

④ *Saccharomyces fragilis*

06

일반적인 간장이나 된장의 숙성에 관여하는 내삼투압성 효모의 증식 가능한 최저 수분활성도는?

[17. 식품기사 1회]

① 0.95

② 0.88

③ 0.80

④ 0.60

07

간장 맛을 악화시키는 내삼투압성 효모로서, 60 ~ 70% 고농도 당액인 벌꿀에서도 증식가능한 효모는?

① *Saccharomyces mellis*

② *Schizosaccharomyces pombe*

③ *Zygosaccharomyces major*

④ *Zygosaccharomyces barkeri*

08

간장의 발효 및 향기성분과 관련된 효모가 아닌 것은?

① *Saccharomyces rouxii*

② *Zygosaccharomyces salsus*

③ *Zygosaccharomyces major*

④ *Zygosaccharomyces soya*

09

사과에서 분리된 타원형의 하면효모로 좋은 맛을 부여하는 사과주효모는?

① *Saccharomyces mellis*
② *Saccharomyces formosensis*
③ *Saccharomyces mali* Risler
④ *Zygosaccharomyces mandshuricus*

11

*Schizosaccharomyces pombe*에 대한 설명으로 옳지 않은 것은?

① Fission yeast라 부른다.
② 포도주 중 신맛이 강한 말산을 신맛이 약한 젖산으로 변화시키는 발효에 이용된다.
③ 알코올 발효력이 약해 수수를 이용한 맥주생산에 제한적으로 이용된다.
④ 세 개의 chromosome을 갖고 있으며, 동물세포의 fission에 의한 세포분열의 모델생물로 이용되고 있다.

10

Schizosaccharomyces 속에 대한 설명으로 옳지 않은 것은?

① 분열법으로 증식하며, 생육 적온은 37℃로 다른 효모에 비해 높다.
② *Schizo. asporus*는 주로 과일에서 분리되며, 자낭에 8개의 포자를 함유한다.
③ *Schizo. pombe*는 폼베주에서 분리되었으며 알코올발효력이 강한 것이 특징이다.
④ *Schizo. mellacei*는 당밀을 원료로 한 럼(rum)주 제조에 사용되는 상면효모이다.

12

인도네시아의 라기(Ragi) 및 태국의 루팡(Loog-pang)에서 분리된 균주로 pectinase를 분비하는 효모는?

① *Kluyveromyces lactis*
② *Schizosaccharomyces octosporus*
③ *Endomycopsis chodati*
④ *Pichia membranaefaciens*

13

아래의 설명에 해당하는 효모는?　　[19. 식품기사 1회]

- 배양액 표면에 피막을 만든다.
- 질산염을 자화할 수 있다.
- 자낭포자는 모자형 또는 토성형이다.

① *Schizosaccharomyces* 속
② *Hansenula* 속
③ *Debaryomyces* 속
④ *Saccharomyces* 속

15

*Pichia membranaefaciens*에 대한 설명으로 옳은 것은?

① 내염성의 산막효모로 치즈나 소시지 등에서 분리
② 김치 표면에 피막을 형성
③ 청주 발효 후기에 향기를 생성
④ 액면에 피막을 형성하는 유적(lipid) 효모

14

*Pichia*속에 대한 설명으로 옳은 것은?

① 포자 표면에 돌기가 존재한다.
② 알코올로부터 에스터를 생성하지 않는다.
③ 당 발효력이 강하다.
④ 질산염을 자화하지 못한다.

16

*Debaryomyces*속에 대한 설명으로 옳은 것은?

① 질산염을 자화한다.
② 담자포자를 형성한다.
③ 알코올 발효력이 강하다.
④ 다극성 출아법으로 증식한다.

17

Pichia 속 효모의 특징이 아닌 것은? [19. 식품기사 3회]

① 김치나 양조물 표면에서 증식하는 대표적인 산막효모이다.

② 다극출아에 의해 증식하며, 생육조건에 따라 위균사를 형성하기도 한다.

③ 알코올 생성능이 강하다.

④ 질산염을 자화하지 않는다.

18

다양한 산막효모(film yeast)에 대한 설명으로 옳지 않은 것은?

① *Hansenula* 속에는 내당성이 강하고 비타민 B_2를 생성하는 효모도 있다.

② *Pichia* 속과 *Debaryomyces* 속은 질산염을 자화하지 못한다.

③ *Debaryomyces* 속과 *Hansenula* 속은 다극성 출아법으로 증식한다.

④ *Pichia* 속에는 푸마르산을 말산으로 전환하는 효소를 생성하는 효모도 있다.

19

산막효모의 생육특성을 연결한 것으로 옳은 것은?

① *Debaryomyces hansenii* – 청주 후숙 향기성분

② *Hansenula anomala* – 치즈, 소시지 번식

③ *Pichia membranaefaciens* – 포도주 후발효

④ *Hansenula saturnus* – 토성형 포자 형성

20

다음 〈보기〉에서 설명하는 효모는 무엇인가?

> **보기**
>
> • 과일에 존재하는 야생효모
> • 레몬형의 효모로 양극출아법으로 증식
> • 알코올을 감소시키고 휘발산을 증가시키는 유해균

① *Nadsonia fulvescens*

② *Kloeckera apiculata*

③ *Hanseniaspora valbyensis*

④ *Candida rugosa*

21

락테이스(lactase)를 분비하여 유당으로부터 알코올을 생성하는 유당발효성 효모는?

① *Pichia* 속

② *Kluyveromyces* 속

③ *Candida* 속

④ *Torulopsis* 속

22

Kluyveromyces 속에 대한 설명으로 옳지 않은 것은?

① 다극출아에 의해 증식하며 보통 1 ~ 4개의 자낭포자를 형성한다.

② *K. lactis*는 돼지감자의 주성분인 이눌린(inulin)으로부터 알코올을 생산할 수 있다.

③ 유당을 발효하여 알코올을 생성하는 특징을 지닌다.

④ *K. fragilis*는 kefir 및 koumiss에서 분리된 유당발효효모이다.

23

마유주(alcohol-fermented horse-milk)의 스타터인 케피어(kefir)에서 분리된 효모는?

① *Kluyveromyces fragilis*

② *Kloeckera apiculata*

③ *Mycotorula japonica*

④ *Zygosaccharomyces mandshuricus*

24

세포 표면에 점성의 협막을 지니고, 건조 균체당 60% 지방을 축적하는 유지효모는?

① *Lodderomyces elongisporus*

② *Lipomyces starkeyi*

③ *Lodderomyces elongisporus*

④ *Candida lipolytica*

25

양극에서 출아 분열하는 효모로 포도당과 자당은 발효하나, 맥아당을 발효하지 못하는 성질을 이용하여 맥아당이 남는 단맛을 가진 술을 만드는 데 이용하는 효모는?

① *Nadsonia fulvescens*

② *Hanseniaspora valbyensis*

③ *Saccharomyces formosensis*

④ *Saccharomycodes ludwigii*

27

다음 중 포자를 형성하지 않는 효모는?

[18. 식품기사 1회]

① *Saccharomyces* 속

② *Debaryomyces* 속

③ *Cryptococcus* 속

④ *Schizosaccharomyces* 속

26

다음 〈보기〉에서 내염성 효모를 모두 고른 것은?

> **보기**
>
> 가. *Saccharomyces rouxii*
> 나. *Torulopsis versatilis*
> 다. *Debaryomyces hansenii*
> 라. *Zygosaccharomyces salsus*

① 가, 나, 다

② 가, 나

③ 다, 라

④ 가, 나, 다, 라

28

무포자 효모는 다음 중 어느 것인가?

① *Pichia menbranaefaciens*

② *Bullera alba*

③ *Torulopsis etchellsii*

④ *Debaryomyces hansenii*

29

Candida 속에 대한 설명으로 옳지 않은 것은?

① 다극출아 분열법으로 증식하는 무포자효모이다.
② 알코올 발효능이 거의 없다.
③ 피막을 형성하는 균도 있다.
④ 사람에게 병을 일으키는 균도 있다.

30

자일로스(xylose) 자화능을 지니며, 아황산 펄프(pulp) 폐액에서 배양되는 효모는?

① *Candida lipolytica*
② *Candida krusei*
③ *Candida utilis*
④ *Candida versatilis*

31

자일로스 자화력이 강하기 때문에 단세포 단백질(SCP) 제조용 석유효모로 주목받고 있는 효모는?

① *Candida robusta*
② *Candida tropicalis*
③ *Candida albicans*
④ *Candida krusei*

32

라이페이스(lipase)를 분비하므로 버터와 마가린의 부패에 관여하는 효모는?

① *Candida lipolytica*
② *Candida versatilis*
③ *Candida utilis*
④ *Candida tropicalis*

33

탄화수소 자화성이 강하여 식 · 사료 효모로서 사용되며, n-paraffin으로부터 다량의 α-ketoglutarate나 citrate를 생성하는 효모는?

① *Candida etchellsii*

② *Candida tropicalis*

③ *Candida mycoderma*

④ *Candida lipolytica*

34

위균사형 효모로 사료효모나 이노신산(inosinate)의 제조 원료로 사용되는 것은?

① *Candida guilliermondii*

② *Candida rugosa*

③ *Candida utilis*

④ *Hansenula anomala*

35

아황산펄프폐액(sulfite waste liquor)은 흑갈색의 점성이 있는 액체로서 약 3%의 발효성 당을 함유하고 있으므로 효모제조원료로 활용됨과 동시에 폐액처리의 목적을 달성할 수 있다. 아황산펄프폐액에서 증식할 수 있는 효모가 아닌 것은?

① *Mycotorula japonica*

② *Candida utilis*

③ *Candida tropicalis*

④ *Kloeckera apiculata*

36

Cryptococcus 속에 대한 설명으로 옳은 것은?

① 다극성 출아법으로 증식하며 위균사를 형성한다.

② 전분 유사물질을 생성하지 않는다.

③ 고염분의 간장에서 발육이 가능하다.

④ 당 발효성이 없다.

37

인간의 중추신경을 침범하고 폐나 피부에 기생하여 효모균증(cryptococcosis)을 유발하는 효모는?

① *Cryptococcus neoformans*
② *Cryptococcus laurentii*
③ *Cryptococcus albidus*
④ *Candida albicans*

38

Torulopsis 속과 다른 효모의 특징을 비교한 것으로 옳지 않은 것은?

① *Rhodotorula* 속과 달리 carotenoid 색소를 생성하지 않는다.
② *Debaryomyces* 속과 달리 내염성이 강하다.
③ *Candida* 속과 달리 위균사를 형성하지 않는다.
④ *Cryptococcus* 속과 달리 전분과 같은 물질을 만들지 않는다.

39

Cryptococcus 속과 *Torulopsis* 속을 구분하는 중요한 특징은 무엇인가?

① 다극성 출아 유무
② 포자 생성 유무
③ 위균사 생성 유무
④ 점성의 협막 존재 유무

40

내염성 효모로 간장의 향기를 생성하는 무포자 효모는?

① *Zygosaccharomyces sojae*
② *Lipomyces starkeyi*
③ *Torulopsis versatilis*
④ *Saccharomycopsis fibuligera*

41

호기성 피막을 형성하기도 하며, 냉장 육류와 같은 저온식품에서 생육하는 효모는?

① *Kloeckera apiculata*
② *Trichosporon pullulans*
③ *Rhodotorula glutinis*
④ *Torulopsis bacillaris*

42

적색 · 황색의 카로티노이드 색소를 생성하는 적색 효모가 아닌 것은?

① *Sporobolomyces* 속
② *Rhodotorula* 속
③ *Sporidiobolus* 속
④ *Rhodosporidium* 속

43

로도톨룰라(*Rhodotorula*) 속에 대한 설명으로 옳은 것은?

① 구형, 타원형 및 소시지형 효모로 다극출아법으로 증식하며, 위균사를 형성하지 않는다.
② 알코올발효력이 강하고 적색의 카로티노이드 색소를 생성한다.
③ 육류에 착색된 반점을 형성하거나 sauerkraut 등의 침채류를 핑크색으로 착색하는 효모이다.
④ 생육적온은 37℃로 다른 효모에 비하여 높다.

44

다음 〈보기〉에서 위균사를 형성할 수 있는 효모를 모두 고른 것은?

> **보기**
>
> 가. *Cryptococcus* 나. *Candida*
> 다. *Pichia* 라. *Torulopsis*

① 가, 나, 다
② 나, 다
③ 라
④ 가, 나, 다, 라

45

Trichosporon 속 효모의 증식방법을 바르게 설명한 것은?

① 세포의 중앙에 마디가 생기고 2개로 갈라지는 방식으로 분열증식
② 세포의 다양한 곳에서 출아되는 다극성 출아방식으로 증식
③ 출아법으로 번식한 후 다시 이분법으로 분열하는 혼합 증식
④ 출아 후 곰팡이 균사와 같은 격벽을 지닌 진균사 형태를 지님

46

다음 〈보기〉에서 인간에게 질병을 유발하는 효모를 모두 고른 것은?

보기

가. *Candida albicans*
나. *Cryptococcus neoformans*
다. *Salmonella typhi*
라. *Pichia membranaefaciens*

① 가, 나, 다
② 가, 나
③ 다, 라
④ 가, 나, 다, 라

47

다음 중 발효주가 아닌 것은?

① 포도주
② 브랜디
③ 맥주
④ 청주

48

(A) ~ (C)는 발효주 제조과정을 간단히 도식화한 것이다. 바르게 연결한 것은?

(A)	전분 —당화→ 당 —발효→ 에탄올
(B)	당 —발효→ 에탄올
(C)	전분 —당화/발효→ 에탄올

① (A) − 맥주
② (B) − 청주
③ (C) − 마유주
④ (B) − 소주

49

발효주에 대한 설명으로 옳지 않은 것은?

[23. 경북 식품미생물]

① 단발효주는 당화과정 없이 바로 효모에 의해 발효되는 주류를 말한다.
② 단행복발효는 당화과정과 발효과정을 분리하여 제조하는 것을 말한다.
③ 효모는 호흡을 통해 에너지를 획득하고, 발효를 통해 알코올을 생성한다.
④ 병행복발효는 당화과정과 발효과정을 함께 진행하며, 맥주가 이에 해당된다.

50

무포자효모로 유지효모에 해당하며, 건조균체 중량의 60% 이상의 유지방을 축적하는 적색효모는?

[23. 경남 식품미생물]

① *Candida lipolytica*
② *Lipomyces starkeyi*
③ *Rhodotorula glutinis*
④ *Pichia membranaefacience*

51

당화과정과 발효과정이 함께 일어나는 병행복발효주는?

[23. 경남 식품미생물]

① 청주
② 맥주
③ 사과주
④ 포도주

52

*Schizosaccharomyces pombe*에 대한 설명으로 옳은 것은?

[22. 경기 식품미생물]

ㄱ 빵 제조에 이용되며, 이산화탄소를 생성하고 빵을 부풀게 한다.
ㄴ 16개의 크로모솜을 가지고 있다.
ㄷ Fission yeast의 대표적인 균이다.
ㄹ 포도주 제조 시 말로 락틱 발효를 이용한다.

① ㄱ, ㄹ
② ㄱ, ㄷ
③ ㄴ, ㄷ
④ ㄷ, ㄹ

53

간장발효에 대한 설명으로 옳지 않은 것은?

[21. 경남 식품미생물]

① Lactic acid, phosphoric acid, tartaric acid 등이 생성된다.
② 간장덧을 이용하는 대표적인 속은 *Torulopsis* 속이다.
③ *Zygosaccharomyces salsus* 는 알코올발효를 이용하여 간장풍미를 증진한다.
④ *Pediococcus sojae* 는 내염성 젖산균으로 간장덧의 pH를 약산성을 유지하여 유해균의 증식을 억제한다.

MEMO

MEMO

Part

6

곰팡이

곰팡이

01

곰팡이(mold)의 일반적 특성으로 옳은 것은?

① 분류학상 진균류(Eumycetes)에 속하며, 광합성능을 지닌 고등미생물이다.

② 소화효소를 분비하여 주변의 유기물을 분해한 후 흡수·증식하는 종속영양균이다.

③ 효모와 동일하게 단세포 구조를 지니지만, 세포벽의 주성분은 키틴질이다.

④ 대부분의 곰팡이는 중온균으로 30℃ 이상의 온도에서 빠르게 증식한다.

02

곰팡이에 대한 설명으로 옳지 않은 것은?

① 우리 주변에서 가장 흔히 볼 수 있는 미생물이다.

② 효모나 세균에 비해 습도가 낮은 곳에서 잘 생육한다.

③ 대다수 곰팡이는 pH 2~8.5의 넓은 범위에서 생육 가능하다.

④ 실 모양의 균사와 포자를 착생하는 기관인 균사체(mycelium)를 지닌다.

03

곰팡이에 대한 설명으로 틀린 것은? [19. 식품기사 3회]

① 곰팡이는 주로 포자에 의해서 번식한다.

② 곰팡이의 포자에는 유성포자와 무성포자가 있다.

③ 곰팡이의 유성포자에는 포자낭포자, 분생포자, 후막포자, 분열자 등이 있다.

④ 포자는 적당한 환경하에서는 발아하여 균사로 성장하며 또한 균사체를 형성한다.

04

곰팡이에 대한 설명으로 옳지 않은 것은?

① 포자가 발아하여 생성된 균사는 곰팡이 균총에 독특한 색을 부여한다.

② 균사체와 자실체(fruiting body)를 합해서 균총 또는 집락(colony)이라 한다.

③ 건조에 대한 저항성은 곰팡이 > 효모 > 세균 순서로 강한 편이다.

④ 양조제품, 효소, 유기산 및 항생물질 등 유용한 의약품의 제조에 이용된다.

05

곰팡이의 생리적 성질로 옳지 않은 것은?

① 곰팡이의 포자는 열에 의해 쉽게 사멸되지 않는다.

② 최적 생육온도는 25~30℃이다.

③ 영양분이 풍부하고 산소가 풍부한 식품 표면에서 잘 자란다.

④ 내건성 곰팡이는 생육에 필요한 최저 수분활성도가 0.62로 매우 낮다.

06

곰팡이의 번식 순서를 바르게 나열한 것은?

① fruiting body − mycelium − spore − hyphae − colony

② colony − hyphae − mycelium − fruiting body − spore

③ spore − hyphae − mycelium − fruiting body − colony

④ spore − fruiting body − colony − mycelium − hyphae

07

곰팡이 균총(colony)의 색은 곰팡이의 종류에 따라 다르다. 이러한 균총의 색은 어느 것에 의해서 주로 영향을 받게 되는가?

① 포자

② 기균사

③ 균사체

④ 격벽

08

곰팡이의 분류나 동정에 적용되지 않는 항목은?

[15. 식품기사 1회]

① 균사의 격벽 유무

② 편모의 존재와 형태 및 위치

③ 유성포자 형성 여부 및 종류

④ 무성포자의 종류

09

곰팡이가 생성하는 독소로만 묶인 것은?

① citreoviridin, brevetoxin

② ochratoxin, aflatoxin

③ cicutoxin, patulin

④ verotoxin, tetrodotoxin

10

과일이나 채소를 부패시킬 뿐만 아니라 보리나 옥수수와 같은 곡류에서 zearalenone이나 fumonisin 등의 독소를 생산하는 곰팡이는? [15. 식품기사 2회]

① *Mucor* 속

② *Fusarium* 속

③ *Aspergillus* 속

④ *Rhizopus* 속

11

진균류인 곰팡이는 균사의 격벽(septum)에 의해 세포가 나뉘어 진다. (가)균류는 균사에 격벽이 없고, (나)균류는 균사에 격벽이 있다. 다음 괄호 안에 들어갈 말을 바르게 연결한 것은?

① 가 – 순정   /   나 – 조상

② 가 – 불완전 /   나 – 순정

③ 가 – 담자   /   나 – 접합

④ 가 – 조상   /   나 – 순정

12

다음 〈보기〉에서 균사에 격벽이 존재하는 곰팡이를 모두 고른 것은?

> **보기**
>
> 가. *Aspergillus* 속   나. *Mucor* 속
>
> 다. *Thamnidium* 속   라. *Monascus* 속
>
> 마. *Rhizopus* 속   바. *Neurospora* 속

① 가, 라, 바

② 나, 다, 마

③ 나, 라, 마

④ 가, 다, 바

13

균사 내에 격벽(septum)이 없는 것은?

① *Monascus anka*

② *Rhizopus javanicus*

③ *Penicillium glaucum*

④ *Aspergillus niger*

14

곰팡이 균사 내 격벽에 대한 설명으로 옳지 않은 것은?

① 격벽의 유무는 곰팡이 분류의 중요한 지표가 된다.

② 담자균류는 격벽이 존재하므로 다핵성 균사가 아니다.

③ 접합균류는 균사 내 격벽이 없으므로 다핵체의 특성을 지닌다.

④ 불완전균류의 경우 격벽을 지니지 않는다.

15

다음 곰팡이 중 가근(假根, rhizoid)이 있는 것은?

[20. 식품기사 1,2회]

① *Aspergillus* 속

② *Penicillium* 속

③ *Rhizopus* 속

④ *Mucor* 속

16

균사는 영양분의 섭취나 발육에 관계되는데, 기질의 표면에서 공중으로 뻗어 생육하는 균사를 무엇이라 하는가?

① vegetative hyphae

② aerial hyphae

③ submerged hyphae

④ mycelium

17

치즈 숙성에 관여하는 미생물이 아닌 것은?

① *Penicillium camemberti*

② *Penicillium chrysogenum*

③ *Penicillium roqueforti*

④ *Propionibacterium shermanii*

18

메주에 흔히 발견되는 균이 아닌 것은?

[15. 식품기사 3회]

① *Rhizopus oryzae*

② *Aspergillus flavus*

③ *Bacillus subtilis*

④ *Aspergillus oryzae*

19

곰팡이의 작용과 거리가 먼 것은? [18. 식품기사 3회]

① 치즈의 숙성

② 페니실린 제조

③ 황변미 생성

④ 식초의 양조

20

무성포자(asexual spore)는 세포핵의 융합 없이 반복적 분열에 의해 무성적으로 생기는 포자를 말한다. 다음 중 무성포자가 아닌 것은?

① 난포자(oospore)

② 분생포자(conidiospore)

③ 포자낭포자(sporangiospore)

④ 후막포자(chlamydospore)

21

내구성이 강한 두터운 막으로 이루어진 후막포자를 생성하는 곰팡이류는?

① 동담자균류
② 불완전균류
③ 난균류
④ 반자낭균류

22

곰팡이의 무성포자(㉠)와 유성포자(㉡)를 바르게 연결한 것은?

	㉠	㉡
①	분절포자	출아포자
②	난포자	자낭포자
③	담자포자	포자낭포자
④	분생포자	접합포자

23

곰팡이의 유성포자(sexual spore)에 대한 설명으로 옳은 것은?

① 관모양의 유주자낭 안에 편모를 가지고 자유롭게 물속을 헤엄치는 유주자를 만든다.
② 두 개의 균사가 접합하여 자낭을 형성하고, 4개의 자낭포자를 내생한다.
③ 자웅의 분화가 확실하며 장란기와 장정기의 세포융합으로 난포자를 만든다.
④ 접합균류인 *Monascus, Rhizopus, Absidia* 속이 접합포자를 생성한다.

24

자낭과(ascocarp)는 모양에 따라 3가지 유형으로 나누는 데, 밀폐된 공 모양의 (A), 호리병처럼 끝이 열려있는 (B), 접시 모양으로 내부가 노출되어 있는 (C) 등이 존재한다. 다음 괄호 안에 들어갈 말을 순서대로 바르게 연결한 것은?

① cleistothecium － apothecium － perithecium
② apothecium － perithecium － cleistothecium
③ cleistothecium － perithecium － apothecium
④ perithecium － cleistothecium － apothecium

25

분생포자병 끝에 분생포자를 외생하는 곰팡이 속은?

① *Mucor* 속, *Rhizopus* 속

② *Aspergillus* 속, *Penicillium* 속

③ *Thamnidium* 속, *Absidia* 속

④ *Monascus* 속, *Fusarium* 속

26

균사가 성장하여 나온 담자기상에 만들어진 포자로 외생하며 보통 담자기 끝에 4개의 담자포자를 착생하는 균류는?

① 호상균류

② 반자낭균류

③ 불완전균류

④ 버섯류

27

다음 중 유성생식이 불가능한 것은? [15. 식품기사 1회]

① 세균류

② 효모류

③ 곰팡이류

④ 버섯류

28

푸른곰팡이(*Penicillium*)가 무성적으로 형성하는 포자는?

① conidiospore

② zoospore

③ arthrospore

④ sporangiospore

29

곰팡이의 무성포자와 유성포자에 대한 설명으로 옳은 것은?

① *Neurospora* 속은 무성생식 시 분열포자를 외생한다.
② *Rhizopus* 속은 무성생식 시 난포자를 형성한다.
③ *Aspergillus* 속은 유성생식 시 분생포자를 외생한다.
④ *Byssochlamys* 속은 유성생식 시 자낭포자를 내생한다.

30

섬유소를 분해하는 강력한 셀룰레이스(cellulase) 생산력이 강한 곰팡이는?

① *Monascus purpureas*
② *Trichoderma viride*
③ *Penicillium notatum*
④ *Aspergillus oryzae*

31

곰팡이와 생성효소를 연결한 것으로 옳지 않은 것은?

① *Monascus anka* − 펙티네이스(pectinase)
② *Trichoderma viride* − 셀룰레이스(cellulase)
③ *Aspergillus sojae* − 프로테이스(protease)
④ *Rhizopus nigricans* − 푸마레이스(fumarase)

32

곰팡이(fungi)에 대한 설명으로 옳은 것은?

[23. 경남 식품미생물]

① 분류학상 진균류(Eumycetes)에 속하며, 무성생식만으로 번식한다.
② 격벽의 유무에 따라 조상균류와 순정균류로 나뉜다.
③ 효모와 동일한 단세포 생물로 균사를 형성하고 생활하는 사상균이다.
④ 넓은 온도범위에서 생육하나, 50℃ 이상의 고온에서 빠르게 증식한다.

33

곰팡이에 대한 설명으로 옳은 것은? [22. 경기 식품미생물]

① 곰팡이의 1차적인 분류기준으로 탄소원, 질소원의 이용여부로 결정한다.
② 곰팡이의 영양분 흡수 기관을 자실체라 한다.
③ 곰팡이는 영양분이 고갈되어 증식이 중지되거나 스트레스 상황에서 항생제나 곰팡이독소를 이차대사산물로 생성한다.
④ 곰팡이 중 접합균류의 경우 무성포자로는 접합포자, 유성포자로는 포자낭포자를 생성한다.

34

곰팡이는 분류학상 진균류에 속하며 무성포자(asexual spore)와 유성포자(sexual spore)가 있다. 무성포자에 속하는 것은? [22. 경북 식품미생물]

① 자낭포자
② 접합포자
③ 담자포자
④ 분생포자

35

다음 곰팡이 포자 중 무성포자에 해당하는 것을 고른 것은? [21. 경남 식품미생물]

a. 난포자	b. 담자포자
c. 자낭포자	d. 후막포자
e. 포자낭포자	f. 분절포자
g. 접합포자	h. 분생포자

① a, b, f
② c, d, h
③ a, e, g
④ d, e, f

01

진균류를 분류한 것으로 옳지 않은 것은?

① *Thamnidium* 속은 접합균류에 속하며 균사에 격벽을 지니지 않는다.

② 동담자균류에 속하는 목이버섯은 순정균류에 포함된다.

③ *Fusarium* 속과 *Ashbya* 속은 순정균류에 속한다.

④ *Neurospora* 속과 *Monascus* 속은 진정자낭균류에 속한다.

02

조상균류(phycomycetes)의 특징으로 옳은 것은?

① 격벽이 있고 다핵체적 세포의 특징을 지닌다.

② 접합균류는 무성 포자에 편모가 있어 운동성을 나타낸다.

③ 접합균류의 균총 색은 회색이며, 솜털모양으로 관찰된다.

④ 난균류의 포자는 균사 끝에 생성된 포자낭에 내생하는 특징이 있다.

03

접합균류(zygomycetes)와 가장 관련성이 높은 것은?

① 가근(rhizoid)

② 정낭(vesicle)

③ 병족세포(foot cell)

④ 포자낭(sporangium)

04

조상균류 중 접합균류에 속하지 않는 곰팡이는?

① *Absidia* 속

② *Eremothecium* 속

③ *Thamnidium* 속

④ *Mucor* 속

05

다음 그림은 접합균류에 속하는 곰팡이를 나타낸 것이다. (A)와 (B)에 해당하는 곰팡이를 바르게 연결한 것은?

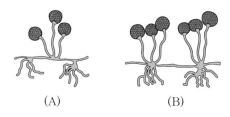

(A) (B)

① (A) − *Rhizopus* / (B) − *Absidia*

② (A) − *Thamnidium* / (B) − *Rhizopus*

③ (A) − *Absidia* / (B) − *Mucor*

④ (A) − *Absidia* / (B) − *Rhizopus*

06

접합균류에 속하는 여러 곰팡이 속을 구별하는 데 중요한 지표는 무엇인가?

① 격벽의 유무

② 가근과 포복지

③ 포자낭 포자

④ 균총의 색

07

포자낭병(sporangiophore)이 가근과 가근 사이 포복지(stolen) 중간 부분에서 분지되는 곰팡이는?

① *Mucor mucedo*

② *Rhizopus delemar*

③ *Absidia lichtheimi*

④ *Aspergillus glaucus*

08

Mucor 속에 대한 설명으로 옳지 않은 것은?

① 대표적인 접합균류로 털곰팡이로도 불리운다.

② 거미줄 곰팡이와 달리 가근과 포복지가 없다.

③ 포자낭병이 분지하여 가지를 친 것은 racemomucor이다.

④ *M. racemosus* 와 *M. rouxii* 는 racemomucor에 속한다.

09

Mucor 속 곰팡이를 형태에 따라 바르게 분류한 것은?

	Cymomucor	Monomucor	Racemomucor
①	M. rouxii	M. mucedo	M. hiemalis
②	M. javanicus	M. hiemalis	M. pusillus
③	M. hiemalis	M. rouxii	M. racemosus
④	M. rouxii	M. javanicus	M. pusillus

10

다음 〈보기〉에서 설명하는 곰팡이는?

> **보기**
>
> 생육 적온은 40℃로 높고 자연 발열한 고초 등에서 잘 자라며, 치즈 제조에 필요한 레닌의 대용으로서 응유효소용으로 이용된다.

① M. pusillus
② M. racemosus
③ M. hiemalis
④ M. rouxii

11

*Mucor racemosus*에 대한 설명으로 옳지 않은 것은?

① Racemomucor 형으로 *Mucor* 속 중 가장 분포가 넓다.
② 알코올발효를 하나, 글리세롤(glycerol)을 생성하지 않는다.
③ 균총은 회색이나 회갈색으로 부패한 채소, 과일, 맥아, 사료 등에서 관찰된다.
④ 간장용 코지(koji)를 만들 때 이 곰팡이가 오염되면 나쁜 냄새가 나는 원인이 된다.

12

자바의 라기(Ragi)에서 분리된 cymomucor로 생육 적온이 35℃이며, 전분 당화력과 알코올 발효력을 지닌 균주는?

① M. rouxii
② M. javanicus
③ M. mucedo
④ M. pusillus

13

전분당화력이 강하고 알코올 발효력을 지니므로 amylomyces α라고 불리우는 최초의 아밀로법균은?

① *M. rouxii*

② *M. javanicus*

③ *M. mucedo*

④ *M. pusillus*

14

Mucor 속 곰팡이의 특징을 바르게 연결한 것은?

① *M. mucedo* - 아밀로법 발효균

② *M. racemosus* - rennin 생산

③ *M. hiemalis* - 과즙의 청징에 이용

④ *M. rouxii* - 마분곰팡이

15

Rhizopus 속의 특징으로 틀린 것은? [18. 식품기사 2회]

① 포자낭은 구형이다.

② 포자낭병이 가근의 기부로부터 발생하지 않고 가근과 가근의 중간에서 발생한다.

③ 포복지가 계속하여 생기므로 *Mucor* 속보다 번식력이 왕성하다.

④ 무성생식에 의해 포자낭포자를 형성한다.

16

Rhizopus 속에 대한 설명으로 옳은 것은?

① 거미줄곰팡이로도 불리우며, 포자낭이 작은 서양배 모양이다.

② 포자낭병은 가근이 있는 곳에서 뻗어나며 분지하여 여러개의 가지를 형성한다.

③ 포자낭병의 선단에 대포자낭을 형성하고, 측지에 소포자낭을 착생한다.

④ 전분당화력과 유기산 생성능력이 강하여 양조발효에 이용되기도 한다.

17

Rhizopus 속에 대한 설명으로 옳지 않은 것은?

① 보통 가근이 있는 곳에 1~3개의 포자낭병이 형성된다.

② 균총은 일반적으로 회색이며 포복지가 계속해서 생기게 됨으로써 거미줄이 엉켜 있는 것 같은 집락을 만든다.

③ 무성적으로 포자낭포자를 형성하지만, 때때로 후막포자를 형성한다.

④ 포자낭병이 연결되는 부분에 깔대기 모양의 지낭(apophysis)을 가지지 않는 것이 *Mucor* 속과 구별되는 점이다.

18

과일, 곡류, 빵 등 여러 식품의 부패 원인균으로 특히 고구마 연부병의 원인이 되는 곰팡이는?

① *Rhizopus nigricans*
② *Rhizopus delemar*
③ *Rhizopus peka*
④ *Absidia lichthemi*

19

다음 〈보기〉에서 설명하는 *Rhizopus* 속 곰팡이는 무엇인가?

> **보기**
>
> • 중국 소흥주의 주약에서 분리
> • 아밀로법 발효에 이용
> • glucoamylase 제조에 사용

① *Rhizopus japonicus*
② *Rhizopus javanicus*
③ *Rhizopus oryzae*
④ *Rhizopus delemar*

20

*Rhizopus tonkinensis*에 대한 설명으로 옳은 것은?

① 베트남 통킨의 누룩에서 분리되었으며 펙틴분해력이 매우 강하다.

② 라피노스를 발효하지 못하고, 포도당에서 푸마르산을 생산한다.

③ 아밀로법에 이용되며 amylomyces β로 불리운다.

④ *Rhizopus oligosporus*와 함께 템페 제조에 이용된다.

21

아밀로법(amylo process) 이용균주로만 묶인 것은?

① *R. oryzae, R. tonkinensis, R. peka*

② *M. javanicus, R. delemar, R. japonicus*

③ *R. japonicus, M. rouxii, R. javanicus*

④ *R. javanicus, R. nigricans, M. rouxii*

22

자바의 Ragi 곡자에서 분리되었으며 *R. oligosporus* 와 함께 tempeh 등의 제조에 이용되는 곰팡이는?

① *Rhizopus oryzae*

② *Rhizopus javanicus*

③ *Rhizopus stolonifer*

④ *Rhizopus tritici*

23

Rhizopus japonicus 에 대한 설명으로 옳지 않은 것은?

① 일본 코지(koji)에서 분리한 균이다.

② 아밀로마이세스 베타라고도 불리운다.

③ 푸마르산(fumaric acid) 생성능이 강하다.

④ 멜리비오스와 라피노스를 발효한다.

24

당화력이 강하여 고구마나 감자를 이용한 아밀로법에 이용되며, 번식력이 왕성하고 생육적온이 36 ~ 38℃인 곰팡이는?

① *Rhizopus oryzae*

② *Rhizopus javanicus*

③ *Rhizopus stolonifer*

④ *Rhizopus tritici*

25

활털곰팡이(*Absidia*)에 대한 설명으로 옳은 것은?

① 포자낭은 거의 구형이다.

② 포복지 중간에 포자낭병이 뻗어나며, 그 끝에 정낭을 만든다.

③ 후막포자를 형성하고 냉장육류에서 번식한다.

④ *A. lichtheimi*는 중국 고량주의 곡자에서 분리한 균주이다.

26

포자낭병 선단에 대포자낭을 형성하고 그 주위에 소포자낭(sporangioles)을 착생하는 균주는?

① *Absidia* (활털곰팡이)

② *Aspergillus* (누룩곰팡이)

③ *Thamnidium* (가지곰팡이)

④ *Monascus* (홍국곰팡이)

27

자낭균류의 특징에 대한 설명으로 옳지 않은 것은?

① 균사에 격벽이 있는 것이 조상균류와 중요한 차이점이다.

② 성숙했을 때 자실층이 외부로 노출되는 자낭과를 피자기(perithecium)라 한다.

③ 유성생식 시 보통 8개의 자낭포자를 형성한다.

④ 분생포자병 끝에 정낭이나 경자가 존재하고 그 끝에 분생포자를 외생한다.

28

자낭균류에 속하는 곰팡이는?

① *Cladosporium epiphylum*

② *Tricholoma matsutake*

③ *Neurospora sitophila*

④ *Thamnidium elegans*

29

병족세포(foot cell)와 정낭(vesicle)이 모두 존재하는 곰팡이속은?

① *Rhizopus* 속

② *Aspergillus* 속

③ *Penicillium* 속

④ *Monascus* 속

30

분생자병 끝에 정낭을 만들지 않고 직접 분기한 경자가 솔이나 붓모양으로 배열한 추상체를 형성하는 곰팡이속은?

① Rhizopus 속

② Aspergillus 속

③ Penicillium 속

④ Monascus 속

32

다음 〈보기〉에서 설명하는 Aspergillus 속 곰팡이는?

황국균으로 처음 집락은 백색이나, 분생자가 생긴 다음 황색이 되고 점점 황록색으로 변화한다. 간장 · 된장 등의 제조에 이용되며 전분 당화력과 단백 분해력이 뛰어나다.

① Aspergillus flavus

② Aspergillus oryzae

③ Aspergillus fumigatus

④ Aspergillus tamari

31

Aspergillus 속에 대한 설명으로 옳은 것은?

① 균사의 색에 따라 황국균, 흑국균, 백국균으로 다양하게 나뉜다.

② 분생자병(conidiophore)은 보통 정낭에서 나와서 뻗어나간다.

③ Penicillium 속과 달리 경자는 모두 1단으로 이루어져 있다.

④ 전분당화력과 단백질 분해력이 강해 소화제 제조에 이용되기도 한다.

33

Aspergillus niger에 대한 설명으로 옳은 것은?

① 흑국균으로 주로 간장양조에 이용한다.

② 전분당화력이 거의 없으므로 변이주로서 많이 활용한다.

③ 펙틴분해력이 강해 과일의 청징제로 이용된다.

④ 일본의 가다랭이에 특유한 향기를 부여한다.

34

다음 〈보기〉에서 *Aspergillus niger*에 대한 설명으로 옳은 것을 모두 고른 것은?

> **보기**
>
> 가. 처음에는 백색이나 차차 흑색의 분생자로 덮여 흑갈색의 집락을 형성한다.
> 나. 분생포자는 구형이며, 보통 기저 경자를 갖는다.
> 다. 구연산이나 글루콘산을 생산하는 균주가 많아 유기산 발효공업에 다양하게 이용된다.
> 라. amylase, cellulase, pectinase 등의 효소활성이 강하여 효소 제조에 이용되기도 한다.

① 가, 나, 다
② 가, 다
③ 나, 라
④ 가, 나, 다, 라

35

아플라톡신(aflatoxin)이라는 발암성 곰팡이독을 생성하는 유해균으로 토양이나 식품 등에 널리 분포되어 있는 곰팡이는?

① *Aspergillus tamari*
② *Aspergillus glaucus*
③ *Aspergillus awamori*
④ *Aspergillus parasiticus*

36

다음 중 흑국균이 아닌 것은?

① *Aspergillus usami*
② *Aspergillus fumigatus*
③ *Aspergillus awamori*
④ *Aspergillus niger*

37

Aspergillus 속의 특징을 바르게 연결한 것은?

① *A. kawachii* − 우리나라 탁주 제조
② *A. tamari* − 병원성 곰팡이
③ *A. flavus* − 흑색의 포자형성
④ *A. awamori* − 삼투압 높은 식품에서 발육

38

*Aspergillus glaucus*에 대한 설명으로 옳지 않은 것은?

① 풀색곰팡이라고도 불리운다.
② 분생자에는 가시가 있고, 황색의 피자기를 형성한다.
③ 내건성이며, 삼투압이 높은 곳에서도 번식할 수 있다.
④ *A. niger*의 변이균으로 탁주제조에 이용되기도 한다.

39

*Aspergillus*속 곰팡이에 대한 설명으로 옳지 않은 것은?

① *A. oryzae*는 단백질 분해력과 전분 당화력이 강하여 주류 또는 장류 양조에 이용된다.
② *A. glaucus*에 속하는 곰팡이는 백색집락을 이루며 ochratoxin을 생성한다.
③ *A. niger*는 대표적인 흑국균으로 구연산 등을 생성한다.
④ *A. flavus*는 곡물이나 땅콩 등에 번식하여 aflatoxin을 생성한다.

40

*Aspergillus*속에 대한 설명으로 옳지 않은 것은?

① *Aspergillus sojae*는 일본의 가스오부시 제조에 관여한다.
② *Aspergillus awamori*는 구연산 생성능이 강하다.
③ *Aspergillus fumigatus*는 동물의 폐에 기생하여 aspergillosis를 일으키기도 한다.
④ *Aspergillus tamari*는 단백분해력이 강하며 kojic acid를 다량 생성한다.

41

식품으로부터 곰팡이를 분리하여 맥아즙 한천(malt agar) 배지에서 배양하면서 관찰하였다. 균총의 색은 배양시간이 경과함에 따라 백색에서 점차 청록색으로 변화하였으며, 현미경 시야에서 격벽이 있는 분생자병, 정낭이 없는 빗자루 모양의 분생자두, 구형의 분생자를 관찰할 수 있었다. 이상의 결과로부터 추정할 수 있는 곰팡이 속은? [21. 식품기사 1회]

① *Aspergillus*
② *Mucor*
③ *Penicillium*
④ *Trichoderma*

42

Penicillium 속에 대한 설명으로 옳지 않은 것은?

① 자연계에 널리 분포하며 과일, 떡, 빵 등에 잘 번식한다.
② 분생자병 끝에 경자가 빗자루 모양으로 배열하고, 그 위에 분생자가 사슬모양으로 착생한다.
③ 추상체의 형태가 좌우 대칭이고, 분기하여 2단으로 된 것을 다윤생이라 한다.
④ 황변미의 원인이 되기도 하나, 치즈 숙성에 이용되는 유용한 곰팡이다.

43

황변미를 유발하는 균주로만 묶인 것은?

① *Pen. islandicum, Pen. citreoviride*
② *Pen. citrinum, Pen. notatum*
③ *Pen. roqueforti, Pen. camemberti*
④ *Pen. chrysogenum, Pen. toxicarium*

44

1929년 플레밍(Fleming)에 의해 발견된 최초의 페니실린 생산균주는?

① *Pen. toxicarium*
② *Pen. notatum*
③ *Pen. expansum*
④ *Pen. glaucum*

45

Penicillium 속이 생산하는 독소는? [19. 식품기사 2회]

① 루브라톡신(rubratoxin)
② 아플라톡신(aflatoxin)
③ 테트로도톡신(tetrodotoxin)
④ 제랄레논(zearalenone)

46

Penicillium 속 곰팡이 중 asymmetrica에 속하는 것은?

> 가. *Penicillium cammemberti*
> 다. *Penicillium crysogenum*
> 나. *Penicillium citrinum*
> 라. *Penicillium islandicum*

① 가, 다
② 나, 라
③ 가, 나, 다
④ 가, 나, 다, 라

47

치즈 숙성에 관여하는 비대칭의 푸른곰팡이로 카세인을 분해해서 특유의 향미를 내고 녹색 반점을 생성하는 곰팡이는?

① *Pen. camemberti*
② *Pen. italicum*
③ *Pen. citrinum*
④ *Pen. roqueforti*

48

과일 부패균으로 주로 사과와 배를 부패시키는 *Penicillium* 속은?

① *Pen. expansum*
② *Pen. italicum*
③ *Pen. glaucum*
④ *Pen. digitatum*

49

Monascus 속에 대한 설명으로 옳지 않은 것은?

① 홍색의 monascorbin을 생성하므로 집락은 붉은색을 나타낸다.
② 균사 끝에 유성생식으로 나자기를 만들고 그 속에 자낭포자를 형성한다.
③ *M. purpureus*는 홍국을 만들어 홍주 제조에 활용한다.
④ 펙틴분해력이 강해 과일주스의 청징 제조에 이용되기도 한다.

50

Monascus 속에 대한 설명으로 옳지 않은 것은?

① 찐쌀에 *M. purpureus*를 번식시켜 홍국이라는 누룩을 만들어 홍주(紅酒)를 담그는데 이용한다.

② 유성생식에 의해 균사의 선단에 폐자기를 형성하고, 그 속에 구형의 분생포자를 형성한다.

③ 분홍색소인 monascorbin은 anthraquinone 유도체로 물에는 녹지 않으나 유기용매에는 녹는다.

④ *M. anka*는 균사의 색깔이 처음부터 분홍색이라는 점이 *M. purpureus*와 구별된다.

51

피자기속에 4 ~ 8개의 자낭포자가 나열되어 있고, 분생자가 빵조각 등에 생육하여 연분홍색을 띠므로 붉은빵 곰팡이라고도 하며, 미생물 유전학의 연구재료로도 많이 사용되는 곰팡이 속은?

① *Aspergillus* 속

② *Absidia* 속

③ *Neurospora* 속

④ *Penicillium* 속

52

포자의 색소에 β-carotene을 많이 함유하며, 인도네시아의 온쯤(ontjom) 제조에 이용되는 곰팡이는?

① *Neurospora sitophila*

② *Monascus anka*

③ *Aspergills terreus*

④ *Byssochlamys fulva*

53

다음 〈보기〉에서 반자낭균류를 모두 고른 것은?

> **보기**
>
> | | |
> |---|---|
> | 가. *Neurospora* | 나. *Eremothecium* |
> | 다. *Cladosporium* | 라. *Byssoclamys* |
> | 마. *Trichoderma* | 바. *Chaetomium* |

① 가, 나, 라

② 다, 마, 바

③ 나, 라, 바

④ 가, 다, 마

54

불완전균류에 대한 설명으로 옳지 않은 것은?

① 유성세대가 불명확하거나 가지지 않는 균류를 총칭한 것이다.

② 포자를 형성하지 않는 균이나 형태가 완전하지 못한 균류이다.

③ *Trichoderma* 속, *Alternaria* 속, *Cladosporium* 속 등이 해당된다.

④ *Botrytis cinerea* 는 포도, 딸기 및 채소 등의 잿빛 곰팡이병으로 알려져 있다.

55

불완전균류에 대한 설명으로 옳은 것은?

① *Alternaria* 속의 유성생식 세대는 *Gibberella* 속이다.

② 류상균과에 속하는 *Geotrichum* 속은 분절포자를 형성한다.

③ *Botrytis cinerea* 가 포도에 번식하면 산을 소비하여 신맛이 없어지고 수분이 감소하므로 감미가 높아진다.

④ *Fusarium* 속의 균총 색깔은 어두운 흑녹색으로 식품에 잘 발생하며, 토양 중에 널리 분포한다.

56

괄호 안에 들어갈 말을 바르게 연결한 것은?

[23. 경기 식품미생물]

고구마 연부병의 원인체는 (   )으로 무성생식 시 (   )포자를 형성하고, 유성생식 시 (   )포자를 형성한다.

① *Rhizopus nigricans* − 포자낭 − 접합

② *Mucor mucedo* − 포자낭 − 분생

③ *Aspergillus flavus* − 분생 − 자낭

④ *Penicillium citrinum* − 분생 − 자낭

57

효모를 제외한 곰팡이가 제조과정에 관여하지 않는 식품은?

[23. 경북 식품미생물]

① 간장

② 청주

③ 맥주

④ 치즈

58

곰팡이와 제조식품을 연결한 것으로 옳지 않은 것은?

[22. 경기 식품미생물]

① *Aspergillus oryzae* - 약주, 탁주, 된장
② *Aspergillus flavus* - 간장
③ *Penicillium roqueforti* - 치즈
④ *Monascus purpureus* - 홍주

59

내열성포자를 생성하므로 과즙이나 과일 통조림 변패에 관여하는 균은?

[21. 경북 식품미생물]

① *Fusarium lini*
② *Aspergillus oryzae*
③ *Botrytis cinerea*
④ *Byssochlamys fulva*

60

다음 중 조상균류가 아닌 것은?

[21. 경남 식품미생물]

① *Monascus* 속
② *Rhizopus* 속
③ *Mucor* 속
④ *Absidia* 속

61

Aspergillus 속에 대한 설명으로 옳지 않은 것은?

[21. 경남 식품미생물]

① Amylase, protease를 이용하여 장류 및 주류양조에 이용된다.
② 분생자병 끝에 직접 분기한 경자가 솔이나 붓 모양으로 배열되어 있다.
③ 분생포자를 형성한다.
④ 집락의 색이 다양하여 흑, 녹, 황, 갈색 등이 있다.

62

고온다습한 여름철 옥수수 속대에 번식하며 분생자를 생성하는 특징을 지니는 붉은빵곰팡이는?

[21. 경남 식품미생물]

① *Neurospora* 속
② *Phoma* 속
③ *Cladosporium* 속
④ *Chaetomium* 속

Chapter 03 | 버섯

01

담자균류에 대한 설명으로 옳은 것은?

① 자실체는 주름과 갓부분만 해당된다.
② 담자균류는 무성생식 시기에 우리에게 낯익은 버섯을 생산한다.
③ 한 개의 세포에 2개의 핵을 가지기도 한다.
④ 알버섯, 목이버섯, 깜부기병균 등은 이담자균류에 해당된다.

02

다음 중 버섯의 증식 순서로 옳은 것은?

[15. 식품기사 1회]

① 균뇌 - 포자 - 균사체 - 균병 - 균포 - 균륜 - 균산 - 갓
② 균병 - 균사체 - 균뇌 - 포자 - 균포 - 균륜 - 균산 - 갓
③ 균포 - 균사체 - 포자 - 균뇌 - 균병 - 균륜 - 균산 - 갓
④ 포자 - 균사체 - 균뇌 - 균포 - 균병 - 균륜 - 균산 - 갓

03

버섯의 특징으로 옳지 않은 것은?

① 광합성을 한다.
② 고등미생물로서 유성생식을 한다.
③ 당성분으로 만니톨과 트레할로스가 풍부하여 독특한 단맛을 생성한다.
④ 버섯은 분류체계상 균류에 속한다.

04

버섯에 대한 설명 중 틀린 것은?   [16. 식품기사 1회]

① 포자가 착생하는 자실체가 육안으로 볼 수 있을 정도로 크게 발달한 대형 자실체를 형성하는 것을 버섯이라고 한다.
② 분류학적으로 담자균류와 자낭균류에 속하지만 대부분 담자균류에 속한다.
③ 담자균류에는 동담자균류와 이담자균류가 있다.
④ 담자균류에서 무성생식 포자는 드물게 나타나며, 유성생식 포자로는 핵융합과 감수분열을 거쳐 담자기에 보통 4개의 자낭포자가 형성된다.

05

버섯류에 대한 설명으로 틀린 것은?   [20. 식품기사 3회]

① 버섯은 분류학적으로 담자균류에 속한다.
② 유성적으로는 담자포자 형성에 의해 증식을 하며, 무성적으로는 균사 신장에 의해 증식한다.
③ 동충하초(*Cordyceps* sp.)도 분류학상 담자균류에 속한다.
④ 우리가 식용하는 부위인 자실체는 3차 균사에 해당한다.

06

버섯 각 부위 중 담자기(basidium)가 형성되는 곳은?

[19. 식품기사 3회]

① 주름(gills)
② 균륜(ring)
③ 자루(stem)
④ 각포(volva)

07

담자균류의 특징과 관계가 없는 것은?

[20. 식품기사 1,2회]

① 담자기
② 경자
③ 정낭
④ 취상돌기

08

다음 중 식용이 가능한 버섯은?

① 싸리버섯
② 파리버섯
③ 끈적이버섯
④ 땀버섯

09

식용버섯의 종류가 아닌 것은?

① 흰목이버섯
② 화경버섯
③ 송이버섯
④ 표고버섯

10

독버섯의 유독성분을 바르게 연결한 것은?

① 미치광이버섯 − amanitatoxin
② 알광대버섯 − psilocybin
③ 환각버섯 − pilztoxin
④ 땀버섯 − muscarine

11

버섯에 대한 설명으로 옳지 않은 것은?

[23. 경남 식품미생물]

① 버섯은 자실체가 크게 발달한 것이다.
② 담자기에 8개의 담자포자가 형성된다.
③ 식용버섯으로 알려진 것은 대부분 송이버섯목에 속한다.
④ 대부분은 담자균류에, 일부는 자낭균류에 속한다.

Part

7

조류

01

조류(algae)에 대한 설명으로 옳은 것은?

① 분류학상 용어로 원핵생물에 속한다.

② 대부분 물속이나 수분이 많은 곳에서 자란다.

③ 종속영양생활을 하는 하등미생물이다.

④ 단세포를 지니는 진핵생물이다.

02

조류(algae)에 대한 설명으로 옳지 않은 것은?

① 광합성을 하므로 식물계에 속했으나, 원핵세포를 지니므로 따로 분류되었다.

② 엽록소로 동화작용을 하여 스스로 살아가는 독립영양생활을 한다.

③ 엽록소와 색소를 지니고 있어 분류의 기준이 된다.

④ 일부 녹조류, 갈조류 및 홍조류는 다세포로 구성된다.

03

조류(algae)에 대한 설명으로 옳지 않은 것은?

① 쌍편모조류는 여름철 대규모 적조(red tide)를 유발한다.

② 청각, 파래, 해캄 등은 다세포를 지니는 녹조류의 일종이다.

③ 다시마, 톳, 우뭇가사리는 육안으로 식별성이 있는 다세포성 갈조류이다.

④ 규조류는 광합성을 하는 황색의 식물 플랑크톤의 일종이다.

04

3대 해조류가 아닌 것은?

① 해수 녹조류

② 홍조류

③ 갈조류

④ 규조류

05

다양한 조류와 대표 속을 연결한 것으로 옳지 않은 것은?

① 녹조류 - *Chlorella*
② 규조류 - *Navicula*
③ 홍조류 - *Nostoc*
④ 와편모조류 - *Ceratium*

06

해조류에서 추출한 성분을 바르게 연결한 것은?

① 알긴산 - 우뭇가사리
② 한천 - 갈조류
③ 라미나린 - 다시마
④ 카라기난 - 미역, 톳

07

갈조류(brown algae)에 속하지 않는 것은?

① 다시마
② 미역
③ 흔들말
④ 톳

08

갈조류(brown algae)에 대한 설명으로 옳지 않은 것은?

① 다세포형 조류이며, 육안으로 식별할 수 있다.
② 알긴산, 라미나린, 카라기난 등을 생성한다.
③ 엽록소 a와 c를 지닌다.
④ 특유의 색소인 xanthophyll을 함유한다.

09

홍조류(red algae)에 속하는 것은?

① 다시마
② 우뭇가사리
③ 파래
④ 유글레나

10

홍조류에 대한 설명 중 틀린 것은? [18. 식품기사 2회]

① 클로로필 이외에 피코빌린이라는 색소를 갖고
   있다.
② 한천을 추출하는 원료가 된다.
③ 세포벽은 주로 셀룰로스와 펙틴으로 구성되어
   있으며, 길이가 다른 2개의 편모를 갖고 있다.
④ 엽록체를 갖고 있어 광합성을 하는 독립영양생
   물이다.

11

홍조류에 대한 설명으로 옳은 것은?

① 육안적으로 식별이 불가능한 다세포형 조류이다.
② 모든 홍조류는 광영양체이고, 엽록소 a와 c를 지
   닌다.
③ 비타민 B_{12}의 bioassay에 이용된다.
④ 한천의 원료가 되는 우뭇가사리가 포함된다.

12

한천(agar)과 마찬가지로 홍조류의 세포벽에 있는
다당류로서 황산기가 당류에 결합되어 있는 고분자
의 다당류(갈락탄)는 무엇인가?

① carrageenan
② agaropectin
③ laminarin
④ algin

13

녹조류(green algae)에 대한 설명으로 옳지 않은 것은?

① 단세포나 다세포로서 현미경이나 육안으로 볼 수 있다.

② 엽록소 a와 b가 있는 엽록체를 보유한다.

③ 무성생식 또는 유성생식으로 증식한다.

④ 세포벽은 키틴과 글루칸으로 구성되어 있다.

14

에너지원으로 당질이 아닌 태양광선과 무기염 및 탄소원의 이산화탄소(CO_2)를 이용하여 빠른 균체 증식과 산소(O_2)를 생성하므로 광합성 기작을 연구하는 분야에 활용되는 녹조류는?

① 시아노박테리아(Cyanobacteria)

② 클로렐라(*Chlorella*)

③ 미역(*Undaria*)

④ 스피루리나(*Spirulina*)

15

클로렐라에 대한 설명으로 옳지 않은 것은?

① 다세포의 구형으로 편모가 없다.

② 한 개의 세포가 4 ~ 8개의 딸세포로 증식한다.

③ 분열로 증식하고 광합성을 한다.

④ 크기는 1,000분의 2 ~ 10mm이며, 현미경으로 관찰할 수 있다.

16

클로렐라에 대한 설명으로 옳은 것은?

① 진핵세포를 지니는 단세포 생물로 군체를 형성한다.

② 사람에 대한 소화율이 매우 높은 것으로 알려져 있다.

③ 구조적으로 크기가 작고 세포벽이 두꺼운 특징이 있다.

④ 광합성을 통해 다량의 전분을 생산하므로 우주 식량으로 유망시 되고 있다.

17

클로렐라의 구성성분 및 영양가치에 대한 설명으로 옳은 것은?

가. 지방이 건물의 10 ~ 30%를 차지하며, 1g당 5.5kcal 의 열량을 지닌다.

나. 식사료의 비타민 또는 단백질 강화식품으로 유용하다.

다. 비타민 A와 비타민 C가 풍부하다.

라. 하수의 BOD를 85 ~ 90% 저하시키므로 하수처리에도 유용하다.

① 나, 다

② 가, 라

③ 가, 나, 다

④ 가, 나, 다, 라

18

유글레나류에 대한 설명으로 옳지 않은 것은?

① 핵이 있고 세포벽은 없다.

② 운동성이 없다.

③ 엽록소 a와 b를 지닌다.

④ 식물적인 특성과 동물적인 특성을 모두 지닌다.

19

유글레나류에 대한 설명으로 옳은 것은?

① 단세포로 편모운동을 한다.

② 원시핵의 형태를 가진다.

③ 유성생식으로 증식한다.

④ 광합성을 하지 않는다.

20

규조류(diatom)에 해당하는 것은?

① 돌말

② 볼복스

③ 해캄

④ 짐노디늄

21

다음 〈보기〉에서 설명하는 특징을 지닌 조류에 속하는 것은?

> **보기**
> • 담수, 해수, 습지 등의 다양한 자연환경에서 서식
> • 황색의 조류
> • 분열법과 증대포자(auxospore)를 형성
> • 엽록소와 잔토필 계통의 색소를 지님

① 불돌말속(*Chaetoceros*)
② 연두벌레식물류(*Euglena*)
③ 김(*Porphyra tenera*)
④ 편모조류(flagellatae)

22

남조류(남세균)에 대한 설명으로 옳지 않은 것은?

① 엽록체가 없다.
② 핵막이 없는 원시핵 세포를 지닌다.
③ 피코시안(phycocyan)을 지닌다.
④ 조류와 달리 종속영양균이다.

23

남조류(남세균)에 속하는 균종끼리 묶인 것은?

① 흔들말(*Oscillatoria*), 크루코커스(*Chroococcus*)
② 아나베나(*Anabaena*), 볼복스(*Volvox*)
③ 유글레나(*Euglena*), 노스톡(*Nostoc*)
④ 클로렐라(*Chlorella*), 톳(*Hizikia*)

24

남조류(남세균)에 대한 설명으로 옳은 것은?

① 산소 발생이 없는 광합성 작용을 한다.
② Chlorophyll a와 d를 지닌다.
③ 녹조현상을 유발한다.
④ 특유의 색소인 xanthophyll을 함유한다.

25

남조류(남세균)에 대한 설명으로 옳지 않은 것은?

① 숙주세포와 공생하여 엽록체의 기원으로 알려진 생물이다.
② 담수나 토양 중에 분포하고, 특징적인 활주운동을 한다.
③ 분열법에 의한 무성생식 또는 유성생식으로 증식한다.
④ 염주말(*Nostoc*)은 질소고정능을 담당하는 이형세포를 지닌다.

26

클로렐라(*Chlorella*)에 대한 설명으로 옳지 않은 것은?

[23. 경남 식품미생물]

① 클로렐라는 녹조류에 속한다.
② 진핵생물로 다세포 생물이며, 구형에 속한다.
③ 단백질이 풍부하며, 식사료용으로 사용된다.
④ 크기는 2~10㎛이며, 현미경으로 관찰할 수 있다.

27

시아노박테리아의 하나인 아나베나(*Anabaena*)에서 일어나는 질소고정에 대한 설명으로 가장 옳지 않은 것은?

[19. 서울 생물]

① 대기 중의 질소를 암모니아로 전환한다.
② 산소는 질소고정효소를 활성화시킨다.
③ 광합성 세포와 이형세포 사이에는 세포 간 연접이 형성되어 있다.
④ 이형세포에 질소고정효소가 있다.

MEMO

Part 8 미생물의 생육, 환경 및 제어

Chapter 01 미생물의 증식

01

미생물 증식 정도를 알기 위해서 일정량의 영양분만을 함유한 밀폐된 배양용기에 키우는 (가)방법을 이용하여 액체배지에 배양한다. (가)을 통하여 새로운 영양분 공급이 없을 때 미생물 수의 변화를 확인할 수 있다. (가)에 들어갈 말로 옳은 것은?

① 고체배양
② 연속배양
③ 회분배양
④ 천자배양

02

다음 〈보기〉는 미생물의 생육곡선에 대한 설명이다. 해당하는 단계는?

보기
- 세포가 일정 비율로 분열하고 생균수가 증가한다.
- 물리 · 화학적 처리에 민감해서 항생물질에 민감하다.

① 유도기
② 대수기
③ 정지기
④ 사멸기

03

미생물의 증식곡선에서 환경에 대한 적응시기로 세포수 증가는 거의 없으나 세포의 크기가 증대되고 대사활동이 활발해지는 시기는?

① log phase
② lag phase
③ stationary phase
④ death phase

04

미생물의 생육곡선 중 생균수의 변화가 나타나지 않고 일정하게 유지되는 시기로 세포수가 최대에 이르는 시기는?

① lag phase
② death phase
③ logarithmic phase
④ stationary phase

05

발효미생물의 생육곡선에서 정상기가 형성되는 이유가 아닌 것은?

[14. 식품기사 3회]

① 대사산물의 축적
② 포자의 형성
③ 영양분의 고갈
④ 수소이온 농도의 변화

06

유도기가 길어지는 경우가 아닌 것은?

① 전배양배지와 배지조성이 바뀌었을 때
② 대수기의 균을 접종했을 때
③ 전배양액을 냉장 보관 후 접종했을 때
④ 오래된 배지에서 배양 후 접종했을 때

07

미생물의 증식곡선에 대한 설명으로 옳지 않은 것은?

① 증식곡선은 일반적으로 4단계인 유도기, 대수증식기, 정지기, 사멸기로 증식상태는 시그모이드(sigmoid) 곡선을 가진다.
② 정지기에는 새로 생성된 세포수와 사멸된 세포수가 거의 같다.
③ 대수기는 세대기간과 세포크기가 일정한 시기이다.
④ 유도기에는 DNA함량이 증가하여 세포크기가 2 ~ 3배로 성장하는 시기이다.

08

미생물의 증식에 관한 설명 중 틀린 것은?

[18. 식품기사 3회]

① 영양원 배지에 처음 접종하였을 때 증식에 필요한 각종 효소 단백질을 합성하여 세포수 증가는 거의 나타나지 않는다.
② 접종 후 일정 시간이 지나면 세포는 대수적으로 증가한다.
③ 생육 정지 상태에서는 어느 정도 기간이 경과하면 다시 증식이 대수적으로 이루어진다.
④ 사멸기는 유해한 대사 산물의 축적, 배지의 pH 변화 등에 의해 나타난다.

09

미생물의 증식에 대한 설명으로 옳은 것은?

① 세포수 및 2차 대사산물의 양이 가장 많이 나타나는 시기는 대수기이다.
② 대수기에는 미생물의 생육이 왕성하여 배지의 영양분이 지수적으로 감소한다.
③ 정지기에는 사멸균수가 증가하여 총균수가 감소하는 시기이다.
④ 포자형성균은 정지기에 포자를 형성하며, 세포 크기는 정상 크기의 절반으로 줄어든다.

10

미생물의 증식곡선에 대한 설명으로 옳지 않은 것은?

① 대수기는 세포의 생리활성이 가장 강한 시기로, 세포질의 합성속도와 세포수의 증가는 대략 비례하고 사멸균은 거의 볼 수 없다.
② 균이 죽고 용균되기 쉬운 조건에서는 생균수의 감소와 더불어 흡광도와 탁도도 감소하게 된다.
③ 정상기에는 영양물질고갈, 대사산물축적, 산소공급부족 등 부적당한 환경이 되어 생균수가 증가하지 않는다.
④ 대수기의 균을 접종하거나 접종량을 증가시키면 유도기가 길어지게 된다.

11

미생물 생육곡선(growth curve)과 관련한 설명으로 옳은 것은? [20. 식품기사 1,2회]

① 배양시간 경과에 따른 균수를 측정하고 세미로 그 그래프에 표시한다.
② 온도의 변화에 따른 미생물 수 변화를 확인하여 그래프로 그린 것이다.
③ 곰팡이의 경우는 포자의 수를 측정하여 생육정도를 비교한다.
④ 대사산물 생산량에 따라 유도기 − 대수기 − 정지기 − 사멸기로 분류한다.

12

정상기(stationary phase)의 세포사멸원인을 모두 고른 것은?

가. 배지의 산성화	나. 용존산소량 부족
다. 영양분 고갈	라. 대사산물의 축적

① 가, 다
② 나, 라
③ 가, 나, 다
④ 가, 나, 다, 라

13

대수기(log phase)에 대한 설명으로 옳지 않은 것은?

① 대수기 동안 세포수를 늘리는 데 유리하도록 세 포 크기가 전 세대를 통하여 가장 큰 시기이다.
② 세대시간이 전 배양기간을 통틀어 가장 짧고 일 정하다.
③ 생리적활성이 강하고 민감해서 온도, pH, 산소, 영양성분, 외부자극에 예민하다.
④ 증식하는 속도가 일정하기 때문에 직선에 가까 운 형태를 나타낸다.

14

생육곡선 전 과정 중에 음의 상관관계를 나타내는 단계는?

① 유도기
② 대수기
③ 정지기
④ 사멸기

15

대수기에 미생물의 DNA와 RNA 함량변화를 바르게 연결한 것은?

① DNA - 일정, RNA - 증가
② RNA - 증가, DNA - 증가
③ RNA - 일정, DNA - 증가
④ DNA - 일정, RNA - 감소

16

미생물의 총균수 곡선을 바르게 나타낸 것은?

①  ②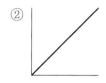

③ 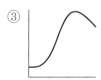 ④

17

기하급수적으로 번식 중인 미생물의 증식과 관련된 식으로 옳은 것은? (단, t: 증식시간, g: 세대시간, a: 초기균수, b: t시간 후 총균수)

① $b = a \times (g/t)^2$

② $b = a \times (t/g)^2$

③ $b = a \times 2^{t/g}$

④ $b = a \times 2^{g/t}$

18

세대시간이 12분인 세균 20마리를 2시간 배양한 후 세균수는?

① 1.0×10^4

② 2.0×10^4

③ 1.0×10^3

④ 2.0×10^3

19

초기 세균수는 5CFU이고, 한 세대가 90분인 경우, 9시간 후의 총균수는?

① 32

② 120

③ 160

④ 320

20

Escherichia coli(2개)가 30분마다 1회 분열한다면, 4시간 배양 후 총균수는 얼마인가?

① 128

② 256

③ 512

④ 1024

21

30분마다 분열하는 균의 초기균수가 1.5×10^2개일 때, 4시간 후의 세균수는?

① 4.82×10^3
② 7.60×10^3
③ 1.92×10^4
④ 3.84×10^4

22

최초 세균수는 a이고 한 번 분열하는 데 3시간이 걸리는 세균이 있다. 최적의 증식조건에서 30시간 배양 후 총균수는?   [20. 식품기사 1,2회]

① $a \times 3^{30}$
② $a \times 2^{10}$
③ $a \times 5^{30}$
④ $a \times 2^5$

23

세균을 12시간 배양한 결과, 균수가 2에서 512로 증가할 때 세대수와 평균 세대시간은?

① 세대수=9 / 세대시간=1시간
② 세대수=8 / 세대시간=1시간
③ 세대수=9 / 세대시간=1시간 20분
④ 세대수=8 / 세대시간=1시간 30분

24

생균수를 측정하는 방법으로 적합한 것은?

① 직접검경법
② 비탁법
③ 표준평판법
④ 건조균체량

25

다음 〈보기〉에서 현미경을 이용하여 균체수를 직접 계수하는 방법은?

> **보기**
>
> 가. hemocytometer
> 나. Packed cell volume
> 다. turbidometry
> 라. Petroff-Hausser counting chamber

① 가, 라
② 나, 다
③ 가, 나, 다
④ 라

26

미생물의 증식도나 세포수를 측정하는 데 이용되는 것이 아닌 것은?

① micrometer
② spectrophotometer
③ hemocytometer
④ petroff-hausser counting

27

미생물의 증식도 측정에 관한 설명 중 틀린 것은?

[17. 식품기사 3회]

① 총균계수법 측정에서 0.1% methylene blue로 염색하면 생균은 청색으로 나타난다.
② 곰팡이와 방선균의 증식도는 일반적으로 건조균체량으로 측정한다.
③ Packed volume법은 일정한 조건으로 원심분리하여 얻은 침전된 균체의 용적을 측정하는 방법이다.
④ 비탁법은 세포현탁액에 의하여 산란된 광의 양을 전기적으로 측정하는 방법이다.

28

다음 〈보기〉에서 설명하는 증식측정법은?

> **보기**
>
> 미생물 배양액 중의 미생물을 모세원심분리관에 넣어 원심분리한 후 얻은 균체를 생리식염수로 3회 원심분리 세척하여 침전된 균체량의 용적을 측정하는 방법이다.

① 건조균체량
② 균체질소량
③ 원심침전법
④ 비탁법

29

미생물 증식측정법에 대한 설명으로 옳은 것은?

① 균체용적법은 간단하고 정확도가 높지만, 같은 균체라 할지라도 균의 형태나 크기에 따라 용적이 달라지는 단점이 있다.

② 건조균체량은 균체 질소량을 측정하여 단백질량 증가를 측정하는 방법이다.

③ 세균, 효모와 같은 단세포 미생물의 경우, 탁도와 균체량은 일정한 비례를 나타내지 못한다.

④ 막여과법은 음용수의 일반세균 및 대장균 검사처럼 균수가 적은 액상시료에 이용한다.

30

광학적 측정법인 비탁법에 대한 설명으로 옳지 않은 것은?

① 세포배양액에 있는 세포수에 따라서 빛의 산란 정도가 달라지며, 세포수가 많아질수록 혼탁하게 보인다.

② 광학적밀도(optical density)를 측정하여 생균과 사균을 구별할 수 있다.

③ 배양액의 혼탁도를 감지하기 위하여 분광광도계를 사용하여 측정한다.

④ 특정 파장(600nm)에서 측정한 흡광도값을 균체량으로 취급한다.

31

현미경을 이용하여 균의 개체 수를 직접 계측하는 방법은?

① 생균수측정법

② 균체용적법

③ 총균계수법

④ 비색법

32

다음 〈보기〉의 방법으로 균수를 측정하는 미생물은?

> **보기**
>
> 혈구계(hemocytometer) 위에 희석한 균액을 일정량 놓고 커버글라스로 덮은 다음 현미경으로 구획 내에 분포한 세포 수를 계수하여 계산하는 방법이다.

① 박테리오파지

② 효모

③ 곰팡이

④ 방선균

33

Hemocytometer의 4구역의 균 수 합이 54개일 때 mL당 균액의 균수는?

① 5.4×10^7
② 1.4×10^7
③ 5.4×10^6
④ 1.4×10^6

34

Petroff-Hausser 계수기를 이용하여 세균수를 검경한 결과, 1구역 내에 20개의 세균이 존재한다면 mL 당 세균수는 얼마인가?

① 1.0×10^6
② 2.5×10^6
③ 1.0×10^7
④ 2.5×10^7

35

다음 〈보기〉에서 설명하는 생균수 측정법은?

> **보기**
>
> 적절히 희석된 시료의 일정량을 액상의 고체 영양배지($44 \sim 55℃$)와 섞어 그 혼합물을 멸균된 페트리디쉬에 부어 굳힌다. 이를 배양한 후 배지상의 집락 수를 측정하여 그 값에 희석배율을 곱한다. 배지상의 집락은 $15 \sim 300$개가 되도록 시료를 희석하여야만 통계적으로 정확한 생균수 측정이 가능하다.

① 브리드법
② 주입평판법
③ 막여과법
④ 최확수법

36

생균수 측정법에 대한 설명으로 옳은 것은?

① $15 \sim 300$ 사이의 집락을 나타내는 유효평판을 계수하여 통계표에 대입한 후 생균수를 산출한다.
② 곰팡이처럼 균사를 형성하여 균일한 현탁액을 만들 수 없는 경우에는 희석법을 이용한 생균수 측정은 불가능하다.
③ 주입평판법은 적절히 희석한 미생물 배양액을 미리 만들어 굳힌 고체배지위에 유리봉으로 균일하게 첨가하는 방법이다.
④ 0.1% 메틸렌블루를 첨가하여 생균 및 사균을 판별하여 계수할 수 있다.

37

액체식품 중의 생균수를 표준한천평판배양법으로 아래와 같이 측정하였을 때 식품 1mL 내의 콜로니 수는?

[18. 식품기사 3회]

> a. 액체 식품 10mL에 멸균 식염수 90mL를 첨가하여 희석하였다.
> b. a의 희석액 1mL에 새로운 멸균 식염수 24mL를 첨가하여 희석하였다.
> c. b의 희석액 1mL를 취하여 표준 한천 배지에 혼합하여 평판 배양하였다.
> d. 평판배양 결과 콜로니가 10개 생성되었다.

① 6.3×10^4
② 2.5×10^3
③ 6.3×10^3
④ 2.5×10^2

38

식품 중 세균 수 측정을 위해 시료 25g과 멸균식염수 225mL를 섞어 균질화하고 시험액을 다시 10배 희석한 후 1mL를 취하여 표준평판 배양하였더니 63개의 집락이 형성되었다. 세균 수 측정 결과는?

[19. 식품기사 1회]

① 63CFU/g
② 630CFU/g
③ 6,300CFU/g
④ 63,000CFU/g

39

표준평판법에 따라 시료원액의 1,000배 및 10,000배 희석액 1mL을 가하여 배양한 각각 두 개의 배양접시에 1000배 희석인 경우 각각 232개, 244개 집락, 10,000배 희석인 경우 각각 33개, 28개의 집락이 나타났다면 시료원액 1mL에 존재하는 생균수는 얼마인가?

① 536,000
② 5,360,000
③ 2,400,000
④ 240,000

40

식품의 기준 및 규격에 따른 표준평판법으로 생균수를 측정한 결과는 다음과 같다. 시료원액 1mL에 존재하는 생균수를 산출하시오.

	10^{-1}	10^{-2}	10^{-3}	10^{-4}
생균수 (CFU)	셀 수 없음	280	17	5
	셀 수 없음	165	39	12

① 2.3×10^4
② 2.3×10^5
③ 5.0×10^4
④ 5.0×10^5

41

증식곡선 중 생육이 매우 왕성한 시기로 미생물의 생리적 활성이 강하고 민감해서 온도, 산소, 외부자극(열, 화학약품 등)에 예민하며, 세대기간과 세포의 크기가 일정한 시기는? [23. 경기 식품미생물]

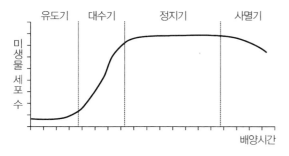

① 유도기
② 대수기
③ 정지기
④ 사멸기

42

미생물의 생육 곡선에 대한 설명으로 옳은 것은?

[23. 경북 식품미생물]

① 유도기(lag phase)에는 미생물의 증식이 활발하다.
② 대수기(log phase)에는 항생물질과 같은 화학물질에 대해 예민하다.
③ 정지기(stationary phase)에서는 미생물이 분열하지 않는다.
④ 포자를 형성하는 균은 사멸기(death phase)에 포자를 형성한다.

43

대장균 5개가 2시간 후에 80개가 되었다면, 대장균의 세대시간은? [23. 경남 식품미생물]

① 10분
② 20분
③ 30분
④ 40분

44

100개의 세균으로 5시간 배양 시 3,200개로 증가했을 때, 세대시간은? [22. 경기 식품미생물]

① 20분
② 1시간
③ 2.5시간
④ 5시간

45

미생물 생균수 측정방법에 대한 설명으로 옳은 것을 모두 고르시오. [22. 경기 식품미생물]

> ㉠ 최확수법(most probable number)은 시료를 충분히 희석하여 일정량의 액체배지에 접종 후 배양시켜 성장의 유무를 기록하며, 그 결과를 최확수 통계표에 의해 생균수를 추정하는 방법이다.
>
> ㉡ 표면도말법(spread plate method)은 적절히 희석된 시료의 일정량을 고체배지 표면에 균일하게 접종 배양하여 생육한 집락(colony)수를 측정하여 희석배율을 곱하여 측정한다.
>
> ㉢ 주입평판법(pour plate method)은 시료의 일정량을 액상의 고체영양배지와 섞어 그 혼합물을 멸균된 평판배지 위에 부어 굳힌 다음 배양 후, 집락수를 계수하여 그 값에 희석배율을 곱하여 측정한다.
>
> ㉣ 박막여과법(membrane filtration method)은 미생물이 통과하지 못하는 여과막을 사용하여 미생물을 여과지 위에 걸러내고 이 여과지를 배지 위에 올려놓고 일정시간 배양 후 여과지 위에서 생육한 집락수를 측정하는 방법이다.

① ㉠
② ㉠, ㉢
③ ㉠, ㉡, ㉣
④ ㉠, ㉡, ㉢, ㉣

46

세포 배양액의 탁도를 측정하여 미생물의 증식속도를 확인하는 방법에 사용되는 것은? [21. 경북 식품미생물]

① 분광광도계
② 현미경
③ 평판배지
④ 원심분리기

47

시료 원액을 단계적으로 희석한 후 동일 희석배수의 시험용액을 배지에 접종·배양하여 미생물의 존재 여부를 시험하고 그 결과로부터 확률론적인 수치를 산출하여 균수를 구하는 방법은? [21. 경남 식품미생물]

① 탁도측정법
② 평판배양법
③ 현미경관찰법
④ 최확수법

48

미생물 생육 곡선에 대한 설명으로 옳은 것은? [21. 경남 식품미생물]

① 정상기는 미생물의 생육이 왕성하여 증식속도가 가장 빠르다.
② 유도기에는 RNA 함량이 증가하지 않는다.
③ 대수기는 세포증식을 위한 적응기간으로서 증식을 준비하는 단계이다.
④ 사멸기에는 자기소화가 일어나 균체수가 감소한다.

01

식품 내 미생물의 증식에 영향을 미치는 요인들은 물리적 · 화학적 · 생물학적 환경요인으로 크게 구분할 수 있다. 다음 〈보기〉에서 물리적 요인을 모두 고른 것은?

> **보기**
>
> 가. 수분   나. 광선
> 다. 미량발육인자   라. 온도
> 마. 길항작용   바. 방사선

① 가, 다, 마
② 나, 라, 바
③ 가, 나, 라
④ 나, 다, 바

02

미생물의 증식에 영향을 주는 내적인자와 외적인자로 묶인 것은?

① 상대습도, 대기조성
② 자연적항균물질, pH
③ 수분활성도, 식품의 영양분조성
④ 산화환원전위, 저장온도

03

미생물의 증식에 영향을 주는 요인들을 바르게 연결한 것은?

① 물리적요인 － 미생물간의 상호작용
② 화학적요인 － 산소
③ 생물학적요인 － 산화환원전위
④ 화학적요인 － 삼투압

04

일반적인 간장이나 된장의 숙성에 관여하는 내삼투압성 효모의 증식 가능한 최저 수분활성도는?

[20. 식품기사 1,2회]

① 0.95
② 0.88
③ 0.80
④ 0.60

05

식품 내 수분은 자유수와 결합수로 구분된다. 다음 중 미생물이 생육에 이용하는 물의 형태에 대한 설명으로 옳은 것은?

① 건조시키면 제거되고, 0℃ 이하로 냉각시키면 동결된다.
② 염류에 대해 용매로 작용하지 않는다.
③ 식품성분과 이온결합이나 수소결합을 이룬다.
④ 식품조직을 압착하여도 제거되지 않는다.

06

미생물의 생육에 영향을 주는 수분에 대한 설명으로 옳지 않은 것은?

① 결합수는 식품성분과 화학적으로 결합된 수분으로 미생물이 이용할 수 없다.
② 자유수는 식품성분과 결합되지 않아 미생물이 자유로이 사용할 수 있는 물을 뜻한다.
③ 세포 내에 존재하는 결합수는 생화학적 반응에 관여하고, 영양소의 용매로 작용한다.
④ 열에 대한 저항성이 강한 포자는 거의 결합수로 이루어져 휴면상태에서 잘 견딘다.

07

건조식품의 변질을 유발할 수 있는 미생물은?

① virus
② yeast
③ bacteria
④ mold

08

수분활성도(water activity)에 대한 설명으로 옳은 것은?

① 미생물은 자유수만 이용가능하며, 식품의 자유수는 대기의 수분함량의 변화에 큰 영향을 받는다.
② 수분활성도는 순수한 물의 수증기압을 식품고유의 수증기압으로 나눈 값이다.
③ 평형상대습도는 수분활성도를 100으로 나눈값이다.
④ 동일한 온도에서 식품의 수증기압은 순수한 물의 수증기압보다 항상 높다.

09

미생물 세포를 구성하는 수분에 관한 설명으로 옳지 않은 것은?

① 미생물 세포의 수분함량은 보통 75 ~ 85%이다.
② 포자는 영양세포에 비하여 결합수 함량이 높다.
③ 포자는 영양세포에 비하여 자유수 함량이 적다.
④ 미생물 세포는 자유수 함량이 높을수록 내열성이 높다.

10

수분활성도(Aw)가 미생물에 미치는 영향으로 틀린 것은?

① 수분활성도가 최적 이하로 되면 유도기의 연장, 생육 속도 저하 등이 일어난다.
② 생육에 적합한 pH에서는 최저 수분활성도가 낮은 값을 보인다.
③ 탄산가스와 같은 생육 저해물질이 존재하면 생육할 수 있는 수분활성도 범위가 좁아진다.
④ 일반적인 미생물의 생육이 가능한 수분활성도 범위는 0.4 ~ 0.6이다.

11

미생물의 생육에 필요한 최저 수분활성도가 높은 것에서부터 순서대로 나열한 것은?

① 그람양성균 > 그람음성균 > 효모 > 곰팡이
② 그람음성균 > 곰팡이 > 내건성곰팡이 > 효모
③ 그람음성균 > 효모 > 곰팡이 > 내삼투압성효모
④ 내건성곰팡이 > 곰팡이 > 효모 > 세균

12

미생물 생육과 수분활성도(Aw)에 대한 설명으로 옳지 않은 것은?

① 순수한 물의 수분활성은 1이며, 영양분이 전혀 없으므로 생육이 불가능하다.
② 식품의 수분활성도를 낮추기 위해서는 용질의 함량이나 분자량을 높이면 된다.
③ 미생물 증식의 최적 수분활성도 범위는 0.94 ~ 0.99이다.
④ 수분활성도 0.6 이하에서는 모든 미생물이 생육할 수 없다.

13

다양한 물질을 첨가함으로써 미생물의 성장에 이용되는 물의 변화를 설명한 것으로 옳지 않은 것은?

① 모래는 물에 용해되지 않으므로 수분활성도를 변화시키지 않는다.
② 소금은 용해되어 삼투압을 증가시키고, 수분활성도를 감소시킨다.
③ 동결 시 얼음 결정이 생성되므로 미생물의 증식에 이용할 수 없다.
④ 한천은 물에 용해되지 않고, 친수성의 콜로이드를 형성하므로 수분활성도를 변화시키지 않는다.

14

식품의 수분활성도를 낮추는 방법이 아닌 것은?

① 당절임
② 냉장
③ 농축
④ 냉동

15

수분활성도(Aw)와 관련된 식으로 옳은 것은? (단, P_0: 물의 수증기압, P: 식품의 수증기압, ERH: 평형상대습도)

① $Aw = (P/P_0) \times 100$
② 식품의 $Aw > 1$
③ $ERH = Aw \times 100$
④ $Aw = ERH/P_0$

16

미생물이 생육하기 위해 요구되는 최소한의 수분활성도의 범위는?

① $Aw\ 0.95 \sim 0.99$
② $Aw\ 0.90 \sim 0.95$
③ $Aw\ 0.61 \sim 0.90$
④ $Aw\ 0.61$ 이하

17

미생물의 생육과 수분활성도(Aw)와의 관계를 정리한 것으로 옳은 것을 모두 고른 것은?

> 가. 온도는 Aw에 영향을 미치는 중요한 인자로 미생물의 생육 최적온도에서는 낮은 Aw에 대해서 내성을 나타내고, 저온이나 고온에서는 발아 및 생육의 Aw 범위가 좁아진다.
> 나. 최적 Aw 이하가 되면 생육의 유도기가 연장되고, 생육속도도 저하되며 균체량도 감소된다.
> 다. 생육 최적 pH 범위에서는 낮은 최저 Aw 값을 나타낸다.
> 라. 생육 저해물질의 존재 상태에서는 생육할 수 있는 Aw의 범위가 좁아지기도 하고, 비교적 낮은 Aw에서의 생육이 저해된다.
> 마. 미생물이 생육 가능한 Aw의 범위는 0.9 ~ 0.6 이며, 각 미생불에 따라 일정한 Aw의 범위가 있다.

① 가, 다, 마
② 나, 라, 마
③ 나, 다, 라
④ 가, 나, 다, 라

18

중온균(mesophiles)의 최적 생육 온도는?

① 0 ~ 5℃
② 10 ~ 25℃
③ 25 ~ 45℃
④ 50 ~ 60℃

19

저온균(psychrotroph)은 냉장온도에서 생육이 가능하기 때문에, 냉장식품의 부패에 관여하는 중요한 미생물 중 하나이다. 다음 중 저온균은?

① *Achromobacter*
② *Bacillus*
③ *Listeria*
④ *Clostridium*

20

미생물 생육에 영향을 미치는 외인성 인자 중 온도에 대한 설명으로 옳지 않은 것은?

① 미생물은 일정한 온도 범위에서만 생육, 증식할 수 있다.
② 미생물의 생육속도, 형태, 영양요구성, 효소반응 등에 큰 영향을 준다.
③ 호냉균은 생육을 위한 최적온도는 중온이나 5℃ 이하의 냉장온도에서도 생육이 가능한 미생물이다.
④ 최저온도에서는 막의 겔화가 일어나 영양성분 수송이 늦어져 생육이 일어나지 않는다.

21

고온균에 관한 설명으로 적합하지 않은 것은?

[17. 식품기사 3회]

① 세포막 중 불포화지방산 함량이 높아서 열에 안정하다.
② 세포 내의 효소가 내열성을 지니고 있어 고온에서 증식할 수 있다.
③ 발효 중인 퇴비더미의 미생물은 대부분 고온균에 속한다.
④ 고온균의 최적 생육온도는 50 ~ 60℃이다.

22

미생물과 생육인자인 온도와의 관계를 바르게 설명한 것은?

① 저온균은 중온균에 비해 불포화지방산의 함량이 높아, 낮은 온도에서도 세포막의 유동성이 줄어들므로 저온에서 생육 가능하다.
② 고온균은 세포막의 포화지방산 함량이 높으며, 효소를 포함한 세포단백질과 리보솜이 열에 안정하므로 고온에서 생육할 수 있다.
③ 생육 최적온도는 최고온도에 비해 최저온도에 더 가깝게 위치한다.
④ 외부환경 요인이 최적조건이 아닌 경우, 생육을 위한 최저온도는 낮아지고 최고온도는 상승하게 된다.

23

고온균(thermophile)의 최적 생육 온도의 범위에 해당하는 것은?

① 30 ~ 40℃
② 45 ~ 60℃
③ 70 ~ 80℃
④ 80 ~ 90℃

24

중온균(mesophile)에 대한 설명으로 옳지 않은 것은?

① 자연계에 가장 널리 분포하는 종류이며, 대부분 37℃ 부근에서 가장 높은 성장을 보인다.
② 저온균과 달리 냉장온도에서는 증식이 불가능하다.
③ *Bacillus*, *Clostridium* 및 *Escherichia* 속이 해당된다.
④ 주로 가열처리 혹은 통조림 식품의 부패에 관여하는 것으로 알려져 있다.

25

냉장온도(5℃)에서 생육이 불가능한 균은?

① *Yersinia enterocolitica*
② *Flavobacterium* spp.
③ *Bacillus coagulans*
④ *Listeria monocytogenes*

26

미생물 증식의 최적 온도에 관한 설명으로 옳은 것은?

[18. 식품기사 3회]

① 최적 온도보다 낮은 온도에서 미생물은 증식할
수 없다.
② 최적 온도 이상의 온도에서 미생물은 증식할 수
없다.
③ 미생물이 증식 할 수 있는 최고 한계의 온도를
말한다.
④ 세포 내 효소 반응이 최대속도로 일어나는 온도
를 말한다.

27

저온균의 생육 가능 온도 범위는?

① −5 ~ 0℃
② 0 ~ 25℃
③ 25 ~ 40℃
④ −5 ~ 5℃

28

미생물의 생육에 절대적으로 산소를 요구하는 균으
로만 묶인 것은?

① *Micrococcus, Acetobacter*
② *Pseudomonas, Campylobacter*
③ *Clostridium, Saccharomyces*
④ *Methanococcus, Pichia*

29

생육을 위하여 반드시 산소가 있어야 하나 높은 농도의 산소(20%) 환경에서는 자랄 수 없으며, 5 ~ 10% 정도의 산소 농도에서만 생육이 가능한 미생물은?

① *Clostridium perfringens*
② *Bifidobacterium* sp.
③ *Campylobacter jejuni*
④ *Staphylococcus aureus*

30

산소를 전자수용체로 사용하지 않을 뿐 아니라, 산소에 의한 독성물질을 제거할 수 있는 효소를 생산하지 못하므로 산소가 없는 환경에서만 생육할 수 있는 미생물은?

① *Pediococcus sojae*
② *Enterobacter aerogenes*
③ *Streptomyces griseus*
④ *Clostridium botulinum*

31

산소가 있거나 없는 환경에서 모두 생육이 가능하나, 호기적인 환경에서 에너지의 생산이 빠르기 때문에 더 빠른 속도로 생육이 가능한 균은?

① 편성호기성균
② 통성혐기성균
③ 내산소혐기성균
④ 미호기성균

32

(A)는 편성호기성균의 배양결과를 나타낸 그림이다. (B)와 (C)는 각각 어떤균의 배양결과를 나타낸 것인가?

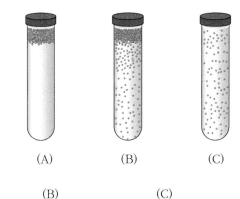

(A)   (B)   (C)

	(B)	(C)
①	미호기성균	통성혐기성균
②	통성혐기성균	내기성혐기성균
③	미호기성	내기성혐기성균
④	통성혐기성균	편성혐기성균

33

산소 존재하에서 사멸되는 미생물은?

[19. 식품기사 3회]

① *Bacillus* 속
② *Bifidobacterium* 속
③ *Citrobacter* 속
④ *Acetobacter* 속

34

혐기환경에서 생육하는 혐기미생물이나, 산소에 의한 독성에 내성이 있는 미생물로 어느 정도 산소가 있는 환경에서도 생육이 가능한 미생물은?

① aerotolerant anaerobes − *Cl. perfringens*
② facultative anaerobes − *Cl. perfringens*
③ microaerophiles − Lactic acid bacteria
④ obligate anaerobes − *Desulfotomaculum* sp.

35

미생물 증식과 pH에 관한 설명으로 옳은 것은?

[17. 식품기사 1회]

① 일반적으로 곰팡이는 알칼리성에서 잘 증식한다.
② 일반적으로 효모는 약산성에서 증식이 억제된다.
③ 일반적으로 세균은 중성 또는 약알칼리성에서 잘 증식한다.
④ 미생물 증식은 pH에 의해 영향을 받지 않는다.

36

곰팡이, 효모의 일반적인 배양 최적 pH 범위에 해당하는 것은?

① pH 2.0 ~ 3.0
② pH 4.0 ~ 6.0
③ pH 7.0 ~ 8.0
④ pH 9.0 ~ 10.0

37

가장 넓은 범위의 생육 pH를 가지는 것은?

① 세균 – pH 2.0~8.0
② 효모 – pH 4.0~6.0
③ 곰팡이 – pH 4.0~6.0
④ 곰팡이 – pH 2.0~8.0

39

고농도의 식염(NaCl)에서 미생물의 생육이 저해되는 원인이 아닌 것은?

① 삼투압이 증가하여 원형질이 분리된다.
② 탈수작용에 의해 세포 내 수분이 유실된다.
③ 산화환원 전위를 높여 산소용해도가 증가한다.
④ 세포의 탄산가스 감수성을 높인다.

38

미생물의 증식에 큰 영향을 미치지 않는 환경 요소는?

① 온도
② 압력
③ 광선
④ 수분

40

유기물을 탄소원으로 무기 또는 유기 질소 화합물을 질소원으로 이용하며, 유기물의 산화·환원반응에서 생긴 에너지를 이용하는 미생물은?

① 광독립영양균
② 화학합성균
③ 종속영양균
④ 무기영양균

41

빛에너지와 유기탄소원을 사용하는 미생물의 종류는?

① 광독립영양균
② 화학독립영양균
③ 광종속영양균
④ 화학종속영양균

43

광합성세균의 특징에 대한 설명으로 옳은 것은?

① 광합성 작용은 호기적조건에서만 일어난다.
② 아질산균, 황세균 등이 해당한다.
③ 녹색황세균은 산소를 발생한다.
④ 광합성색소에 의하여 빛에너지를 이용한다.

42

유기화합물 합성을 위해 햇빛을 에너지원으로 이용하는 광독립영양생물(photoautotrophs)은 탄소원으로 무엇을 이용하는가? [20. 식품기사 3회]

① 메탄
② 이산화탄소
③ 포도당
④ 산소

44

독립영양균(autotrophs)이 아닌 것은?

① *Rhizobium*
② *Nitrobacter*
③ *Cyanobacteria*
④ *Thiobacillus*

45

공기중의 질소를 고정할 수 있는 질소고정균은?

① *Nitrosomonas*

② *Nitrosococcus*

③ *Azotobacter*

④ *Hydrogenomonas*

46

화학합성균에 대한 설명으로 옳지 않은 것은?

① 무기물의 산화에 의하여 생성되는 화학에너지를 얻어 균체를 합성한다.

② 산소를 필요로 하지 않으므로 혐기적 조건에서 생육한다.

③ 아질산균, 황세균, 철세균, 메탄산화세균등이 이에 해당한다.

④ 질소순환에 중요한 구실을 하기도 하며, 탄소원으로는 CO_2를 이용한다.

47

미생물의 영양원에 대한 설명으로 틀린 것은?

[17. 식품기사 2회]

① 종속영양균은 탄소원으로 주로 탄수화물을 이용하지만 그 종류는 균종에 따라 다르다.

② 유기태 질소원으로 요소, 아미노산 등은 효모, 곰팡이, 세균에 의하여 잘 이용된다.

③ 무기염류는 미생물의 세포 구성성분, 세포 내 삼투압 조절 또는 효소활성 등에 필요하다.

④ 생육인자는 미생물의 종류와 관계없이 일정하다.

48

영양요구성에 의해 미생물을 분류할 때, 종속영양균에 대한 설명으로 거리가 먼 것은?

① 무기태 질소만을 질소원으로 하면 생육하지 못하므로 기타 아미노산이나 생육인자를 요구한다.

② 탄소원으로는 유기물을 요구하지만, 질소원으로는 무기태 질소나 유기태 질소를 이용한다.

③ 근류균 등은 질소를 고정하여 이용한다.

④ 무기물을 산화하여 에너지를 얻으며 호기적 조건에서 발육한다.

8

미생물의 생육, 환경 및 제어

49

광합성균과 화학합성균을 비교한 것으로 옳은 것은?

① CO_2를 흡수하여 포도당을 합성하는 공통점을 지닌다.
② 혐기상태에서만 반응이 일어나지만, 화학합성균은 어두운 곳에서 증식한다.
③ 화학합성균은 빛에너지와 화학에너지를 둘 다 활용할 수 있다.
④ 녹색세균, 홍색황세균, 수소세균은 광합성균에 해당된다.

50

무기 영양 세균의 에너지 획득 반응이 아닌 것은?

① $4FeCO_3 + O_2 + 6H_2O \rightarrow 4Fe(OH)_3 + 4CO_2$
② $C_6H_{12}O_6 + 6O_2 \rightarrow 6CO_2 + 6H_2O$
③ $2H_2S + O_2 \rightarrow 2H_2O + 2S$
④ $2NH_3 + 3O_2 \rightarrow 2HNO_2 + 2H_2O$

51

광합성세균 중 시아노박테리아에 대한 설명으로 옳은 것은?

① 빛을 이용하며 종속영양을 한다.
② 이산화탄소 환원물질로 H_2S나 H_2를 사용한다.
③ 식물과 동일하게 산소가 발생된다.
④ 물을 사용하지 않는다.

52

녹색황세균의 광합성작용에서 수소 공여체가 될 수 있는 것은?

① H_2S
② H_2O
③ CO_2
④ $C_6H_{12}O_6$

53

Nitrobacter 나 *Thiobacillus* 에 대한 설명으로 옳지 않은 것은?

① 무기물을 산화시켜 에너지원으로 이용한다.

② 이산화탄소 환원물질로 H_2O를 사용하지 않는다.

③ 포도당을 합성하고, 산소를 발생한다.

④ 빛을 이용하지 않으며 독립영양을 한다.

54

콩과 식물의 뿌리혹에서 살며, 공생관계에 있는 근류균은?

① *Gallionella*

② *Nitrobacter*

③ *Methanomonas*

④ *Rhizobium*

55

독립영양균과 종속영양균에 대한 설명으로 옳은 것은?

① 독립영양균은 탄소원으로 이산화탄소를 이용하지만 종속영양균은 유기화합물을 필요로 한다.

② 종속영양균의 경우에만 광합성영양균과 화학합성영양균으로 나뉘어진다.

③ 독립영양균은 생물에 기생하는 활물기생균과 유기물에만 생육하는 사물기생균이 있다.

④ 미생물이 영양분을 분해하여 에너지를 얻어 화학변화 과정의 차이에서 구분된다.

56

비타민과 아미노산 등 모든 영양분이 공급되어야만 생육이 가능하므로 영양요구성이 까다로운 미생물에 속하는 균은?

① 황세균

② 슈도모나스

③ 유산균

④ 질소고정균

57

미생물의 증식에 필요한 영양물질을 설명한 것으로 틀린 것은?

① 증식에 필요한 탄소원은 대량영양소에 해당되며, 질소원, 무기염류, 발육인자 등은 미량영양소에 해당된다.
② 탄소원은 세포의 에너지원과 세포구성에 이용된다.
③ 단백질, 핵산염기 등을 합성하는 데 질소원이 필요하다.
④ 발육인자는 미생물의 생육에 절대적으로 필요하나 합성되지 않는 필수 유기화합물을 말한다.

58

다음 중 무기질소원은?

① 펩타이드
② 황산암모늄
③ 펩톤
④ 탄화수소류

59

미생물의 탄소원으로서 가장 많이 이용되는 당질은 무엇인가?

① 락토스(lactose)
② 자일로스(xylose)
③ 글루코스(glucose)
④ 라피노스(raffinose)

60

다음 〈보기〉에서 괄호 안에 들어갈 말을 바르게 연결한 것은?

> **보기**
>
> 탄소원의 필요량은 미생물 번식을 목적으로 하는 경우, 세균은 (가)%, 효모나 곰팡이는 (나)% 정도이면 충분하고, 발효를 위해서는 (다)% 이상의 농도에서 배양해야 한다.

① (가) − 5 ~ 10
② (나) − 0.1 ~ 2
③ (다) − 10 ~ 15
④ (나) − 10 ~ 15

61

미생물 증식에 필요한 영양소인 탄소원에 대한 설명으로 옳지 않은 것은?

① 포도당과 같은 육탄당과 자당 등의 이당류를 주로 이용한다.
② 초산균은 알코올류의 탄소원을 주로 이용한다.
③ 단당류는 세포막을 쉽게 통과하나, 이당류나 다당류는 분해효소가 존재해야만 한다.
④ 유당은 장내세균을 포함한 대부분의 세균이 이용할 수 있다.

62

대부분의 효모류가 이용하지 못하는 당류는?

① 포도당(glucose)
② 과당(fructose)
③ 맥아당(maltose)
④ 젖당(lactose)

63

미생물 배지의 최적 질소함량은?

① 0.1 ~ 0.5%
② 0.5 ~ 5%
③ 2 ~ 5%
④ 5 ~ 10%

64

미생물 증식에 필요한 영양소인 질소원에 대한 설명으로 옳은 것은?

① 대부분의 효모는 질산염을 잘 이용한다.
② 곰팡이는 황산암모늄과 같은 암모늄염을 이용하지 못한다.
③ 세균은 아미노산이나 펩타이드류를 이용할 수 없다.
④ 효모는 직접 단백질을 이용할 수 없으나, *B. subtilis*는 잘 이용한다.

65

효모에 의하여 이용되는 유기 질소원으로만 짝지어 진 것은?

① peptone, amino acid

② $(NH_4)_2SO_4$, NH_4Cl

③ nitrate, urea

④ yeast extract, $(NH_4)_2SO_4$

66

미생물 생육에 필요한 무기염류의 기능을 모두 고르시오.

보기

가. 세포 내 삼투압 조절
나. 배지의 완충작용
다. 물질대사의 조효소
라. 세포의 구성분

① 가, 나, 다

② 가, 나

③ 다, 라

④ 가, 나, 다, 라

67

미생물의 생육에 필요한 무기원소로서 미량으로 필요한 것은?

① K

② Ca

③ Mg

④ Mn

68

세균 세포벽과 내생포자의 내열성에 중요한 역할을 하는 무기염류는?

① Ca

② P

③ S

④ Fe

69

다음 〈보기〉에서 설명하는 무기염류는 무엇인가?

> **보기**
>
> - 인산전이효소의 보조효소로 작용
> - 엽록소의 구성성분
> - 리보솜, 세포막, 핵산 등의 안정화

① P

② Mg

③ Cu

④ Ca

70

일반적으로 발육인자(growth factor)로 알려진 영양소가 아닌 것은?

① 아미노산(amino acid)

② 몰리브덴(molybdenum)

③ 피리미딘(pyrimidine)

④ 티아민(thiamin)

71

효모의 생육인자에 해당하는 영양소는?

① 칼슘(Ca)

② 히스티딘(histidine)

③ 아스코브산(ascorbate)

④ 비오틴(biotin)

72

서로 다른 미생물군이 공존하면서 생육에 서로 유리한 영향을 주는 것을 무엇이라 하는가?

① 상호공생

② 편리공생

③ 공동작용

④ 경합

73

다양한 미생물의 상호관계 중 〈보기〉에서 설명하는 것은?

> **보기**
>
> 편성혐기성균을 호기성균인 *Serratia marcesens* 와 같이 배양하면 호기성균이 배양 환경의 산소를 소비하고 나서 편성혐기성균의 생육이 가능하게 된다.

① 상호공생
② 편리공생
③ 공동작용
④ 경합

74

(가)은 다양한 종류의 미생물들이 공존할 때, 영양물질, 산소, 생활공간 등을 서로 차지하려는 현상이고, (나)은 미생물 공존 시 한 미생물의 대사산물이 다른 균의 생장을 억제하는 현상이다. 다음 괄호 안에 들어갈 말을 바르게 연결한 것은?

	(가)	(나)
①	길항	경합
②	불편공생	항생
③	경합	길항
④	편리공생	상호공생

75

다양한 미생물의 상호관계 중 〈보기〉에서 설명하는 것은?

> **보기**
>
> 두 종류 이상의 미생물이 공존하면서 어느 미생물도 갖고 있지 않은 기능을 나타내는 경우를 말한다. 예를 들면 우유 제품 중에 *Pseudomonas syncyanea* 는 단독생육의 경우 담갈색을 나타내고, *Streptococcus lactis* 는 단독생육의 경우 색의 변화가 없지만 두 균을 같이 생육하면 청색을 나타낸다.

① 상호공생
② 편리공생
③ 공동작용
④ 경합

76

미생물의 산소요구도에 대한 설명으로 옳은 것은?

[23. 경북 식품미생물]

① 통성혐기성균(facultative anaerobes)은 산소가 필수적이지 않으며, 산소가 있는 환경보다 없는 환경에서 더 빠르게 증식한다.
② 편성호기성균(obligate aerobes)은 산소가 있는 환경에서 생존하지 못한다.
③ 편성혐기성균(obligate anaerobes)은 산소가 없는 환경에서 생존하지 못한다.
④ 내기성혐기성균(aerotolerant anaerobes)은 산소의 유무와 상관없이 생육이 가능하다.

77

일반적으로 미생물의 건조에 대한 저항성을 높은 순에서 낮은 순으로 바르게 나열한 것은?

[23. 경남 식품미생물]

① 곰팡이 – 효모 – 세균
② 세균 – 효모 – 곰팡이
③ 세균 – 곰팡이 – 효모
④ 효모 – 세균 – 곰팡이

78

영양요구도에 따른 미생물의 분류 중 대부분의 식품 미생물이 해당되며, 유기물을 분해하는 호흡 또는 발효에 의해 에너지를 얻는 미생물은 무엇인가?

[23. 경남 식품미생물]

① 광합성균
② 독립영양균
③ 종속영양균
④ 화학합성균

79

식품의 보존기간을 연장하는 방법 중 다른 하나는?

[22. 경기 식품미생물]

① 동결
② 식초절임
③ 소금절임
④ 건조

80

미생물이 이용하는 탄소원으로 유기물은 필요치 않고, 무기물을 산화하여 얻은 화학에너지를 이용하는 균은?

[22. 경기 식품미생물]

① 광합성균
② Nonexacting균
③ 화학합성균
④ 아미노산균

81

미생물의 영양원에 대한 설명으로 옳지 않은 것은?

[22. 경북 식품미생물]

① 대량원소는 탄소(C), 질소(N), 수소(H), 산소(O), 인(P), 황(S)가 대표적이며, 칼륨(K), 칼슘(Ca), 마그네슘(Mg), 철(Fe)도 다량 필요하다.
② 탄소원은 미생물 배지의 주요한 무기물로서, 에너지 생산을 위한 호흡, 발효대사 과정을 통해 에너지를 방출한다.
③ 질소원은 탄소원 다음으로 필요하며 단백질과 핵산을 합성하는데 이용된다.
④ 인(P)는 생체 내 에너지 생성에 필수적인 역할을 하며 인지질과 핵산을 구성하는 원소이다.

82

가장 낮은 수분활성도에서 생육이 가능한 균은?

[22. 경북 식품미생물]

① *Salmonella typhimurium*
② *Escherichia coli*
③ *Campylobacter jejuni*
④ *Staphylococcus aureus*

84

화학종속영양균(chemoheterotrophs)이 에너지원과 탄소원을 얻는 방법으로 옳은 것은?

[22. 경북 식품미생물]

① 에너지원과 탄소원은 모두 유기물로부터 얻는다.
② 에너지원과 탄소원은 모두 무기물로부터 얻는다.
③ 에너지원은 빛과 무기물로부터 얻고, 탄소원은 유기물로부터 얻는다.
④ 에너지원은 빛과 무기물로부터 얻고, 탄소원은 무기물로부터 얻는다.

83

미생물 생육에 대한 설명으로 옳지 않은 것은?

[22. 경북 식품미생물]

① 식품에 존재하는 바이러스가 증식하는데 온도가 영향을 미친다.
② 일반적으로 냉동식품에서 세균이 사멸되지는 않는다.
③ 일반적으로 곰팡이는 세균보다 낮은 pH에서 증식이 가능하다.
④ 가공식품에서는 식중독균이 검출되어서는 안 된다.

85

식품 내 미생물 증식의 내인성(intrinsic factor) 인자에 해당하지 않는 것은?

[22. 경북 식품미생물]

① 식품의 영양분 조성
② 식품 내 항균물질
③ 온도와 습도
④ 식품의 수소이온농도

86

미생물 생육을 억제하기 위해 수분활성도를 낮추는 방법은? [21. 경북 식품미생물]

① 고압증기살균
② 방사선조사
③ 염장법
④ 자외선조사

87

산소를 어느 정도 요구하지만, 산소농도 20%에서는 생육이 저해되는 미생물로 *Campylobacter jejuni* 가 포함된 것은? [21. 경남 식품미생물]

① 미호기성균
② 편성호기성균
③ 통성혐기성균
④ 편성혐기성균

01

다음 중 효모의 생육억제 효과가 가장 큰 것은? [15. 식품기사 2회]

① glucose 50%
② glucose 30%
③ sucrose 50%
④ sucrose 30%

02

미생물의 생육과 삼투압(osmotic pressure)에 대한 설명으로 옳은 것은?

① 미생물은 동물세포에 비해 삼투압에 아주 민감하다.
② 세균의 경우 구균이 간균보다 식염에 대한 내성이 강하고 병원성균은 식염내성이 약하다.
③ 당용액의 삼투압은 같은 농도의 경우, 분자량이 적은 당이 삼투압증가가 낮다.
④ 내염균은 2% 이하의 염농도 배지에서 증식하지 못한다.

03

미생물의 생육과 삼투압에 대한 설명으로 옳지 않은 것은?

① 삼투압의 순서는 다당류 < 이당류 < 단당류 순이다.
② 일반적으로 그람음성균은 그람양성균에 비해 식염에 대한 감수성이 낮은편이다.
③ 포도상구균은 15~20%의 식염농도에서 생육이 저지된다.
④ 호염균으로 불리는 미생물들은 다소의 식염이 있어야만 증식할 수 있다.

04

식품은 자연적으로 미생물의 생육을 억제하거나 사멸시킬 수 있는 항균물질을 포함하는 경우가 있다. 이렇게 식품에 존재하는 자연유래 항균물질이 아닌 것은?

① 달걀에 있는 라이소자임(lysozyme)
② 녹차, 허브 등의 식물에 있는 폴리페놀(polyphenol)
③ 겨자에 있는 티오시아네이트(thiocyanate)
④ 목화씨에 있는 고시폴(gossypol)

05

미생물 유래 항균물질은?

① avidin
② ovotransferrin
③ nisin
④ lactoferrin

06

식품 오염미생물 제거 혹은 증식을 저해하기 위하여 순차적이나 병행적으로 처리하여 식품의 변질을 최소화 하면서 미생물에 대한 살균력을 높이는 기술은? [14. 식품기사 3회]

① 나노기술(nano technology)
② 허들기술(hurdle technology)
③ 마라톤기술(marathon technology)
④ 바이오기술(biotechnology)

07

저온 살균에 대한 설명 중 틀린 것은?

[20. 식품기사 1,2회]

① 식품 중에 존재하는 미생물을 완전히 살균하는 것이다.
② 가열이 강하면 품질 저하가 현저한 식품에 이용된다.
③ 저온 살균 후 혐기상태 유지나 식염 등의 조건을 이용할 수 있다.
④ 최소한의 온도(통상 100℃ 이하)가 살균에 적용된다.

08

자외선의 살균기작과 살균효과가 가장 큰 파장을 바르게 연결한 것은?

① DNA 손상 − 2,500 ~ 2,600nm
② 단백질 변성 − 2,500 ~ 2,600nm
③ 단백질 변성 − 2,500 ~ 2,600Å
④ DNA 손상 − 2,500 ~ 2,600Å

09

자외선 조사에 의한 살균효과를 설명한 것으로 옳지 않은 것은?

① 살균작용과 동시에 변이를 일으키는 작용이 있어 자외선 조사 후에 살아남은 생존균 중에는 변이주(mutants)가 많다.
② DNA 사슬상에서 서로 이웃한 퓨린염기 사이에 공유결합이 형성된다.
③ 모든 균종에 유효하나, 미생물의 종류에 따라 저항성은 다르다.
④ 자외선 조사로 거의 증식력을 잃은 세균에 가시광선을 조사하면 일부 세포는 다시 증식력을 회복하는 경우가 있다.

10

미생물의 90%를 감소시키는 데 요구되는 열처리 시간을 무엇이라 하는가?

① D값
② Z값
③ F값
④ S값

11

Escherichia coli 6 log CFU/mL를 2 log CFU/mL 로 줄이는 데 65℃에서 40분이 소요되었다면 이 세균의 $D_{(65℃)}$값은?

① 10분

② 15분

③ 20분

④ 30분

13

미생물 제어기술 중 비열처리법(non-thermal treatment)이 아닌 것은?

① 초고압처리(high pressure processing)

② 자외선(ultraviolet)

③ 마이크로파(microwave)

④ 광펄스(pulsed light)

12

일반 가열제어법을 사용할 경우, 식품 처리에 필요한 시간과 온도를 계산하기 위하여 대상 미생물의 열저항성을 확인해 볼 필요가 있다. 이와 관련된 설명으로 옳지 않은 것은?

① 남아 있는 미생물 집단을 열처리한 시간에 대해 세미로그 그래프에 표시하면 D값을 구할 수 있다.

② 서로 다른 온도에서 미생물의 상대적인 열 저항성을 나타내는 Z값은 D값을 이용해 계산한다.

③ F값은 특정온도(보통 121℃)에서 미생물을 사멸하는 데 필요한 시간을 나타낸 값이다.

④ 90℃에서 D값이 100분이었던 미생물의 Z값이 20℃라 하면, 이 미생물의 110℃에서의 D값은 1분이 되는 것이다.

14

고체 식품에는 적용이 불가능하며, 짧은 시간에 높은 전압을 걸어 식품을 살균하는 기술로 액체식품 살균에만 사용할 수 있는 기술은?

① 초고압처리(high pressure processing)

② 자외선(ultraviolet)

③ 방사선 처리(irradiation)

④ 펄스전기장(pulsed electric field)

15

방사선 보존법인 라다퍼티제이션(radappertization)에 대한 설명으로 옳은 것은?

① 특정 미생물의 세균수를 감소시킴으로서 보존성을 높이는 방법이다.
② *Clostridium botulinum*의 포자를 살균하기 위해 조사한다.
③ 비교적 저선량의 방사선을 조사한다.
④ 무포자 병원균을 주로 사멸시키기 위해 조사한다.

16

$D_{121℃}$은 5분일 때 초기균수가 10^7인 균주를 10^2로 줄이는 데 걸리는 시간은? [23. 경기 식품미생물]

① 10분
② 25분
③ 35분
④ 70분

17

고농도의 식염하에서 미생물 생육이 저해되는 원인으로 옳지 않은 것은? [23. 경기 식품미생물]

① 효소의 활성 저해
② 삼투압 감소로 인한 세포팽창
③ 염소의 살균작용($NaCl \rightarrow Na^+ + Cl^-$)
④ 산화환원 전위를 낮춰 산소용해도 감소

18

광우병의 원인체인 프리온(prion)에 대한 설명으로 옳은 것은? [23. 경북 식품미생물]

① 바이러스의 일종으로 자체 유전자를 가지고 있어 숙주 내에서 증식이 가능하다.
② 단백질로 이루어져 있으며 정상프리온은 변형프리온과 접촉 시 변형이 유도된다.
③ 감염형 질병을 유발하며 백신으로 예방할 수 있다.
④ 가열처리나 방사선을 처리하여 불활성화 시킬 수 있다.

19

미생물의 멸균에 대한 설명으로 옳은 것은?

[23. 경북 식품미생물]

① 미생물을 멸균하기 위해서는 $60°C$에서 30분간 가열해야 한다.
② D값은 특정 시간 동안 미생물을 1 log 만큼 사멸하는 데 소요되는 온도를 의미한다.
③ Z값은 D값을 1 log 만큼 감소시키는 데 필요한 온도의 차를 의미한다.
④ F값은 특정온도에서 일정시간 동안 사멸되는 미생물의 균수를 의미한다.

20

식품첨가물에 대한 설명으로 옳지 않은 것은?

[23. 경북 식품미생물]

① 유기산 – 식품 내 pH를 낮춰 미생물의 생육을 제어한다.
② 아질산(nitrate) – 가공육의 색에 관여하며, *Cl. botulinum*의 생장을 억제한다.
③ 인(phosphate)/락토페린 – 식품 영양성분 중 단백질, 지질과 결합하여 미생물의 증식을 억제한다.
④ 설파이트(sulfite) – 과실주의 효모(yeast)나 곰팡이(mold)의 생육을 억제한다.

21

살균 및 정균작용에 대한 설명으로 옳은 것은?

[22. 경기 식품미생물]

① 미생물 정균작용의 1차적인 목적은 초기균수를 감소시키는 것이다.
② 살균은 미생물의 억제 및 사멸을 의미하며, 이는 가역적인 방법이다.
③ 펄스전기장, 방사선, 마이크로웨이브, 초고압 처리 등의 방식은 모두 비가열제어법이다.
④ 미생물의 방사선에 대한 감수성은 혐기적 조건이나 동결상태에서 감소한다.

22

자외선 조사에 대한 설명으로 옳지 않은 것은?

[22. 경북 식품미생물]

① 200 ~ 300nm 범위의 단파장을 이용한다.
② 투과력이 비교적 우수하다.
③ 잔류효과가 없다.
④ 자외선 조사에 의해서 DNA는 thymine-dimer가 형성된다.

23

열처리에 의한 미생물 사멸에 대한 설명으로 옳지 않은 것은? [22. 경북 식품미생물]

① 일반적으로 영양세포보다는 포자가 열처리에 저항성이 강하다.
② D값은 주어진 온도에서 미생물의 생육을 1/10로 감소시키는 데 걸리는 시간을 말한다.
③ Z값은 D값을 1/10로 변화시킬 때 필요한 온도차이를 나타내는 값이다.
④ Ⓐ미생물은 $D_{110℃} = 10sec$이고, Ⓑ미생물은 $D_{110℃} = 10min$일 때, Ⓑ가 Ⓐ보다는 열에 약하다고 말할 수 있다.

24

방사선 조사에 대한 설명으로 옳지 않은 것은? [22. 경북 식품미생물]

① 냉살균으로 불리며, 처리 후 온도가 변화하지 않는다.
② 식품을 포장한 상태로 살균할 수 있다.
③ 식품 내 존재하는 보툴리누스균 포자사멸에 효과적이다.
④ 고선량 조사는 변색과 이취를 유발한다.

25

121℃ 온도에서 미생물의 90%를 사멸하는 데 걸리는 시간이 5분인 것을 바르게 표현한 것은? [21. 경남 식품미생물]

① 121D = 90%
② F = 5분
③ 121℃ = Z
④ $D_{121℃} = 5$분

26

방사선 조사법인 radicidation에 대한 설명으로 옳은 것은? [21. 경남 식품미생물]

① 방사선을 조사하여 특정 무포자병원균을 사멸하는 방법을 말한다.
② 미생물의 포자까지 완전 사멸시키는 방법을 말한다.
③ 부패균을 감소시킴으로서 식품의 보존을 연장시키는 조사법을 말한다.
④ 상업적으로 식품에 이용하는 방사선 조사를 말한다.

MEMO

Part

9

미생물의 효소 및 대사

Chapter 01 | 효소의 특성

01

효소에 대한 설명으로 옳지 않은 것은?

① 효소는 생체 내에서 합성할 수 없는 유기성분이다.

② 효소는 한 종류의 기질에만 작용하는 기질특이성을 지닌다.

③ 효소는 그 작용에 알맞은 최적온도와 최적 pH를 갖는다.

④ 단백질로 구성되어 있으며, 열이나 중금속에 의해 변성되거나 응고된다.

02

효소에 대한 설명으로 옳은 것은?

① 효소는 모두 단순단백질로 이루어져 있다.

② 효소의 보결분자단은 분자량이 크고 열에 불안정한 것이 많다.

③ 생체촉매로서 무기촉매와 같은 특성을 지닌다.

④ 결손효소는 특이성을 결정하고 열에 불안정하다.

03

복합단백질 효소의 단백질 부분은 결손효소(apoenzyme)이며, 비단백질에 해당하는 부분은 무엇이라 하는가?

① holoenzyme

② inhibitor

③ chelate

④ prosthetic group

04

조효소에 대한 설명으로 옳지 않은 것은?

① 조효소를 coenzyme이라고 한다.

② 조효소는 holoenzyme과 결합하여 apoenzyme이 된다.

③ 비타민이 조효소로 작용하는 경우가 많다.

④ 조효소는 효소 구성 부분 중 활성 부분에 포함된다.

05

효소의 작용기작에 대한 설명으로 옳지 않은 것은?

① 활성화에너지는 화학반응을 일으키기 위해 필요한 최소한의 에너지를 말한다.

② 효소가 작용하면 자유에너지가 낮아지므로 반응이 쉽게 일어난다.

③ 효소가 작용한 후에도 생성물의 농도는 동일하다.

④ 효소는 기질과 결합한 후 반응이 종결되면 변성되지않고 분리된다.

06

효소에 대한 〈보기〉의 설명 중 옳은 것을 모두 고른 것은?

> **보기**
>
> 가. 생화학적 경로의 마지막 산물이 앞쪽 반응의 억제제로 작용하는 경우를 피드백 억제(feedback inhibition)라 한다.
> 나. 효소-기질 복합체 형성을 위해 기질이 효소에 결합하는 부위를 조절부라고 한다.
> 다. 기질과 결합하여 대사의 반응 속도를 높인다.
> 라. 반응의 필요 활성화에너지를 높여 반응이 잘 일어나게 한다.

① 가, 라

② 가, 다

③ 나, 다

④ 나, 라

07

효소 반응에 대한 설명으로 옳은 것은?

① 효소와 기질과의 반응은 비가역적 반응으로 복합체를 형성한 다음 생성물이 된다.

② 무기촉매와 달리 한 종류가 여러 가지 화학반응에 관여할 수 있다.

③ 활성화 에너지를 낮춰주어 반응을 촉진한다.

④ 효소는 두 가지의 이성질체 구분 없이 작용 가능한 특이성을 지닌다.

08

효소반응에 영향을 미치는 요인에 대한 설명으로 옳지 않은 것은?

① 효소의 작용은 반응용액의 pH에 따라 영향을 받으며, pH에 정비례 한다.

② 효소의 반응부위와 기질은 상보적으로 결합하여 높은 특이성을 나타낸다.

③ 효소반응의 초기단계, 즉 기질의 농도가 낮은 경우에는 기질 농도가 증가함에 따라 반응속도가 증가한다.

④ 온도가 어느 정도 이상으로 상승하면 단백질의 열변성이 일어나 효소 반응 속도가 감소한다.

09

효소에 대한 일반적인 설명으로 옳은 것은?

① 알파-아밀레이스는 아밀로스와 아밀로펙틴의 α-1,4 결합을 비환원성 말단에서 규칙적으로 절단하는 효소이다.
② 효소와 가역적 또는 비가역적으로 결합하여 효소의 촉매작용을 억제하는 물질을 activator라 한다.
③ 나린지네이스는 감귤의 과피나 과즙에 함유된 나린진을 분해하여 쓴맛을 증가시킨다.
④ 효소반응은 일반적으로 30~45℃의 온도 범위에서 최적활성을 지닌다.

10

지질의 에스테르 결합을 가수분해하는 라이페이스(lipase)는 전분이나 단백질을 가수분해하지 못한다. 이와 같은 효소의 특이성을 무엇이라 하는가?

① 상대적 특이성
② 광학적 특이성
③ 기질 특이성
④ 작용 특이성

11

광학적 기질 특이성에 의한 효소의 반응에 대한 설명으로 옳은 것은?　[22. 식품기사 2회]

① Urease는 요소만을 분해한다.
② Lipase는 지방을 우선 가수분해하고 저급의 ester도 서서히 분해한다.
③ Phosphatase는 상이한 여러 기질과 반응하나 각 기질은 인산기를 가져야 한다.
④ L-amino acid acylase는 L-amino acid에는 작용하나 D-amino acid에는 작용하지 않는다.

12

효소 분류의 계통명인 것은?

① 에스터레이스(esterase)
② 하이드로레이스(hydrolase)
③ 옥시게네이스(oxygenase)
④ 포스파테이스(phosphatase)

13

기질 분자의 분자식은 변화시키지 않고 분자구조를 바꾸는 데에 관여하는 효소는?

① transferase
② lyase
③ isomerase
④ ligase

14

효소를 명명하는 분류체계 중 하나의 기능기를 하나의 분자구조로부터 다른 분자에 옮겨주는 작용을 하는 효소군은 무엇인가?

① transferase
② lyase
③ isomerase
④ ligase

15

고에너지 결합(high energy bond)을 이용하여 두 분자를 결합시키는 효소는? [14. 식품기사 1회]

① reductase
② lyase
③ ligase
④ hydrolase

16

분류체계에 따라 효소를 바르게 연결한 것은?

①	전달효소 (transferase)	hexokinase, transaminase
②	가수분해효소 (hydrolase)	esterase, glycosidase, aldolase
③	제거효소 (lyase)	pyruvate decarboxylase, peroxidase
④	합성효소 (ligase)	phosphoglyceromutase, glutamine synthetase

17

가수분해효소가 아닌 것은?

① raffinase

② carboxypeptidase

③ fumarate hydratase

④ pepsin

18

다음 〈보기〉에서 효소에 대한 특징을 바르게 설명한 것은?

> **보기**
>
> 가. 폴리페놀옥시데이즈는 Cu^{2+} 이온에 의해 효소 활성이 억제된다.
> 나. 일반적으로 45℃까지는 온도가 상승에 따라 반응속도는 감소한다.
> 다. 효소 농도가 높을 경우, 효소 반응 속도는 지속적으로 증가한다.
> 라. 효소는 대체적으로 pH 4.5~8이 반응의 최적 pH이다.
> 마. 기질농도가 일정 농도를 넘으면, 반응속도는 일정하게 유지된다.

① 가, 나

② 나, 다

③ 다, 마

④ 라, 마

19

일반적인 효소와 달리 펩신과 아르기네이스가 가장 활성화되는 pH 범위를 바르게 연결한 것은?

	펩신	아르기네이스
①	pH 2	pH 10
②	pH 2	pH 12
③	pH 4	pH 10
④	pH 4	pH 12

20

비경쟁적 저해제에 대한 설명으로 옳은 것은?
(단, E: enzyme, S: substrate, I: inhibitor)

① ES와 EI 복합체만 형성된다.

② ESI 복합체가 형성될 수 있다.

③ 저해제와 기질이 활성화 자리에 결합한다.

④ 비경쟁적 저해제는 기질과 저해제의 화학구조가 비슷하여 효소 단백질의 활성을 저해한다.

21

경쟁적 저해제에 대한 설명으로 옳지 않은 것은?
(단, E: enzyme, S: substrate, I: inhibitor)

① ES 또는 EI 복합체가 형성된다.

② ESI 복합체가 형성된다.

③ 저해제와 기질이 활성화 자리에 결합한다.

④ 경쟁적 저해제는 기질과 저해제의 화학구조가 비슷하여 효소 단백질의 활성을 저해한다.

22

K_m에 관한 설명으로 옳은 것은?

① 효소-기질 복합체이다.

② V_{max}를 이루기 위하여 필요한 기질의 농도이다.

③ 효소 반응에 따르는 기질의 성질을 나타낸 것이다.

④ $1/2 V_{max}$를 이루기 위하여 필요한 기질의 농도이다.

23

되돌림저해(feedback inhibition)에서 최종산물에 의해 저해작용을 받는 효소는?

① isoenzyme

② apoenzyme

③ allosteric enzyme

④ covalently regulated enzyme

24

기질은 효소의 활성중심에 결합하고 저해제는 효소나 효소기질 복합체의 활성중심이 아닌 곳에 결합하는 저해형태의 특징은?

① K_m 증가, V_{max} 불변

② K_m 감소, V_{max} 불변

③ K_m 불변, V_{max} 증가

④ K_m 불변, V_{max} 감소

25

기질과 저해제의 화학구조가 비슷하여 효소단백질의 활성 부위에 저해제가 경쟁적으로 비공유결합하는 저해형태의 특징은?

① K_m 증가, V_{max} 불변
② K_m 감소, V_{max} 불변
③ K_m 불변, V_{max} 증가
④ K_m 불변, V_{max} 감소

26

효소반응을 저해하는 물질인 저해제에 대한 설명으로 옳은 것은?

① succinate가 fumarate로 되는 반응에서 malonate는 succinate dehydrogenase에 비경쟁적 저해제로 작용한다.
② 대두에 함유된 trypsin inhibitor는 체내에서 대두의 소화작용을 저해한다.
③ 비경쟁적 저해는 저해제가 활성부위의 아미노산 잔기에 비가역적으로 공유결합하여 효소와 기질이 결합할 수 없게 한다.
④ 난백 단백질 중 ovomucin은 trypsin의 활성을 저해한다.

27

효소의 촉매 활성을 감소시키는 금속은?

① Ca
② Cu
③ Mg
④ Pb

28

다음 〈보기〉에서 설명하는 효소로 옳은 것은?

[23. 경남 식품미생물]

> **보기**
>
> 기질로부터 알데하이드기, H_2O, NH_3 등을 비가수분해적인 분해에 의해 분리하여 이중결합을 형성하거나, 반대로 이중결합에 이러한 작용기를 전이하는 반응을 촉매하는 효소

① oxidoreductase
② transferase
③ ligase
④ lyase

29

효소에 영향을 주는 인자에 대한 설명으로 옳지 않은 것은?

[19. 광주 미생물]

① 효소 반응은 온도가 증가함에 따라 반응속도가 증가하나, 70℃ 이상에서는 열에 의해 불활성화된다.
② 모든 효소는 최적 pH가 있으며, 강산성이나 강알칼리성에는 비가역적 변성을 일으켜 활성을 상실한다.
③ 경쟁적 저해에서 기질의 농도를 높여주면 효소의 활성은 가역적으로 회복된다.
④ K_m 값이 낮을수록 효소의 기질에 대한 친화도가 낮다.

30

다음 중 효소에 대한 설명으로 옳은 것은?

[16. 서울 생물]

① 효소는 기질과 결합하여 반응물질의 자유에너지를 낮춘다.
② 효소의 특이성은 단백질의 2차 구조에 의해 결정된다.
③ 효소의 비경쟁적 억제제는 활성부위에 결합하여 효소의 구조변화를 유도한다.
④ 효소에 의해 촉매되는 반응의 속도는 효소억제제에 의하여 줄어들게 된다.

Chapter 02 | 미생물 유래 식품 효소

01

Penicillium 속에서 발견되며, 식품의 갈변 방지 또는 통조림 산소 제거 등에 이용되는 효소는?

① glucose oxidase
② fumarase
③ amylase
④ catalase

02

포도당을 과당으로 만들 때 쓰이는 미생물 효소는?

[18. 식품기사 3회]

① xylose isomerase
② glucose isomerase
③ glucoamylase
④ zymase

03

전분분자의 비환원성 말단에서부터 포도당 단위로 가수분해하는 효소는?

① α-amylase

② β-amylase

③ glucoamylase

④ maltase

04

α-1,6 글루코시드 결합을 절단하는 효소가 아닌 것은?

① debranching enzyme

② α-1,6-glycosidase

③ α-amylase

④ glucoamylase

05

미생물 유래 전분분해효소가 아닌 것은?

① amylase

② glucoamylase

③ pullulanase

④ invertase

06

다음 〈보기〉에서 단백질 분해 효소를 모두 고른 것은?

> 보기
>
> ㉠ nuclease   ㉡ cathepsin
> ㉢ ficin   ㉣ bromelin
> ㉤ zymase

① ㉠, ㉡, ㉢, ㉣

② ㉠, ㉡, ㉣, ㉤

③ ㉡, ㉢, ㉣

④ ㉢, ㉣, ㉤

07

레닌(rennin)을 첨가하여 우유의 침전 · 응고 현상을 이용한 제품으로 옳은 것은?

① 머랭쿠키

② 호상 요구르트

③ 버터

④ 치즈

09

효소의 기질과 절단부위를 바르게 연결한 것은?

① β-amylase − 전분 − β-1,4

② lactase − 유당 − β-1,4

③ maltase − 전분 − α-1,4

④ polygalacturonase − 펙틴 − β-1,4

08

다양한 가수분해효소에 대한 설명으로 옳지 않은 것은?

① 라이페이스 − 지방을 지방산과 글리세린으로 분해

② 셀룰레이스 − 섬유소의 β-1,4 결합 분해

③ 나린지네이스 − 치즈의 풍미 증진에 이용

④ 락테이스 − 아이스크림 결정석출 방지에 이용

10

펩티도글리칸(peptidoglycan)층을 용해하는 효소는?

① invertase

② zymase

③ peptidase

④ lysozyme

11

전분을 효소로 분해하여 포도당을 제조할 때 사용하는 미생물 효소는? [20. 식품기사 1,2회]

① *Aspergillus*의 α-amylase와 acid protease

② *Aspergillus*의 glucoamylase와 transglucosidase

③ *Bacillus*의 protease와 α-amylase

④ *Aspergillus*의 α-amylase와 *Rhizopus*의 glucoamylase

12

미생물이 생산하는 효소를 연결한 것으로 옳지 않은 것은?

① glucoamylase − *Rhizopus delemar*

② lactase − *Kluyveromyces fragilis*

③ hesperidinase − *Mucor pusillus*

④ glucose isomerase − *Streptomyces albus*

13

전분분해효소에 대한 설명으로 옳은 것은?

① 알파-아밀레이스는 덱스트린을 생성할 수 있다.

② 베타-아밀레이스는 액화효소로 불리운다.

③ 이소아밀레이스는 α-1,4 결합에 작용하여 분지를 제거한다.

④ 글루코아밀레이스는 아밀로스를 분해하지 못한다.

14

단백분해효소가 아닌 것은?

① rennet

② pectinase

③ chymotrypsin

④ papain

15

다음 〈보기〉에서 탈수소효소(dehydrogenase)와 환원효소(reductase)에 대한 설명으로 옳은 것을 모두 고른 것은?

보기

가. 탈수소효소는 주로 생체의 에너지 획득에 관여한다.

나. 탈수소효소는 기질이 되는 물질로부터 수소를 유리시켜 다른 물질에 전달한다.

다. 환원효소는 탈수소효소의 역반응을 촉매한다.

라. 탈수소효소의 보조효소로는 NAD나 FAD 등이 있다.

① 가, 나, 다
② 나, 다
③ 라
④ 가, 나, 다, 라

16

아래의 대사경로에서 최종 생산물 P가 배지에 다량 축적되었을 때 A → B로 되는 반응에 관여하는 효소 E_A의 작용을 저해시키는 것을 무엇이라고 하는가?

[15. 식품기사 2회]

$$A \xrightarrow{E_A} B \longrightarrow C \longrightarrow D \longrightarrow P$$

① feedback repression
② feedback inhibition
③ competitive inhibition
④ noncompetitive inhibition

17

아래의 반응에 관여하는 효소는?

[19. 식품기사 1회]

$$CH_3COCOOH + NADH$$
$$\rightarrow CH_3CHOHCOOH + NAD$$

① alcohol dehydrogenase
② lactic acid dehydrogenase
③ succinic acid dehydrogenase
④ α-ketoglutaric acid dehydrogenase

18

다음 〈보기〉에서 미생물의 2차 대사산물을 모두 고른 것은?

보기

가. 색소	나. 항생물질
다. 독소	라. 젖산

① 가, 나, 다
② 가, 다
③ 라
④ 가, 나, 다, 라

19

곰팡이로부터 생성되는 독소가 아닌 것은?

① 파튤린(patulin)
② 제랄레논(zearalenone)
③ 푸모니신(fumonisin)
④ 엔테로톡신(enterotoxin)

20

단백분해효소를 생성하는 미생물이 아닌 것은?

① *Streptomyces griseus*
② *Candida rugosa*
③ *Bacillus subtilis*
④ *Aspergillus niger*

21

미생물 유래 효소와 효소 반응 생성물을 연결한 것으로 옳지 않은 것은?
[22. 경북 식품미생물]

① Lactase − lactic acid
② α-Amylase − dextrin
③ β-Amylase − maltose
④ Protease − peptide, amino acid

22

다음 중 식품과 관계있는 산화환원효소는?
[19. 광주 미생물]

① pectinase
② naringinase
③ dehydrogenase
④ amylase

23

다음 효소의 작용에 대한 설명 중 옳은 것은?

[15. 서울 미생물]

① α-Amylase: amylose와 amylopectin의 α-1,6 글루코사이드 결합을 주로 사슬 안쪽에서 임의로 절단하는 효소
② β-Amylase: β-1,4 글루코사이드 결합을 비환원성 말단으로부터 maltose 단위로 절단하는 효소
③ Glucoamylase: amylose와 amylopectin의 α-1,4 및 α-1,6 글루코사이드 결합을 환원성 말단에서 glucose 단위로 차례로 절단하는 효소
④ Isoamylase: amylopectin과 β-limit dextrin의 α-1,6 글루코사이드 결합을 가수분해하는 가지 제거 효소

24

효소에 대한 일반적인 설명으로 옳지 않은 것은?

[14. 서울 미생물]

① 효소는 단백질로 구성되어 있으며, 화학적 촉매 작용과는 달리 특정 대상을 선택하여 작용하는 기질특이성을 가지고 있다.
② α-amylase는 amylose와 amylopectin의 α-1,4 결합을 비환원성 말단에서 규칙적으로 절단하는 효소이다.
③ 효소반응은 일반적으로 30~40℃의 범위에서 최고의 활성을 나타낸다.
④ naringinase는 감귤의 과피나 과즙 중에 존재하는 쓴맛 성분을 분해하여 쓴맛을 감소시킨다.
⑤ pectinase는 polygalacturonic acid의 α-1,4 결합을 가수분해하는 효소이다.

Chapter 03 호흡과 발효

01

포도당이 에너지원으로 완전 산화가 일어날 때 세포호흡 반응을 바르게 나타낸 것은?

① $C_6H_{12}O_6 + 6O_2 + 6H_2O \rightarrow 6CO_2 + 12H_2O + 686\text{kcal}$
② $C_6H_{12}O_6 + 6O_2 \rightarrow 6CO_2 + 12H_2O + 58\text{kcal}$
③ $C_6H_{12}O_6 + 6CO_2 + 6H_2O \rightarrow 6O_2 + 12H_2O + 686\text{kcal}$
④ $C_6H_{12}O_6 \rightarrow 2CO_2 + 2C_2H_5OH + 58\text{kcal}$

02

세포호흡 과정 중 세포질과 미토콘드리아에서 일어나는 반응을 바르게 연결한 것은?

	세포질	미토콘드리아	
		내막	기질
①	TCA	산화적인산화	해당작용
②	해당작용	TCA	산화적인산화
③	산화적인산화	해당작용	TCA
④	해당작용	산화적인산화	TCA

03

미토콘드리아(mitochondria)에서만 일어나는 반응은?

① 해당과정
② 지방산합성
③ 당신생반응
④ TCA 회로

04

미토콘드리아 내막(A)과 기질(B)에서 일어나는 반응으로 옳은 것은?

① TCA cycle은 (A)에서 일어난다.
② glycolysis는 (B)에서 일어난다.
③ 산화적 인산화는 (A)에서 일어난다.
④ ATP가 생성되는 장소는 (A)이다.

05

해당과정(EMP pathway)에 대한 설명으로 옳은 것은?

① 포도당을 기질로하여 고분자를 합성하는 과정이다.
② 해당과정은 혐기적 조건에서만 일어난다.
③ 포도당이 분해되어 피루브산 한분자를 생성한다.
④ 한분자의 포도당은 해당과정을 통해 32 ATP를 생산한다.

06

해당과정에서 glucose가 glucose-6-phosphate로 되는 반응을 촉매하는 효소와 필수인자는?

① hexokinase － NAD － CO_2
② hexokinase － ATP － Mg
③ phosphoglycerate kinase － ATP － Mg
④ phosphoglycerate kinase － NAD － Fe

07

EMP 경로에서 ATP를 생성하는 반응은?

① 글루코스 → 글루코스-6-인산

② 프럭토스-6-인산 → 프럭토스-1,6-이인산

③ 3-인산글리세레이트 → 2-인산글리세레이트

④ 포스포엔올피루브산 → 피루브산

08

EMP 경로에서 NADH를 생성하는 반응은?

① 글리세르알데히드-3-인산 → 1,3-이인산글리세레이트

② 글루코스-6-인산 → 프럭토스-6-인산

③ 포스포엔올피루브산 → 피루브산

④ 프럭토스-1,6-이인산 → 글리세르알데히드-3-인산

09

해당과정에서 알돌레이스(aldolase)의 기질은?

① 글루코스

② 글리세르알데히드-3-인산

③ 프럭토스-1,6-이인산

④ 글리세린산-1,3-이인산

10

해당과정을 거친 후 생성되는 ATP 분자수는?

① 2 ATP

② 4 ATP

③ 6 ATP

④ 8 ATP

11

EMP 경로를 거쳐 생성될 수 없는 물질은?

① lactate

② ribose

③ acetaldehyde

④ pyruvate

12

HMP(hexose monophosphate pathway) 회로에 대한 설명으로 옳지 않은 것은?

① 오탄당인 ribose를 생성하는 경로이다.

② NADPH를 생성하는 중요한 역할을 한다.

③ 미생물의 종류나 배양조건에 따라 EMP : HMP 이용 비율이 다르다.

④ 해당과정의 우회경로로 다량의 ATP를 생성한다.

13

육탄당 인산 경로(HMP shunt)의 시작물질은?

① glucose-6-phosphate

② fructose-6-phosphate

③ glyceraldehyde-3-phosphate

④ dihydroxyacetone-3-phosphate

14

HMP shunt에서 생성되는 물질로 지방산 생합성에 이용되는 것은?

① NADH

② $FADH_2$

③ NADPH

④ FAD

15

피루브산이 TCA 회로로 들어가려면 어떤 물질로 변환되어야 하는가?

① lactate
② citrate
③ acetyl-CoA
④ succinyl-CoA

16

TCA 회로에 대한 설명으로 옳은 것은?

① 회로의 최초 생성물은 옥살로아세트산이다.
② 핵산 합성에 필요한 리보스를 공급한다.
③ 1회의 순환으로 1mol의 CO_2가 생성된다.
④ 탄수화물, 지방, 아미노산 모두 이 회로를 거쳐 산화된다.

17

TCA 회로(Kreb's cycle) 구성물질이 아닌 것은?

① oxaloacetate
② malonate
③ fumarate
④ succinate

18

TCA 회로에서 기질수준 인산화반응이 일어나는 과정은?

① 푸마르산 → 말산
② 숙시닐 CoA → 숙신산
③ 시트르산 → 이소시트르산
④ α-케토글루타르산 → 숙시닐 CoA

19

피루브산 1분자가 아세틸-CoA를 거쳐 TCA 회로를 돌면 몇 개의 NADH가 생성되는가?

① 1개
② 2개
③ 4개
④ 8개

20

TCA 회로에서 CO_2가 생성되는 단계는?

① isocitrate → α-ketoglutarate
② succinyl CoA → succinate
③ fumarate → malate
④ oxaloacetate → citrate

21

TCA 회로에서 숙신산이 푸마르산으로 산화될 때 산화제 역할을 하는 보조효소는?

① NAD
② PLP
③ FAD
④ TPP

22

크렙스 회로(Kreb's cycle)와 관련된 유기산이 아닌 것은?

① α-ketoglutarate
② glutamate
③ malate
④ isocitrate

23

글리옥실산(glyoxylate) 회로에 대한 설명으로 옳지 않은 것은?

① TCA 회로의 우회로로 알려져 있다.
② 이소시트르산이 숙신산과 글리옥실산으로 분해된다.
③ 글리옥실산은 숙신산과 결합하여 말산을 합성한다.
④ 에너지 공급계의 기능보다 생합성계로서 중요하다.

24

NADH나 FADH$_2$의 전자가 산소로 이동하는 과정에서 ATP가 생성될 때 필요한 반응은?

① 해당작용
② TCA 회로
③ 당신생
④ 산화적 인산화

25

NADH로부터 나온 전자가 전자전달계를 거치면서 방출한 에너지가 쓰이는 곳은?

① FADH$_2$ 생성
② 피루브산 산화
③ 수소이온의 능동수송
④ 포도당 신생합성

26

전자전달계를 통하여 FADH$_2$로부터 생성되는 ATP 분자는?

① 1 ATP
② 2 ATP
③ 2.5 ATP
④ 3 ATP

27

전자전달계를 통하여 NADH로부터 생성되는 ATP 분자는?

① 1 ATP

② 1.5 ATP

③ 2 ATP

④ 3 ATP

29

세포호흡에서 피루브산 1몰이 미토콘드리아로 들어가 생성된 NADH가 전자전달계를 거쳐 생성하는 ATP는?

① 4 ATP

② 12 ATP

③ 15 ATP

④ 30 ATP

28

전자전달사슬을 거쳐간 전자의 최종 수용체는 무엇인가?

① O_2

② NAD^+

③ FAD^+

④ 유비퀴논

30

산화적 인산화과정에 대한 설명으로 옳지 않은 것은?

① 원핵세포의 경우 세포막에서 산화적 인산화가 진행된다.

② 전자친화력이 가장 큰 물질은 산소이므로 산화적 인산화에서 전자의 최종수용체는 산소이다.

③ 전자전달 효소복합체 II는 양성자펌프 기능이 없다.

④ 미토콘드리아 기질에서 막사이 공간으로 수소이온이 능동수송될 때 ATP 에너지를 필요로 한다.

31

NADH로부터 나온 전자가 전자전달사슬을 이동하는 순서를 바르게 나열한 것은? (단, 전자전달효소복합체는 복합체로 표현한다)

① 복합체 I → 복합체 II → 유비퀴논
    → cytochrome C → 복합체 IV
② 복합체 II → 유비퀴논 → 복합체 III
    → cytochrome C → 복합체 IV
③ 복합체 I → 유비퀴논 → 복합체 III
    → cytochrome C → 복합체 IV
④ 복합체 II → cytochrome C → 복합체 III
    → 유비퀴논 → 복합체 IV

32

당의 분해 대사에 대한 설명으로 틀린 것은?

[15. 식품기사 1회]

① EMP 경로는 혐기적인 대사이다.
② TCA cycle에서 dehydrogenase의 수소를 수용하는 조효소는 모두 NAD이다.
③ HMP 경로는 호기적인 대사이다.
④ 피루브산에서 TCA cycle의 대사경로는 호기적인 대사이다.

33

포도당 1몰이 완전히 분해될 때 생성되는 ATP는?

① 15 ATP
② 28 ATP
③ 30 ATP
④ 38 ATP

34

당신생(gluconeogenesis)이라 함은 무엇을 의미하는가?

[22. 식품기사 2회]

① 포도당이 혐기적으로 분해되는 과정
② 포도당이 젖산이나 아미노산 등으로부터 합성되는 과정
③ 포도당이 산화되어 ATP를 합성하는 과정
④ 포도당이 아미노산으로 전환되는 과정

35

세포호흡에서 포도당 1몰이 분해될 때, 해당 과정에서 산소가 없을 경우 생성되는 ATP는?

① 2 ATP

② 4 ATP

③ 32 ATP

④ 38 ATP

37

이상형(hetero형) 젖산발효 젖산균이 포도당으로부터 에탄올과 젖산을 생산하는 당대사경로는?

[19. 식품기사 1회]

① EMP 경로

② ED 경로

③ Phosphoketolase 경로

④ HMP 경로

36

세포호흡 시 세포질에서 생성된 ATP와 미토콘드리아에서 생성된 ATP를 바르게 나타낸 것은?

① 세포질 − 2 ATP / 미토콘드리아 − 36 ATP

② 세포질 − 4 ATP / 미토콘드리아 − 34 ATP

③ 세포질 − 8 ATP / 미토콘드리아 − 28 ATP

④ 세포질 − 2 ATP / 미토콘드리아 − 28 ATP

38

Glucose 대사 중 NADPH가 주로 생성되는 것은?

[20. 식품기사 3회]

① EMP 경로

② HMP 경로

③ TCA 회로

④ glyoxylate 회로

39

다음은 산소가 없는 발효조에서 효모가 포도당을 분해하여 에탄올을 만드는 과정이다. (가) ~ (다)에 대한 설명으로 옳은 것은?

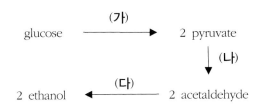

① (가)는 해당과정으로 2 ATP가 소모된다.
② (다)에서 2분자의 NADH가 소모된다.
③ (나)에서 2분자의 물이 빠져나온다.
④ (다)에서 NAD는 NADH로 환원된다.

40

아래의 알코올 발효과정의 일부 반응에서 ㉠, ㉡에 관여되는 보효소를 순서대로 나열한 것은?

[17. 식품기사 1회]

① TPP, NAD
② NADP, NAD
③ TPP, FAD
④ NADP, FAD

41

젖산발효에 대한 설명으로 옳은 것은?

① 물과 이산화탄소를 생성한다.
② 젖산과 알코올 발효는 모두 해당과정을 거친다.
③ 산소 존재 시 젖산발효가 가속화된다.
④ 전자전달계에서 산소를 이용한다.

42

1분자의 포도당이 분해되어 젖산이 생성될 때에 대한 설명으로 옳은 것은?

① 2분자의 젖산이 생성되며, CO_2가 방출된다.
② 피루브산에서 젖산이 만들어질 때 2분자의 NADH가 생성된다.
③ 산소유무와 관계없이 발효가 진행된다.
④ 세포질에서 일어나며 기질수준 인산화에 의해서 2 ATP가 생성된다.

43

세포호흡과 발효에 대한 설명으로 옳지 않은 것은?

① 세포호흡을 통한 에너지 발생량이 발효 과정 시 생성된 에너지양보다 많다.

② 세포호흡과 발효는 모두 이화작용이다.

③ 세포호흡과 발효과정은 모두 혐기적 환경에서 일어난다.

④ 세포호흡은 발효와 달리 호흡기질이 완전 분해된다.

44

주정공업에서 glucose 1ton을 발효시켜 얻을 수 있는 에탄올의 이론적 수량은? [19. 식품기사 3회]

① 180kg

② 511kg

③ 244kg

④ 711kg

45

발효 또는 제조과정에서 산소의 공급이 필요하지 않은 것으로만 묶인 것은?

보기

가. alcohol	나. glutamate
다. citrate	라. gluconate
마. lactate	

① 가, 나, 마

② 나, 다, 라

③ 가, 마

④ 다, 마

46

식초 제조과정에 대한 설명으로 옳지 않은 것은?

① 산소를 필요로 하는 호기적인 반응이다.

② 시작물질은 알코올로 아세트알데히드를 거쳐 초산이 생성된다.

③ 제조 과정 중에 NADH가 생성된다.

④ 다량의 ATP가 소모된다.

47

알코올 발효에 대한 설명 중 틀린 것은?

[20. 식품기사 1,2회]

① 미생물이 알코올을 발효하는 경로는 EMP 경로와 ED 경로가 알려져 있다.
② 알코올 발효가 진행되는 동안 미생물 세포는 포도당 1분자로부터 2분자의 ATP를 생산한다.
③ 효모가 알코올 발효하는 과정에서 아황산나트륨을 적당량 첨가하면 알코올 대신 글리세롤이 축적되는데, 그 이유는 아황산나트륨이 alcohol dehydrogenase 활성을 저해하기 때문이다.
④ EMP 경로에서 생산된 pyruvic acid는 decarboxylase에 의해 탈탄산되어 acetaldehyde로 되고 다시 NADH로부터 alcohol dehydrogenase에 의해 수소를 수용하여 ethanol로 환원된다.

48

단백질과 지질의 분해 산물이 세포호흡에 이용되는 경로를 설명하는 것으로 옳지 않은 것은?

① 아미노산은 transaminase에 의해 아미노기가 분해된 후 세포호흡에 이용된다.
② 아미노산에서 제거된 아미노기는 세포호흡에 이용되지 않는다.
③ 지방산은 β-산화를 거쳐 acetyl-CoA로 전환된 후 TCA 회로로 들어간다.
④ 글리세롤은 피루브산으로 전환되어 해당과정으로 들어간다.

49

지질대사에 관한 설명 중 틀린 것은? [18. 식품기사 3회]

① 중성지질은 리파아제에 의해 가수분해 되어 글리세롤과 지방산으로 된다.
② 지방산의 분해 대사는 세포질에서 베타 산화과정으로 진행된다.
③ 지방산의 생합성에는 ACP(acyl carrier protein)이라는 단백질이 관여한다.
④ 지방산 합성에는 산화 과정과는 달리 NADPH가 많이 필요하다.

50

대사과정에 대한 설명으로 옳지 않은 것은?

[23. 경기 식품미생물]

① 포도당은 탄수화물 대사과정에서 가장 중심적 위치에 있다.
② 탄수화물 대사는 지방산, 아미노산 등 기타 대사와 서로 관계해서 중요한 기능을 지닌다.
③ 단백질 대사과정 중 아미노산은 탈아미노반응, 탈탄산반응, 분자의 분할 등으로 분해 대사된다.
④ 동·식물과 달리 미생물에서만 EMP나 TCA 회로 등 특정한 회로를 이용하여 탄수화물, 지방, 단백질 등을 이용한다.

51

다양한 대사과정 중 미토콘드리아와 무관한 것은?

[23. 경북 식품미생물]

① citric acid cycle
② 당분해(glycolysis)
③ 지방산 β – 산화
④ 전자전달계

52

미생물 발효과정에 대한 설명으로 옳지 않은 것은?

[22. 경기 식품미생물]

① 최종 전자수용체는 산소이다.
② ATP를 생성한다.
③ 해당작용이 먼저 일어난다.
④ 에탄올을 생성한다.

53

해당과정(glycolysis)에 대한 설명으로 가장 옳지 않은 것은?

[22. 서울 생물]

① 포도당 1분자는 2분자의 피루브산으로 산화된다.
② 해당 결과 포도당 1분자당 ATP와 NADH가 각각 2분자씩 생성된다.
③ 어떤 탄소도 이산화탄소로 방출되지 않는다.
④ 산소에 의존적으로 일어난다.

54

오탄당인산경로로 ATP를 필요로 하지 않으며, 지방산 합성에 이용되는 NADPH를 생성하는 것은?

[21. 경남 식품미생물]

① TCA
② EMP
③ glyoxylate
④ HMP

55

세포의 호기성 호흡에 대한 설명으로 가장 옳지 않은 것은?

[21. 서울 미생물]

① 산소 기체가 전자수용체(Electron acceptor)로 사용된다.
② 포도당 한 분자당 아데노신 삼인산(Adenosine Triphosphate, ATP) 분자 38개가 발생한다.
③ 전자전달계에서 전자전달이 반드시 이루어진다.
④ 구연산회로(TCA cycle)에서 기질 수준 인산화가 일어나지 않는다.

56

그림은 세포에서 일어나는 물질과 에너지 전환 과정의 일부를 나타낸 것으로, (가)와 (나)는 각각 광합성과 세포 호흡 중 하나이다. 이에 대한 설명으로 옳은 것은? (단, ㉠과 ㉡은 각각 CO_2와 O_2 중 하나이다)

[20. 지방직]

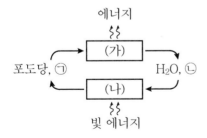

① ㉠은 CO_2이다.
② (가)에서 포도당의 에너지는 모두 ATP에 저장된다.
③ (나)는 미토콘드리아에서 일어난다.
④ (나)에서 빛 에너지가 화학 에너지로 전환된다.

57

시트르산 회로(또는 크렙스 회로)에서 기질 수준 인산화 반응에 의해 ATP가 생성되는 단계로 가장 옳은 것은?

[19. 서울 생물]

① 시트르산 → α-케토글루타르산
② 숙신산 → 말산
③ α-케토글루타르산 → 숙신산
④ 옥살로아세트산 → 시트르산

58

포도당이 산화되는 에너지 대사과정 중 미토콘드리아 기질에서 진행되는 시트르산 회로와 관련이 없는 것은?

[16. 서울 생물]

① 포스포글리세르산
② α-케토글루타르산
③ 숙신산
④ 옥살로아세트산

59

산소 세포 호흡(aerobic cellular respiration)에 관한 다음의 설명 중 옳지 않은 것은? [15. 서울 생물]

① 해당과정(glycolysis)에서 포도당은 피루브산 (pyruvic acid) 두 분자로 쪼개진다.

② 피루브산(pyruvic acid)은 세포질의 크렙스 회로 (Kreb's cycle)에 바로 사용되게 된다.

③ 해당과정(glycolysis)에 들어가는 포도당 한 분자 당 크렙스 회로(Kreb's cycle)가 두 번 돌아간다.

④ 세포는 크렙스 회로(Kreb's cycle)에서 형성된 중 간화합물들을 아미노산이나 지방과 같은 다른 유기분자의 합성에 사용한다.

MEMO

Part

10

미생물의 유전과 변이, 유전자 재조합

Chapter 01 유전자 구조와 기능

01

핵단백질(nucleoprotein)의 가수분해과정을 바르게 나열한 것은?

① 핵단백질 - 핵산 - 뉴클레오티드 - 뉴클레오시드 - 염기 + 당 + 인산

② 핵산 - 핵단백질 - 뉴클레오티드 - 뉴클레오시드 - 염기 + 당 + 인산

③ 핵산 - 핵단백질 - 뉴클레오시드 - 뉴클레오티드 - 염기 + 당 + 인산

④ 핵단백질 - 핵산 - 뉴클레오시드 - 뉴클레오티드 - 염기 + 당 + 인산

02

핵산(nucleic acid)과 결합하여 존재하는 단백질은?

① 글루텔린(glutelin)

② 알부민(albumin)

③ 히스톤(histone)

④ 글로불린(globulin)

03

DNA에 함유되는 네 가지의 염기 중 그 생물의 DNA에 중요한 특성이 되고 생물의 종류에 따라 일정한 것은?

① 시토신 - 아데닌

② 구아닌 - 시토신

③ 티민 - 시토신

④ 구아닌 - 티민

04

핵산의 구성단위와 RNA에만 있는 염기를 바르게 연결한 것은?

① ATP - thymine

② phosphate - thymine

③ nucleoside - uracil

④ nucleotide - uracil

05

미생물 세포의 핵산에 관한 설명 중 틀린 것은?

[15. 식품기사 1회]

① 세포의 증식이 왕성할수록 RNA 함량은 감소한다.
② RNA함량은 균의 배양 시기에 따라 차이를 나타낸다.
③ DNA는 유전정보를 가지고 있다.
④ RNA는 세포내에서 쉽게 분해된다.

06

뉴클레오티드와 뉴클레오티드 사이의 결합양식은?

① 3′, 5′-phosphodiester 결합
② 5′, 3′-phosphodiester 결합
③ 3′, 5′-diester 결합
④ 5′, 3′-hydrogen 결합

07

RNA를 구성하는 뉴클레오티드에 대한 설명으로 옳지 않은 것은?

① 리보스의 2번 탄소에는 수산기(-OH)가 결합되어 있다.
② 리보스의 5번 탄소에는 인산기가 결합되어 있다.
③ 리보스의 1번 탄소에는 염기가 결합되어 있다.
④ 리보스의 1번 탄소와 퓨린계 염기 1번 질소가 결합되어 있다.

08

DNA의 왓슨-크릭(Watson-Crick) 모형에 관한 설명으로 옳은 것은?

① 삼중가닥구조
② 역평행하는 이중가닥
③ 염기 사이의 공유 결합
④ DNA helix의 내부에 있는 인산기 뼈대

09

DNA 구조에 대한 설명으로 옳은 것은?

① 아데닌과 티민의 결합을 끊는 것은 구아닌과 시토신을 끊는것보다 많은 에너지가 필요하다.

② 뉴클레오티드는 인산 : 당 : 염기가 2 : 1 : 1로 결합되어 있는 구조다.

③ DNA 가닥은 나선모양으로 1바퀴에 10개의 염기쌍이 있다.

④ 염기와 염기, 염기와 당은 수소결합한다.

10

DNA 구조에 대한 설명으로 옳지 않은 것은?

① 퓨린계인 구아닌은 항상 자신과 상보적인 피리미딘계의 시토신과 결합한다.

② G와 C가 많을수록 A와 T가 많은 DNA보다 안정된 구조를 이룬다.

③ DNA의 이중나선이 서로 반대방향으로 되어 있다.

④ 당과 인산은 DNA 분자 안쪽에서 골격을 이루고, 염기는 바깥쪽에 배열된다.

11

DNA(deoxyribonucleic acid)에 대한 설명으로 옳지 않은 것은?

① DNA는 티민 대신 우라실을 염기로 갖는다.

② DNA 두 가닥은 서로를 감싸는 이중나선구조를 이룬다.

③ DNA 분자의 크기는 분자당 뉴클레오티드 염기의 수 혹은 염기쌍의 수로서 표현한다.

④ DNA가 가지는 당은 데옥시리보스이다.

12

DNA 구조 내의 염기구성 비율을 비교하여 볼 때 A/T 또는 G/C의 비율은 얼마에 가까운가?

① 0.5

② 1.0

③ 1.5

④ 2.0

13

다음 그림은 DNA 염기간의 수소결합을 나타낸 것이다. (가) ~ (라)에 해당하는 염기를 바르게 연결한 것은?

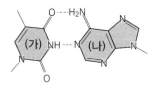

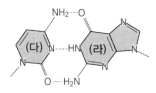

① (가) — 아데닌   (다) — 구아닌
② (나) — 티민   (라) — 시토신
③ (가) — 티민   (다) — 시토신
④ (나) — 우라실   (라) — 구아닌

14

DNA에서 염기쌍은 어떤 결합을 하고 있는가?

① 이황화 결합
② 공유 결합
③ 수소 결합
④ 소수성 결합

15

DNA 이중나선구조에서 구아닌(guanine)이 15%이면 티민은 몇 %인가?

① 15%
② 30%
③ 35%
④ 70%

16

5′-ACTGAC-3′의 상보적 가닥의 염기를 순서대로 나열하시오.

① 3′-GTCAGT-5′
② 3′-TGACTG-5′
③ 3′-AGUGAC-5′
④ 3′-CAGUCA-5′

17

22개의 염기쌍으로 이루어진 DNA 이중나선 구조에서 (G+C)/(A+T) = 1.2일 때, 이 DNA가 갖는 시토신(cytosine)의 염기수는?

① 10개

② 12개

③ 22개

④ 44개

18

DNA 분자에 총 500개의 nucleotide가 있을 때, 티민(T)이 150개라면 시토신(C)의 염기수는?

① 100개

② 150개

③ 200개

④ 300개

19

DNA 복제(replication)에 대한 설명으로 옳지 않은 것은?

① 5′-말단에서 3′-말단 방향으로 진행된다.

② 합성을 시작하기 위해서 반드시 DNA 프라이머(primer)가 필요하다.

③ DNA 복제 시 원래있던 두 가닥은 모두 주형(template)으로 이용한다.

④ 새로 합성되는 DNA 가닥의 방향은 주형과 역방향이다.

20

이중나선으로 이루어진 DNA를 2개의 단일가닥으로 풀어내는 효소는?

① 프리메이스

② 위상이성질화효소

③ 헬리케이스

④ DNA 중합효소

21

DNA 복제에 대한 설명으로 옳지 않은 것은?

① 불연속적으로 합성되는 선도가닥에서 오카자키 단편을 관찰할 수 있다.

② 새로운 DNA 가닥은 $5' \rightarrow 3'$ 방향으로 합성된다.

③ DNA가 합성될 때 DNA polymerase에 의해 nucleotide가 결합한다.

④ 원형 DNA를 지니는 원핵생물의 경우, 두 가닥이 동시에 진행되며 θ 복제라고도 불리운다.

22

특정유전자 서열에 대하여 상보적인 염기서열을 갖도록 합성된 짧은 DNA 조각을 일컫는 용어는?

[15. 식품기사 2회]

① 프라이머(primer)

② 벡터(vector)

③ 마커(maker)

④ 중합효소(polymerase)

23

DNA 복제에 대한 설명으로 옳은 것은?

① DNA 중합효소 III는 $5' \rightarrow 3'$으로만 작용하므로 오카자키절편이 생성된다.

② 진핵생물 DNA는 복제개시점이 하나만 존재한다.

③ 원형 DNA는 한쪽 방향성의 복제를 한다.

④ DNA 중합효소 I은 지연가닥의 RNA primer를 제거할 수 없다.

24

DNA 복제과정에 관여하는 효소들을 순서대로 나열한 것은?

보기

가. DNA polymerase I

나. topoisomerase

다. exonuclease

라. DNA polymerase III

마. primase

바. ligase

사. helicase

① 사 - 마 - 라 - 나 - 가 - 다 - 바

② 사 - 가 - 라 - 마 - 나 - 다 - 바

③ 사 - 나 - 가 - 다 - 마 - 라 - 바

④ 사 - 나 - 마 - 라 - 다 - 가 - 바

25

풀어진 DNA 가닥이 다시 꼬이지 않도록 수소결합을 방해하는 것은?

① helicase
② single-strand binding protein
③ primase
④ ligase

26

DNA 복제 시 필요없는 것은?

① DNA primer
② DNA ligase
③ DNA polymerase
④ topoisomerase

27

단시간 내에 특정 DNA 부위를 기하급수적으로 증폭시키는 중합효소연쇄반응(PCR)의 반복되는 단계는?

[19. 식품기사 2회]

① DNA 이중나선의 변성 → RNA 합성 → DNA 합성
② RNA 합성 → DNA 이중나선의 변성 → DNA 합성
③ DNA 이중나선의 변성 → 프라이머 결합 → DNA 합성
④ 프라이머 결합 → DNA 이중나선의 변성 → DNA 합성

28

중합효소연쇄반응을 시행할 때 필요하지 않은 것은?

① 목적 DNA
② dNTP
③ *Taq* 중합효소
④ ligase

29

폴리펩티드(polypeptide) 내의 아미노산 배열순서
(sequence)를 결정하는 것은?

① rRNA의 염기서열

② snRNA의 염기서열

③ mRNA의 염기서열

④ tRNA의 염기서열

30

RNA에 대한 설명으로 옳지 않은 것은?

① tRNA에는 DNA에 상보적인 codon이 들어있다.

② 리보솜을 구성하거나, 아미노산을 운반하는 역할을 한다.

③ 단백질로 번역되는 RNA는 mRNA이다.

④ rRNA는 핵 속에 존재하는 인에서 합성된다.

31

RNA에 대한 설명으로 옳지 않은 것은?

① 유전적 역할과 기능적 역할을 담당한다.

② RNA는 mRNA를 통해 DNA의 유전정보를 단백질로 전달한다.

③ RNA는 데옥시리보스를 당으로 가진다.

④ mRNA는 단일가닥이다.

32

코돈(codon)에 대한 설명으로 옳은 것은?

① 아미노산을 지정하는 mRNA의 코돈은 64개이다.

② 1개의 코돈은 2가지 이상의 아미노산을 지정할 수 있다.

③ UAC, UGG, UUG는 어떤 아미노산과도 대응하지 않으므로 종결코돈이다.

④ 1개의 아미노산은 1개 이상의 코돈에 의해 지정받을 수 있다.

33

아미노산 중 발린(valine)을 지정하는 코돈은?

① GUA

② UGA

③ UAA

④ AUG

34

mRNA(messanger RNA)에 대한 설명으로 옳은 것은?

① DNA에서 전사된 mRNA는 최종 이중가닥을 형성한다.

② 단백질 합성에 관한 정보를 갖는다.

③ mRNA는 세포 내의 전 RNA의 80%를 차지한다.

④ 각 아미노산에 1개씩 최소한 20개의 서로 다른 형이 있어야 한다.

35

DNA 염기서열 3′-AGTCCTA-5′이 전사된 후 형성된 mRNA는?

① 5′-TCAGGAT-3′

② 5′-UAGGACU-3′

③ 5′-UCAGGAU-3′

④ 5′-AGUCCAU-3′

36

다음 〈보기〉의 염기서열을 지닌 DNA에서 전사된 mRNA에 대한 설명으로 옳지 않은 것은?

> **보기**
>
> 3′-TACTTAGGGACC-5′

① 개시코돈과 정지코돈을 포함한다.

② 4개의 아미노산을 지정한다.

③ 메티오닌으로 시작한다.

④ mRNA 염기서열은 5′-AUGAAUCCCUGG-3′이다.

37

90개의 아미노산으로 구성된 단백질을 합성하는 데 관여하는 mRNA의 뉴클레오티드는 총 몇 개인가?

① 30개
② 90개
③ 270개
④ 360개

38

tRNA(transfer RNA)에 관한 설명으로 옳은 것은?

① tRNA의 3차 구조는 클로버 형태이다.
② 변형염기가 존재하지 않는다.
③ 뉴클레오티드 잔기수는 보통 23 ~ 75개이다.
④ 아미노산이 결합하는 부위의 염기배열은 C-C-A 로 되어 있다.

39

tRNA에 대한 설명으로 옳지 않은 것은?

① 단백질 합성을 위한 세포질의 유리아미노산을 리보솜까지 운반한다.
② 아미노산이 결합하는 부위는 tRNA의 5′-OH이다.
③ 한 가닥 사슬환을 만드는 부분과 두 가닥 사슬로 된 부분이 동시에 존재한다.
④ mRNA의 코돈과 짝을 이루는 anticodon loop를 지닌다.

40

tRNA에 대한 설명으로 옳지 않은 것은?

① 번역과정에 필요한 아미노산을 코돈에 맞게 공급해 주는 역할을 한다.
② tRNA의 가장 중요한 변화 부분은 안티코돈 부위로서 3개의 뉴클레오티드가 mRNA상 코돈의 인식과정에 참여하여 특이적 염기쌍을 이룬다.
③ tRNA 분자는 짧은 2차 구조를 가지는 단일사슬의 RNA분자로 73 ~ 93개의 뉴클레오티드로 이루어져 있다.
④ 모든 tRNA의 3′ 말단에는 3개의 쌍을 이루는 뉴클레오티드가 있다.

41

안티코돈(anticodon)에 대한 설명으로 옳지 않은 것은?

① 아데닌 염기는 우라실과 상보적으로 결합한다.
② 3개의 뉴클레오티드로 구성되어 있다.
③ tRNA가 운반하는 아미노산의 코돈에 반대하는 염기서열을 말한다.
④ mRNA 사슬과 같은 방향으로 정렬되어 있다.

42

전사(transcription)와 번역(translation)이 동시에 일어나는 세포는?

① 진핵세포
② 원핵세포
③ 동물세포
④ 식물세포

43

DNA 복제와 전사의 차이점을 설명한 것으로 옳지 않은 것은?

① 전사와 달리 복제는 두 가닥이 모두 주형가닥으로 사용된다.
② 복제와 전사는 새로운 가닥이 불연속적으로 신장하는 가닥도 있고, 연속적으로 신장하는 가닥도 있다.
③ 복제와 달리 전사는 헬리케이스와 프라이머가 필요하지 않다.
④ 복제는 dNTP가 필요하고, 전사는 NTP가 필요하다.

44

다음은 유전정보에 의해 단백질이 합성되는 과정을 도식화한 것이다. (가) ~ (다)에 들어갈 말을 바르게 연결한 것은?

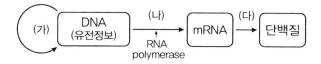

① (가) – 전사
② (다) – 복제
③ (나) – 번역
④ (다) – 번역

45

mRNA로부터 단백질 합성에 직접 관여하는 세포 소기관은?

① ribosome

② mitochondria

③ nucleus

④ mesosome

46

리보솜에 대한 설명으로 옳지 않은 것은?

① 번역과정에서 리보솜은 mRNA를 주형으로 단백질을 합성한다.

② 리보솜 소단위들은 특정한 리보솜 RNA와 단백질들로 구성된 리보핵산 단백질 복합체이다.

③ 30S 소단위는 16S rRNA와 약 34종류의 단백질이 결합되어 있다.

④ 원핵세포의 경우 리보솜의 소단위는 30S와 50S이다.

47

리보솜에 대한 설명으로 옳은 것은?

① 진정세균의 리보솜은 60S, 40S의 2개 소단위로 이루어져 있다.

② 고세균의 리보솜은 50S, 30S의 2개 소단위로 이루어져 있다.

③ 원핵생물의 리보솜은 80S이다.

④ 진핵생물의 리보솜은 70S이다.

48

단백질 생합성에 대한 설명으로 옳지 않은 것을 모두 고른 것은?

> **보기**
>
> 가. 단백질 합성은 리소좀에서 이루어진다.
> 나. 아미노산의 활성화와 연장단계에서 ATP나 GTP가 소모된다.
> 다. 아미노산은 tRNA와 비특이적으로 결합한다.
> 라. 펩티드 사슬을 만들기 위해 인접한 아미노산과 상보적으로 결합한다.
> 마. 단백질 생합성은 세포핵에서 일어나기도 한다.

① 가, 다, 라, 마

② 나, 다, 마

③ 가, 라

④ 가, 나, 다, 라, 마

49

tRNA에 특정 아미노산을 연결하는 효소는?

① 아미노아실 tRNA 합성효소
② tRNA 중합효소
③ tRNA 연결효소
④ 펩티데이스

50

단백질 생합성의 반응순서를 바르게 나열한 것은?

가. 아미노산의 활성화(activation)
나. 연장(elongation)
다. 접힘과 처리과정(folding and processing)
라. 폴리펩티드 사슬의 합성 개시(initiation)
마. 종결(termination)

① 가 – 라 – 나 – 다 – 마
② 라 – 가 – 나 – 마 – 다
③ 가 – 라 – 나 – 마 – 다
④ 라 – 가 – 나 – 다 – 마

51

번역(translation)에 대한 설명으로 옳지 않은 것은?

① ribosome은 mRNA를 따라 3개의 코돈만큼 이동한다.
② 개시코돈은 특정염기서열로 구성되어 있다.
③ 종결코돈에는 상보적인 tRNA가 없으므로 tRNA가 결합하지 않는다.
④ tRNA는 반복적으로 사용된다.

52

폴리솜(polysome)에 대한 설명으로 옳지 않은 것은?

① 여러개의 리보솜들이 동시에 하나의 mRNA 분자를 번역하는 것을 말한다.
② 번역의 속도와 효율을 증가시킨다.
③ 각 리보솜은 이웃한 리보솜들과 독립적으로 행동하기 때문에, 각각 하나의 완성된 폴리펩티드를 생성한다.
④ 5′말단에 가장 가까운 리보솜은 거의 완성된 형태의 폴리펩티드를 지닌다.

53

DNA 복제과정에 대한 설명으로 옳지 않은 것은?

[23. 경기 식품미생물]

① ligase는 오카자키(Okazaki) 단편을 연결해준다.
② 두 가닥이 동시에 합성된다.
③ DNA 합성은 5′에서 3′ 방향으로 진행된다.
④ primase가 이중 나선가닥을 풀어준다.

54

PCR(polymerase chain reaction)을 이용한 유전자 증폭과정 순서로 옳은 것은?

[23. 경기 식품미생물]

① DNA 열변성 → 합성 및 증폭 → 프라이머 결합
② 합성 및 증폭 → DNA 열변성 → 프라이머 결합
③ DNA 열변성 → 프라이머 결합 → 합성 및 증폭
④ 프라이머 결합 → DNA 열변성 → 합성 및 증폭

55

다음 설명으로 옳지 않은 것은?

[23. 경북 식품미생물]

① DNA 중합효소와 달리 RNA 중합효소는 프라이머를 필요로 하지 않는다.
② DNA 합성 방향과 RNA 합성 방향은 반대이다.
③ 염기서열 세 개(triplet)가 하나의 특정한 아미노산을 암호(codon)화한다.
④ 하나의 mRNA에 여러 개의 리보솜이 결합할 수 있다.

56

미생물의 염기서열 분석방법에 대한 설명으로 옳지 않은 것은?

[22. 경기 식품미생물]

① 유전체가 가지는 염기는 퓨린 염기와 피리미딘 염기로 구분할 수 있다.
② 미생물의 염기서열은 상보적인 특징을 지니고 있다.
③ 구아닌(G)＋시토신(C) 함량이 10% 이상인 경우 다른 분류군으로 나누어야 한다.
④ 아데닌(A)＋티민(T) 함량이 높을수록 흡광도 증가곡선의 1/2 지점 온도인 녹는점이 증가한다.

57

대장균(*Escherichia coli*)의 DNA 복제에 대한 설명으로 가장 옳은 것은? [22. 서울 미생물]

① 게놈에는 여러 개의 복제원점이 존재하며, 빠르게 분열할 때는 동시에 여러 곳의 복제원점으로부터 DNA 복제가 일어난다.

② 지연가닥(lagging strand)을 합성할 때, DNA 중합효소 III는 사용되지 않고 DNA 중합효소 I이 사용된다.

③ DNA 자이라제(gyrase)는 헬리카제(helicase)가 DNA를 분리하면서 생성되는 DNA 초나선(super coil)을 풀어 주는 역할을 한다.

④ 복제 중인 복제분기점에서 프리마제(primase)는 지연가닥(lagging strand)보다 선도가닥(leading strand) 합성에 주로 사용된다.

58

생명체를 구성하고 있는 핵산(nucleic acid) 거대분자에 대한 〈보기〉의 설명으로 옳은 것을 모두 고른 것은? [18. 서울 생물]

보기

ㄱ. 염기, 당, 인산으로 구성된 뉴클레오시드가 기본 단위이다.

ㄴ. DNA와 RNA 모두 구성 당은 5탄당인 리보오스이다.

ㄷ. 핵산의 기본단위는 NAD 혹은 NADH의 일부를 구성하기도 한다.

ㄹ. 유전정보를 저장, 전달, 조절하는 기능을 한다.

① ㄱ, ㄴ
② ㄴ, ㄷ
③ ㄷ, ㄹ
④ ㄱ, ㄷ, ㄹ

59

미생물의 단백질 합성 과정 중 이중가닥 DNA 분자의 두 가닥 가운데 어느 한 가닥과 상보적인 RNA 분자를 합성하는 과정을 무엇이라 하는가? [15. 서울 미생물]

① 번역(translation)
② 복제(replication)
③ 변형(modification)
④ 전사(transcription)

60

대장균의 복제과정에 관여하는 효소가 아닌 것은? [14. 서울 미생물]

① DNA polymerase
② RNA polymerase
③ helicase
④ primase
⑤ topoisomerase

01

돌연변이(mutation)에 대한 설명으로 옳지 않은 것은?

① 돌연변이는 유전물질의 유전적 변화를 말한다.
② 인공 돌연변이는 자연 돌연변이보다 발생하기 어렵다.
③ 우수한 변이주를 선발하는 방법은 인공 돌연변이다.
④ 돌연변이는 DNA가 주도한다.

02

돌연변이에 대한 설명 중 틀린 것은?

[20. 식품기사 1,2회]

① 자연적으로 일어나는 자연돌연변이와 변이원 처리에 의한 인공돌연변이가 있다.
② 돌연변이의 근본적 원인은 DNA의 nucleotide 배열의 변화이다.
③ 염기배열 변화의 방법에는 염기첨가, 염기결손, 염기치환 등이 있다.
④ Point mutation은 frame shift에 의한 변이에 비해 복귀돌연변이(back mutation)가 되기 어렵다.

03

자연발생적 돌연변이가 일어나는 방법과 거리가 먼 것은?

[16. 식품기사 3회]

① 염기전이(transition)
② 틀변환(frame shift)
③ 삽입(intercalation)
④ 염기전환(transversion)

04

유전자 내 한 개의 뉴클레오티드가 다른 뉴클레오티드로 대체되는 현상은?

① 염기치환
② 염기첨가
③ 염기결손
④ 프레임시프트

10

미생물의 유전과 변이, 유전자 재조합

05

다음 〈보기〉와 같이 한 개의 염기가 변경된 경우 나타나는 현상은?

5′-AUC UAU GGA CCC-3′
↓
5′-AUC UAU UGA CCC-3′

① missense mutation

② induced mutation

③ silent mutation

④ nonsense mutation

06

변이에 의해 변화된 코돈이 원래의 아미노산과 동일한 아미노산을 지정하므로 암호화된 단백질에는 영향을 주지 않는 돌연변이를 무엇이라 하는가?

① missense mutation

② induced mutation

③ silent mutation

④ nonsense mutation

07

적혈구 헤모글로빈 분자의 4개 사슬 중 β 사슬의 6번째 아미노산인 글루탐산이 발린으로 바뀌게 되어 유발되는 '낫모양 적혈구 빈혈증'의 원인은?

① missense mutation

② induced mutation

③ silent mutation

④ nonsense mutation

08

다음 〈보기〉의 괄호안에 들어갈 말을 바르게 연결한 것은?

염기 치환 시 퓨린염기(purine base)가 다른 퓨린 염기로 바뀌거나, 피리미딘 염기(pyrimidine base)가 바뀌는 형식은 (가)라고 하며, 퓨린 염기가 피리미딘 염기로 바뀌거나 피리미딘 염기가 퓨린염기로 각각 바뀌는 형식은 (나)라고 한다.

① (가) − 전위(transition)
　 (나) − 결손(deletion)

② (가) − 프레임시프트(frame shift)
　 (나) − 전환(transversion)

③ (가) − 전위(transition)
　 (나) − 전환(transversion)

④ (가) − 전환(transversion)
　 (나) − 전위(transition)

09

UAG, UAA, UGA codon에 의하여 mRNA가 단백질로 번역될 때 peptide 합성을 정지시키고 야생형보다 짧은 polypeptide 사슬을 만드는 변이는?

[18. 식품기사 1회]

① Missense mutation
② Induced mutation
③ Nonsense mutation
④ Frame shift mutation

10

Salmonella typhimurium 을 변이시켜 histidine 요구 균주를 분리하였다. Histidine 요구 균주의 성질에 대한 설명으로 옳은 것은?

① 완전배지에서 자라지 못한다.
② 최소배지에 histidine을 첨가하지 않은 배지에서 잘 자란다.
③ 최소배지에 histidine 첨가 유무와 상관없이 잘 자란다.
④ 최소배지에 histidine을 첨가한 배지에서 잘 자란다.

11

잠재적 발암활성도를 측정하는 Ames test에서 이용하는 돌연변이는?

[20. 식품기사 3회]

① 역돌연변이(back mutation)
② 불변돌연변이(silent mutation)
③ 불인식돌연변이(nonsense mutation)
④ 틀변환(격자이동)돌연변이(frame shift mutation)

12

다음 〈보기〉에서 돌연변이원(mutagen)을 모두 고른 것은?

> **보기**
>
> 가. HNO_2 나. H_2S
> 다. 5-bromouracil   라. α선
> 마. ethidium bromide   바. hydroxylamine

① 가, 다, 마, 바
② 나, 다, 라, 마
③ 가, 나, 다, 마
④ 다, 라, 마, 바

13

아미노기가 함유된 구아닌, 시토신, 아데닌에 작용하여 아미노기를 탈리시키고 각각 잔틴, 우라실, 하이포잔틴을 생성하는 변이원은?

① 자외선

② 아질산

③ 아크리딘

④ 방사선

14

돌연변이원 중 N-methyl-N′-nitrosoguanidine (MNNG)에 대한 설명으로 옳지 않은 것은?

① DNA의 구아닌 잔기를 메틸화하는 것이 주요 변이기구이다.

② 염기를 알킬화하여 변이를 초래하며, 강력한 돌연변이를 유발하기 때문에 널리 사용되는 변이원 중 하나이다.

③ DNA의 틀변환돌연변이(frame shift)형 변이를 유발한다.

④ 미생물 변이 처리액상의 pH와 온도가 변이율에 영향을 미친다.

15

호변이성에 따른 염기쌍의 변화를 일으키는 염기유사물질로서, 일반적으로 아데닌과 염기쌍이 되지만 간혹 에놀형으로 전환되어 구아닌과 염기쌍을 이루기도 하는 돌연변이원은?

① dimethyl sulfate

② acridine orange

③ nitrogen mustard

④ 5-bromouracil

16

다음 〈보기〉에서 설명하는 돌연변이원은?

> **보기**
>
> DNA 이중나선의 인접한 염기쌍 사이에 삽입 (intercalation) 되어서 당과 인산의 나선 부분에서 그 일부가 변형되고, DNA 합성 과정에서 한 개의 염기쌍이 첨가 또는 결실이 되는 프레임 이동형 변이를 나타낸다.

① 니트로소구아닌

② 아크리딘 색소

③ 브로모우라실

④ 아질산

17

영양요구변이주(auxotrophs)의 검출 방법이 아닌 것은?

[15. 식품기사 3회]

① Replica법
② 농축법
③ 여과농축법
④ 융합법

18

다양한 환경요인에 의하여 DNA 손상을 받으면 여러 가지 수복기구를 통하여 원래상태로 회복되고 일부는 장해를 입은 부분만 돌연변이체로 존재한다. 이러한 DNA 수복기구가 아닌 것은?

① 광회복(photoreactivation)
② 제거수복(excision repair)
③ 재조합수복(recombination repair)
④ 형질수복(transformation repair)

19

광회복에 대한 설명이다. (가)에 들어갈 말은?

> 자외선 조사에 의하여 DNA의 한쪽 사슬에서 인접한 2분자의 피리미딘 염기가 결합하여 이량체(티민-티민 등)가 생성된다. 그러나 (가)에 의하여 광회복효소가 활성화 되면서 피리미딘 염기의 이중체가 단일체로 전환되기 때문에, 티민-티민 이량체는 80%까지 광회복이 될 수 있다.

① 적외선
② 감마선
③ 가시광선
④ X선

20

미생물의 돌연변이(mutation)에 대한 설명으로 옳지 않은 것은?

[22. 경북 식품미생물]

① 미생물의 돌연변이는 자연적으로 발생하거나, 외부의 요인에 의해 발생할 수 있다.
② DNA 염기서열의 변화는 반드시 단백질 변화를 동반한다.
③ DNA는 변화해도 표현형은 변하지 않는 경우 잠재성 돌연변이(silent mutation)라고 한다.
④ 미생물의 생육에서 돌연변이는 부정적인 영향이 대다수이나 때로는 긍정적인 영향을 끼쳐 유용한 기능으로 사용되기도 한다.

21

박테리아 살균을 위해 많이 쓰이는 자외선은 DNA 변이를 유발한다. DNA가 자외선을 흡수할 때 형성되는 이합체(dimer)의 염기는?　　　　[21. 서울 미생물]

① adenine 또는 cytosine

② adenine 또는 guanine

③ cytosine 또는 thymine

④ cytosine 또는 guanine

22

단백질을 암호화하는 유전자 내의 점돌연변이에 대한 설명으로 옳은 것은?　　　　[15 서울 미생물]

① 침묵돌연변이(silent mutation)에서 염기서열의 변화에도 불구하고 단백질의 아미노산 서열이 바뀌지 않는 이유는 유전암호의 중복성(code degeneracy) 때문이다.

② 미스센스돌연변이(missense mutation)는 돌연변이에 의해 종결코돈이 생성되는 것으로, 이로 인해 번역이 일찍 종료되어 짧은 폴리펩티드가 만들어지게 된다.

③ 난센스돌연변이(nonsense mutation)는 단일염기가 바뀌면서 하나의 아미노산 코돈이 다른 종류의 아미노산 코돈으로 바뀌는 것이다.

④ 틀변환돌연변이(frame shift mutation)는 1개 혹은 2개의 염기쌍이 삽입되거나 결실되면서 일어나는데, 3개의 염기쌍이 삽입 또는 결실되었을 때보다는 최종 발현되는 단백질의 기능에 덜 심각한 손상을 초래한다.

Chapter 03　미생물의 유전적 재조합

01

미생물의 유전적 재조합 방법이 아닌 것은?

① 형질전환

② 형질도입

③ 재결합

④ 접합

02

공여균 세포의 DNA가 수용균 세포 내로 도입되는 유전자 교환방법은?

① 형질전환

② 형질도입

③ 세포융합

④ 접합

03

서로 인접해 있는 세균의 세포와 세포가 접촉하여 유전물질(DNA)이 전달되는 기작은?

① translation
② transformation
③ transduction
④ conjugation

04

세균의 DNA가 phage에 혼합된 후, 이 phage가 다른 세균에 침입하여 세균의 유전적 성질을 변화시키는 현상은?

① translation
② transformation
③ transduction
④ conjugation

05

재조합 DNA 기술 중 형질도입(transduction)이란?

[14. 식품기사 2회]

① 세포를 원형질체(protoplast)로 만들어 DNA를 재조합 시키는 방법
② 성선모(sex pili)를 통한 염색체의 이동에 의한 DNA 재조합
③ 파지(phage)의 중개에 의하여 유전형질이 전달되어 일어나는 DNA 재조합
④ 공여세포로부터 유리된 DNA가 직접 수용세포 내에 들어가서 일어나는 DNA 재조합

06

세균과 세균 사이에서 일어나는 유전물질 전달 방법이 아닌 것은?

① 형질전환(transformation)
② 전사(transcription)
③ 형질도입(transduction)
④ 접합(conjugation)

07

플라스미드(plasmid)에 대한 설명으로 옳지 않은 것은?

① 플라스미드는 크기, 하나의 세포당 존재하는 분자의 수, 담겨 있는 유전정보 등에 따라 매우 다양한 종류가 있다.
② 숙주의 염색체와 독립적으로 존재하며 복제가 가능하다.
③ 분자량이 크며, 대부분 동일한 특징을 지닌다.
④ 분리 정제 및 검출이 쉽다.

08

플라스미드에 대한 설명으로 옳지 않은 것은?

① 고리모양의 이중가닥 DNA 사슬로 다른 종의 세포 내에도 전달된다.
② 스스로 복제가 가능하므로 세균의 성장과 생식 과정에 필수적이다.
③ 약제에 대한 저항성을 지닌 유전자나 제한자리를 지닌다.
④ 염색체와 독립적으로 존재하며, 염색체 내에 삽입될 수 있다.

09

유전자 재조합 기술 중 접합(conjugation)에 대한 설명으로 옳은 것은?

① F^+ 세포와 F^- 세포의 접합이 일어나면 F^- 세포도 F^+ 세포로 되어 두 개의 F^+ 세포가 된다.
② 접합 시 DNA의 전달은 양 방향으로 진행된다.
③ 파지에 의해서 DNA가 한쪽 세균에 의해 다른 세균으로 전달되는 방법이다.
④ F plasmid는 생식능력을 갖는 인자로 생존에 필수적이다.

10

플라스미드에 대한 설명으로 옳지 않은 것은?

[23. 경북 식품미생물]

① 플라스미드가 공여체에서 수용체로 이동하면 공여체에서는 사라진다.
② 플라스미드는 공여체와 수용체의 접합(conjugation)으로 이동된다.
③ 공여체는 플라스미드의 이동에 관련된 유전자를 지닌다.
④ 수용체는 플라스미드의 복제(replication)에 관여하는 *ori*T를 지닌다.

11

공여균의 특정 DNA를 파지(phage)로 운반하여 수
용균으로 들어가는 유전자 재조합 방식은?

[23. 경남 식품미생물]

① 세포융합(cell fusion)
② 접합(conjugation)
③ 형질도입(transduction)
④ 형질전환(transformation)

12

플라스미드(plasmid)에 대한 설명으로 옳지 않은 것은?

[22. 경북 식품미생물]

① 플라스미드(plasmid)는 염색체(chromosome)와는
  다르게 존재하며, 자체적으로 증식이 가능하다.
② 플라스미드(plasmid)는 박테리오파지(bacteriophage)
  와 유사하고, ssRNA, dsRNA, ssDNA, dsDNA로
  이루어져 있다.
③ 플라스미드(plasmid)는 유전자재조합에 이용되는
  운반체인 벡터(vector)로 사용할 수 있다.
④ 벡터(vector)로 이용시 플라스미드(plasmid) 내 존
  재하는 항생제 내성 유전자 서열은 주로 재조합
  기술에 표지(marker)로 사용된다.

13

서로 다른 두 원핵세포 간에 DNA를 전달하는 방식
에 해당하지 않는 것은?

[22. 서울 생물]

① 형질 전환(transformation)
② 형질 도입(transduction)
③ 형질 주입(transfection)
④ 접합(conjugation)

01

DNA 내 특정 염기서열을 인식하여 절단하는 효소로 재조합 DNA를 제조하기 위하여 사용되는 것은?

① 중합효소
② 제한효소
③ 전이효소
④ 가수분해효소

02

유전자 재조합 기술에서 벡터로 사용할 수 있는 것을 고른 것은?

> **보기**
>
> 가. 용원성파지   나. 용균성파지
> 다. 플라스미드   라. 프라이머

① 가, 다
② 가, 라
③ 나, 다
④ 나, 라

03

세포융합(cell fusion)의 단계에 해당하지 않는 것은?

① 세포의 원형질체(protoplast) 형성
② 세포벽 재생
③ 세포분열
④ 원형질체 융합

04

세포융합(cell fusion)의 실험순서로 옳은 것은?

[20. 식품기사 3회]

① 재조합체 선택 및 분리 → protoplast의 융합 → 융합체의 재생 → 세포의 protoplast화
② protoplast의 융합 → 세포의 protoplast화 → 융합체의 재생 → 재조합체 선택 및 분리
③ 세포의 protoplast화 → protoplast의 융합 → 융합체의 재생 → 재조합체 선택 및 분리
④ 융합체의 재생 → 재조합체 선택 및 분리 → protoplast의 융합 → 세포의 protoplast화

05

미생물은 유전자의 발현을 조절하는 방법을 통하여 생육하는 환경에서 서로 다른 종류의 유전자를 서로 다른 수준으로 발현하며 살아간다. 이러한 미생물의 유전자 발현 조절 기전 중 하나의 조절자 또는 조절 체계에 의하여 다양한 유전자가 함께 조절되는 현상을 무엇이라 하는가? [23. 경기 식품미생물]

① 이화 과정(catabolism)
② 정족수 인식(quorum sensing)
③ 포괄적 조절(global regulation)
④ 피드백 저해(feedback inhibition)

06

생명공학 기술의 발달로 유전자를 이용한 여러 물질들이 생성되는데 이때 유전자클로닝(cloning) 기술이 많이 이용된다. 〈보기〉에서 제한효소(restriction enzyme)에 대한 설명으로 옳은 것을 모두 고른 것은? [21. 서울 생물]

보기

ㄱ. 제한효소는 제한자리(restriction site)라는 특정 염기서열을 인식한다.
ㄴ. 제한효소는 박테리아가 자신을 보호하기 위해 다른 생물에서 유래한 DNA를 자르는 효소이다.
ㄷ. 제한효소에 의해 잘라진 조각을 DNA 연결효소(ligase)로 연결할 수 있다.

① ㄱ, ㄴ
② ㄱ, ㄷ
③ ㄴ, ㄷ
④ ㄱ, ㄴ, ㄷ

07

다음 DNA 염기서열 중 제한효소가 자를 가능성이 가장 높은 서열은? [14. 서울 생물]

① TGAATTCC
  ACTTAAGG
② AACCTG
  TTGGAC
③ TTACGATA
  AATGCTAT
④ AAGGGA
  TTCCCT

MEMO

MEMO

Part
11

미생물 실험법

Chapter 01 실험기구 및 배지

01

균주를 옮길 때 사용하는 백금이(platinum loop)나 백금선(platinum needle)에 대한 설명으로 옳지 않은 것은?

① 백금이는 불꽃에 직접 살균 후 냉각하여 사용한다.
② 백금선은 끓여서 소독한 후 사용한다.
③ 백금선은 백금 대신에 니크롬선이나 철사를 사용하기도 한다.
④ 백금재질을 이용하는 이유는 불에 빨리 달구어지고, 녹이 잘 슬지 않기 때문이다.

02

시험관에 배지가 약 45° 경사가 되도록 굳힌 배지로 호기성 미생물의 증식 및 보존 등에 사용되는 배지는?

① 평판배지(plate media)
② 사면배지(slant media)
③ 고층배지(butt media)
④ 액체배지(liquid media)

03

젤라틴처럼 끓이면 물에 녹고, 식히면 굳는 성질이 있어서 배지와 함께 물을 첨가하여 끓인 후 미생물 배양접시에 부어 식힘으로써 고체배지를 만드는 데 이용되는 것은?

① 한천
② 펩톤
③ 코지추출물
④ 밀기울

04

TSI(triple sugar iron) 배지에서 균을 배양한 결과, 배지의 고층부에서 균열이 발생함을 확인하였다. 이로부터 추정할 수 있는 결과는?

① 용혈능 확인
② 황화수소 생성능
③ 암모니아 생성능
④ 가스 생성능

05

식중독 원인 균주를 선택 분리하기 위한 배지를 연결한 것으로 옳은 것은?

① XLD 한천배지 − *Salmonella typhimurium*
② MYP 한천배지 − *Listeria monocytogenes*
③ Oxford 한천배지 − *Bacillus cereus*
④ BCIG 한천배지 − *Vibrio parahaemolyticus*

06

일반적으로 미생물 배양용 고체배지를 제조하기 위해 첨가되는 한천(agar) 농도는?

① 0.5 ~ 1.0%
② 1.5 ~ 2.0%
③ 3.0 ~ 4.0%
④ 5.0 ~ 7.0%

07

유당배지(lactose broth)를 이용한 대장균군의 정성검사 절차를 바르게 나열한 것은?

① 확정시험 → 완전시험 → 추정시험
② 추정시험 → 확정시험 → 완전시험
③ 완전시험 → 추정시험 → 확정시험
④ 추정시험 → 완전시험 → 확정시험

08

곰팡이 배양 시 사용되는 합성배지로 알맞은 것은?

① beef extract bouillon
② peptone water
③ Czapeck−Dox씨 액
④ yeast extract

09

효모나 곰팡이 배양 시 사용되는 배지로 적절하지 않은 것은?

① beef extract bouillon
② Czapeck-Dok씨 액
③ malt extract
④ potato

10

대장균군 정성 및 정량시험에 주로 사용되는 배지는?

① lactose bouillon
② koji extract
③ meat extract bouillon
④ malt extract

11

증식용 배지를 균주에 따라 분류한 것으로 옳지 않은 것은?

① 곰팡이 – malt extract agar(MEA)
② 세균 – plate count agar(PCA)
③ 세균 – potato dextrose agar(PDA)
④ 효모 – yeast extract peptone dextrose agar(YPD)

12

Baird-Parker 배지는 coagulase 양성인 포도상구균의 선택배지이다. 만약 어떤 균을 이 배지에 증식시켰더니 집락주위에 투명환이 생겼다면 이는 무엇을 의미하는가?　　　　　　　　[16. 식품기사 3회]

① 배지 중에 있는 단백질이 가수분해 되었다는 것이다.
② 배지 중에 있는 지방질이 분해되었다는 것이다.
③ 배지 중에 있는 적혈구가 파괴된 것이다.
④ 배지 중에 있는 탄수화물이 분해된 것이다.

13

다음 〈보기〉는 식품의 기준 및 규격에 고시된 「대장균군 확정시험법」의 일부이다. EMB 한천배지에 배양한 전형적인 집락이란 무엇인가?

가스발생을 보인 BGLB 배지로부터 Endo 한천배지 또는 EMB 한천배지에 분리 배양한다. 35~37℃에서 24±2시간 배양 후 전형적인 집락이 발생되면 확정시험 양성으로 한다.

① 적색의 불투명 집락
② 중심이 흑색인 무색 집락
③ 금속성 광택을 지닌 흑녹색 집락
④ 백색의 불투명 집락

14

식품공전에 의한 살모넬라(*Salmonella* spp.)의 미생물 시험법 방법 및 순서가 옳은 것은?

[18. 식품기사 1회]

① 증균배양 – 분리배양 – 확인시험(생화학적 확인시험, 응집시험)
② 균수측정 – 확인시험 – 균수계산 – 독소확인시험
③ 증균배양 – 분리배양 – 확인시험 – 독소유전자 확인시험
④ 배양 및 균분리 – 동물시험 – PCR 반응 병원성 시험

15

천연배지(natural media)에 대한 설명으로 옳은 것은?

① 합성하여 만든 배지를 말한다.
② 화학적 조성이 명확하지 못한 것이 많다.
③ 미생물의 대사연구에 주로 사용한다.
④ 배양하고자 하는 미생물의 영양 요구조건이 명확할 때 사용한다.

16

바실러스 세레우스 정량시험 과정에 대한 설명이 틀린 것은?

[19. 식품기사 1회]

① 25g 검체에 225mL 희석액을 가하여 균질화한 후 10배 단계별 희석액을 만든다.
② MYP 한천 평판배지에 총 접종액이 1mL가 되도록 3~5장을 도말한다.
③ 30℃에서 24±2시간 배양한 후 집락 주변에 혼탁한 환이 있는 분홍색 집락을 계수한다.
④ 총 집락 수를 5로 나눈 후 희석배수를 곱하여 집락수를 계산한다.

17

검출하고자 하는 미생물이 특징적으로 가지는 생육 특성을 지시약이나 화학물질을 이용하여 고체배지 상에서 검출할 수 있는 배지는?

① 일반영양배지(growth media)
② 선택배지(selective media)
③ 감별배지(differential media)
④ 강화배지(enrichment media)

18

어떤 미생물의 증식은 저해하나, 다른 미생물의 증식은 허용하는 성분을 지닌 배지로 특정 미생물을 선택하기 위해 만든 배지는?

① 일반영양배지(growth media)
② 선택배지(selective media)
③ 감별배지(differential media)
④ 강화배지(enrichment media)

19

사용 목적에 따라 배지를 분류한 것으로 옳지 않은 것은?

① enrichment media − 혈액 영양배지(blood nutrient media)
② differential media − EMB(eosine methylene blue)
③ growth media − MEA(malt extract agar)
④ selective media − 보통한천배지(nutrient agar)

20

다음 〈보기〉에서 배지에 대한 설명으로 옳은 것을 모두 고른 것은?

> **보기**
>
> 가. 배지란 미생물 성장에 필요한 영양분을 함유한 것으로써 조성은 미생물마다 다를 수 있으며, 필요 이상의 영양분은 미생물의 성장을 억제하기도 한다.
> 나. 단순배지는 자연산물을 이용하여 미생물의 배양을 도모하기 위해 만든 배지이다.
> 다. 선택배지는 특정한 미생물의 성장을 도모하기 위해 특별한 영양물질을 포함시킨 배지를 사용하여 원하는 미생물만 선택적으로 배양하는 데 사용하는 배지이다.
> 라. 증식배지는 여러 미생물이 있을 때 원하는 미생물의 승식을 도모하는 영양분을 넣어 준 배지로 혈액영양 배지 등을 들 수 있다.
> 마. 제한배지는 배지에 특수한 생화학적 지시약을 넣어 줌으로써 한 종류의 미생물을 다른 미생물과 구별할 수 있게 하는 배지이다.

① 가, 다, 라
② 나, 다, 마
③ 가, 나, 마
④ 가, 나, 다, 라

21

제한배지(defined media)와 복합배지(complex media)를 비교한 것으로 옳은 것은?

① 복합배지는 특정미생물의 영양요구성을 알고 있을 때 사용하는 배지이다.
② 제한배지는 화합물의 조성을 모르는 성분이 포함된 배지를 말한다.
③ 효모추출물은 제한배지에 해당한다.
④ 제한배지는 C, N, S, P 등 무기질을 포함한 간단한 조성으로 구성된다.

22

대장균군 정성시험은 추정시험, 확정시험, 완전시험 순으로 진행된다. 이에 대한 설명으로 옳지 않은 것은?

[23. 경기 식품미생물]

① 추정시험: 유당 배지의 듀람관 내에 가스가 발생한다.
② 확정시험: BGLB 배지의 듀람관 내에 가스가 발생한다.
③ 확정시험: EMB 배지에 분리 배양 시 흑색 중심의 황색 집락이 나타난다.
④ 완전시험: 그람음성, 무포자 간균임을 확인한다.

23

배지(media)에 대한 설명으로 옳지 않은 것은?

[23. 경북 식품미생물]

① 배지란 미생물의 생육에 필요한 영양분을 함유하는 것이다.
② 제한배지는 미생물의 영양 요구성을 알고 있어 화합물의 종류와 농도를 완전히 규명할 수 있는 배지이다.
③ 선택배지는 특정 미생물의 성장을 도모하기 위해 특별한 영양물질을 포함시킨 배지이다.
④ 펩톤은 제한배지에 해당한다.

24

미생물 배지(media)에 대한 설명으로 옳지 않은 것은?

[22. 경기 식품미생물]

① 자연배지는 감자나 토마토 등 자연산물을 이용하는 배지이다.
② 합성배지는 여러 가지 영양성분을 넣어 주어, 특정 미생물의 성장을 도모하기 위해 만든 배지이다.
③ 분별배지는 특수한 생화학적 지시약을 넣어 한 종류의 미생물을 다른 종류의 미생물과 구별할 수 있게 만든 배지이다.
④ 증식배지는 미생물의 활발한 증식을 위해 영양분을 넣어 만든 배지를 말한다.

25

미생물을 키우고 유지할 수 있는 배지에 대한 설명으로 가장 옳은 것은? [22. 서울 미생물]

① 트립톤을 처리한 대두배지(tryptic soy broth)는 배지의 모든 화학적 조성이 알려진 성분명확배지(defined media) 또는 합성배지(synthetic media)이다.
② 배지의 고형화를 위한 한천(agar)은 복합배지(complex media)에는 사용될 수 있지만, 합성배지(synthetic media)에는 사용될 수 없다.
③ 맥콩키한천배지(MacConkey agar)는 그람양성세균보다 그람음성세균을 잘 자라게 하는 선택배지(selective media)의 특성과 젖당발효세균과 그렇지 않은 세균을 구분할 수 있는 분별배지(differential media)의 특성을 동시에 가지고 있다.
④ 혈액한천배지(blood agar)는 비용혈성 세균의 성장을 억제하고 용혈성 세균만을 자라게 하는 선택배지(selective media)이다.

Chapter 02 살균법

01

살균 및 멸균법에 대한 설명으로 옳지 않은 것은?

① 건열멸균은 고압증기멸균보다 시간은 오래 걸리지만, 멸균 후 건조단계를 생략할 수 있는 장점이 있다.
② 자비살균은 보통 100℃ 열탕에서 15 ~ 30분간 끓인다.
③ 여과법은 가열에 의해 변성될 염려가 있는 배지를 만들 때 주로 사용되며, 바이러스까지 제균할 수 있다.
④ 고압증기멸균은 열에 안정한 배지나 기구 등의 멸균에 많이 사용된다.

02

멸균(sterilization)에 대한 설명으로 옳지 않은 것은?

① 식품에 존재하는 모든 미생물을 사멸하는 방법으로 포자까지 제어할 수 있다.
② 식품을 상온에서 유통할 수 있다.
③ 많은 비용이 소모되나, 식품의 품질이 저하되지 않는다.
④ 레토르트, 통조림 등의 식품은 멸균공정을 거친다.

03

다음 〈보기〉에서 설명하는 멸균법은?

> **보기**
>
> • 백금이 등의 내열기구를 멸균하는 데 주로 사용
> • 알코올램프나 분젠버너 등을 이용하여 직접 멸균하는 방법

① autoclave
② flaming sterilization
③ dry heat sterilization
④ filtration

04

고압솥을 사용하여 증기로 멸균하는 방법인 고압증기멸균의 멸균조건은?

① 100℃, 30분
② 121℃, 60분
③ 160℃, 60분
④ 121℃, 15분

05

고압증기멸균기(autoclave) 사용법을 순서대로 나열한 것은?

> 가. 멸균기의 압력이 상압이 될 때까지 기다리거나, 증기를 완전히 뺀다.
> 나. 멸균기를 작동한다.
> 다. autoclave용 indicator 테이프를 붙인다.
> 라. 멸균할 물건을 알루미늄 호일로 감싼다.

① 라 – 가 – 나 – 다
② 가 – 다 – 나 – 라
③ 다 – 나 – 가 – 라
④ 라 – 다 – 나 – 가

06

생균수 측정을 위한 한천 배지 제조 시 멸균방법으로 옳은 것은?

① 자비살균 시행
② 고압증기멸균 시행
③ 건열멸균 시행
④ 화염멸균 시행

07

살균소독제로 사용하지 않는 것은?

① 차아염소산나트륨(sodium hypochlorite)

② 프로피온산(propionic acid)

③ 과산화수소(hydrogen peroxide)

④ 이산화염소(chlorine dioxide)

09

건열멸균 시행조건과 멸균 가능한 대상을 바르게 연결한 것은?

① 65℃ 30분 − 도자기

② 100℃ 30분 − 배지

③ 160℃ 30분 − 유리기구

④ 121℃ 15분 − 유리기구

08

건열멸균(dry heat sterilization)법을 사용할 수 없는 것은?

① spreader

② petri dish

③ sylinder

④ media

10

가열하면 변성될 염려가 있는 배지를 만들 때 주로 사용되는 방법은?

① autoclave

② flaming sterilization

③ ultraviolet

④ filtration

01

효모의 당류 이용성 실험에 이용되는 방법은?

① 린드너(Lindner)의 소적 발효 시험법
② 옥사노그래피(Auxanography)법
③ 듀람(Durham) 발효관법
④ 아인혼(Einhorn) 발효관법

02

다양한 미생물이 혼합된 균체 중에서 단 한 개의 균체를 골라내는 것을 순수분리(pure isolation)라 한다. 다음 중 순수분리 방법을 모두 고른 것은?

> 보기
>
> 가. 평판배양법
> 나. 소적배양법
> 다. 현미 해부기 이용법
> 라. 모래배양법

① 가, 나, 다
② 가, 라
③ 나, 다
④ 가, 나, 다, 라

03

균주 배양 시 천자배양(stab culture)에 가장 적합한 것은?

① 저온균의 배양
② 내염균의 배양
③ 편성호기성균의 배양
④ 혐기성균의 배양

04

호기성 미생물의 배양에 적합하지 않은 배양법은?

① 평판배양법
② jar fermentor 배양법
③ candle-jar 배양법
④ 진탕배양법

05

미생물의 배양 방법 중 슬라이드 배양(slide culture)이 적합한 경우는? [18. 식품기사 3회]

① 효모의 알코올발효를 관찰할 때
② 곰팡이의 증식 과정을 관찰할 때
③ 혐기성균을 배양할 때
④ 방선균을 Gram 염색할 때

06

효모나 곰팡이를 배양할 때 균의 호흡을 촉진하거나 그 밖에 목적으로 액체 배지내에 무균 공기를 불어 넣으면서 배양하는 방법을 무엇이라 하는가?

① 정치배양
② 진공배양
③ 사면배양
④ 통기배양

07

혐기성균의 순수분리에 이용하는 방법으로만 묶인 것은?

> **보기**
>
> 가. 평판배양법   나. 진탕배양법
> 다. 2중접시배양법   라. 뷰리관법

① 가, 다
② 나, 라
③ 다, 라
④ 가, 라

08

일반적으로 사용되는 미생물의 보관방법이 아닌 것은?

① 상온보관
② 냉장보관
③ 냉동보관
④ 동결건조

09

다음 〈보기〉에서 균주 보존법에 해당되는 것을 모두 고른 것은?

> **보기**
>
> 가. 사면배양법   나. 당액 중 보존법
> 다. 동결건조법   라. 모래배양법

① 가, 다
② 나, 라
③ 가, 다, 라
④ 가, 나, 다, 라

10

곰팡이, 효모, 세균 등에 공통적으로 사용할 수 있으며, 균의 형태나 생리적 변화가 없고 장기간 균주를 보존하는 방법은?

① 천자배양법
② 동결건조법
③ 유중보존법
④ 모래보존법

11

포자형성세균, 방선균 및 곰팡이 등의 장기저장에 이용하는 보존법으로, 풍건한 흙에 물을 가하여 시험관에 분주한 후 여러번 살균한 다음, 배양액이나 포자현탁액을 보존하는 방법은?

① 토양보존법(soil culture)
② 동결건조법(lyophile preservation)
③ 유중보존법(preservation in oil)
④ 모래보존법(sand culture)

12

균주보존법에 대한 설명으로 옳은 것은?

① 유중보존법 – 곰팡이 보존에 이용할 수 없음
② 천자배양법 – 혐기성균을 보존하고 냉동보관함
③ 동결건조법 – 곰팡이와 효모에 제한적으로 사용 가능
④ 당액 중 보존법 – 효모 보관에 이용

13

정성시험 시 산소농도 5% 정도의 미호기성 조건을 맞추기 위해 혐기배양기(anaerobic jar)나 가스팩을 사용하여 배양하는 균은? [23. 경기 식품미생물]

① *Clostridium botulinum*
② *Campylobacter jejuni*
③ *Staphylococcus aureus*
④ *Vibrio parahaemolyticus*

MEMO

장미
식품미생물
기출예상문제

해설 편

Chapter 01 | 미생물학의 개요 및 분류

01 ④	02 ②	03 ①	04 ①	05 ④
06 ①	07 ③	08 ④	09 ③	10 ④
11 ①	12 ③	13 ②	14 ②	15 ②
16 ②	17 ①	18 ③	19 ②	20 ②
21 ④	22 ①	23 ②	24 ①	25 ①
26 ④	27 ①	28 ④	29 ③	

01

④ 바이러스(0.017 ~ 0.3㎛) < 리케차(0.3 ~ 0.8) < 세균(0.5 ~ 3) < 효모(6 ~ 8) < 곰팡이(3 ~ 10 또는 무한)

02

② *Escherichia coli*
- 속명: 대문자로 시작 / 종명: 소문자로 시작
- 인쇄물: 이탤릭체 사용
- 손으로 기재할 때는 밑줄 사용

03

가. 첫 번째 단어인 속(genus)명은 대문자로, 두 번째 단어인 종(species)명은 소문자로 시작한다.
라. 미생물 이름을 손으로 기재할 때에는 밑줄로 써야 한다.
마. 미생물을 동정하는 과정에서 속은 결정되었으나, 종이 결정되지 않은 경우 sp.를 쓴다.

04

① 첫 번째 단어인 속(genus)명은 대문자로, 두 번째 단어인 종(species)명은 소문자로 시작한다.
　예 *Aspergillus oryzae*

05

④ Bacilli 강과 Clostridia 강은 그람양성균 문에 속한다.

06

① 휘태커의 5계 분류: 원핵생물계, 원생생물계, 균계, 식물계, 동물계

07

③ 남조류는 남세균으로 진정세균에 속하므로 진핵생물에 해당되지 않는다.

08

④ 유리고세균문에는 호열산성균(thermoacidophile), 메탄생성균(methane bacteria), 극호염균(extreme halophile)이 있다.

09

① Trichomonads − 털편모충류, 원생동물
② Cyanobacteria − 남세균, 진정세균
④ Aquifex − 진정세균

10

① 진핵생물은 막으로 싸인 소기관이 있고, 세균과 고세균은 막으로 싸인 소기관이 없다.
② 진핵생물은 선형의 염색체를 지니고, 세균과 고세균은 원형의 염색체를 지닌다.
③ 진핵생물은 스트렙토마이신에 대해 감수성을 지니지 않는다.

11

가. 조류 − 원생생물(진핵)
나. 버섯 − 균류(진핵)
다. 써모토가 − 진정세균(원핵)
라. 고도호염균 − 고세균(원핵)
마. 아나베나 − 남세균(원핵)
바. 포자충류 − 원생동물(진핵)

12

① *Streptomyces* − 방선균(원핵)
② *Azotobacter* − 질소고정균(원핵)
④ *Proteobacteria* − 진정세균(원핵)

13

② 진정세균은 단백질 합성 개시아미노산이 N-포밀메티오닌이고, 고세균과 진핵생물은 단백질 합성 개시아미노산이 메티오닌이다.

14

① 고세균은 진정세균에 비해 진핵생물과 유사한 점이 많다.
③ 고세균과 진정세균은 원핵생물로 막으로 싸인 소기관이 없다.
④ 고세균은 고온, 고염도 등의 극한 환경에서 생육이 가능한 경우가 많다.

특징	세균	고세균	진핵생물
핵막	없음		있음
막으로 싸인 소기관	없음		있음
염색체 형태	고리형		선형
mRNA 인트론	거의 없음		있음
리보솜	70S (30S + 50S)		80S (40S + 60S)
오페론	있음		없음
펩티도글리칸	있음	없음	
단백질 합성 개시	N-포밀메티오닌	메티오닌	
DNA-히스톤 복합체	없음	있음	
RNA 중합효소	한 종류	여러 종류	
tRNA 인트론	거의 없음	있음	
세포막 지질 결합	에스터	에테르	에스터
항생제에 대한 민감도	감수성 있음	감수성 없음	

15

② 고세균은 여러 종류의 RNA 중합효소를 지닌다.

16

① 고세균과 진정세균은 둘 다 핵막을 지니지 않는다.
③ 진정세균역에 포함된 미생물은 세포벽에 펩티도글리칸을 지니지만, 고세균역에 포함된 미생물은 지니지 않는다.
④ 고세균과 진정세균의 리보솜은 50S의 큰 단위와 30S의 작은 단위로 구성된다.

17

고세균과 진정세균의 경우 펩티도글리칸의 존재유무 등 세포벽 구성성분에서 차이를 나타내지만, 핵막이나 세포막의 존재유무, 증식방법은 유사하여 분류하는 기준이 될 수 없다.

18

① 생화학적 분류: 효소활성 유무 등 미생물이 갖는 다양한 생화학적 특성을 통해 분류
② 수치적 분류: 미생물간의 여러 성질에 대해 통계적으로 유사성이 높은 순위를 통해 분류하는 방법
④ 혈청학적 분류: 미생물의 구성성분들에 대한 항원항체 반응결과를 통해 분류

19

② 인위적 분류법은 생물의 형질 중에서 식별하기 쉬운 형태학적 특징을 선택하여 체계화 한 것을 말한다.

20

② ribotyping은 rRNA 분석을 통해 계통분석을 활용한 세균 동정 방법으로 특정 미생물의 16S rRNA염기서열에 의한 DNA 밴드 패턴의 차이를 분석하여 미생물을 동정하는 방법을 말한다.

21

① 생화학적 분류법은 미생물이 갖는 다양한 생화학적 특성을 통해 미생물을 분류하는 방법이다.
② 혈청학적 분류법은 미생물의 구성성분들에 대한 항원항체 반응 결과를 통해 분류하는 방법이다.
③ 수치적 분류법은 미생물 간의 여러 성질에 대한 유사성을 통계적으로 유사성이 높은 순위를 통해 분류하는 방법이다.

22

ⓒ 진핵생물이 원핵생물보다 진화되었다.
ⓔ 고세균(Archaea)은 원핵세포이다.
ⓜ 현재는 진핵생물역, 고세균역, 진정세균역의 3역으로 분류한다.

23

② 미생물은 생육조건에 따라 특성이 변한다.

24

① 세균과 방선균은 국제세균명명규약을 따르고 조류, 곰팡이, 버섯은 조류·균류와 식물을 위한 국제명명규약에 따라서 명명한다.

25

② 선택배지에서 분리된 균주를 염색하고 혈청학적인 방법을 이용하여 분석하는 것은 표현형분석법이다.

③ rRNA 유전자 염기서열 분석법의 보조방법으로, DNA-DNA 혼성화 정도를 비교하여 두 미생물의 유사도를 확인하는 방법을 DNA-DNA hybridization이라고 한다.

④ 미생물 명명법은 18세기 분류학자인 린네가 개발한 것으로 첫 번째 단어는 속(genus)명, 두 번째 단어는 종(species)명을 의미한다.

26

① 자연적 분류법: 시간이 지남에 따라 생물이 자연적으로 어떻게 진화되었는지를 계통적으로 분류하는 방법

② 수치적 분류법: 미생물 간의 여러 성질에 대한 유사성을 통계적으로 유사성이 높은 순위를 통해 분류

③ 생화학적 분류법: 다양한 생화학적 특성을 통해 분류

27

① 세균은 핵막이 없는 상태로 세포질과 핵의 구분이 없는 원핵생물이다.

28

① 세균(진정세균)과 진핵생물의 막지질은 에스터(ester) 결합이고, 고세균의 막지질은 에테르 결합이다.

② 고세균과 진정세균의 리보솜(ribosome)은 70S이고, 진핵생물의 리보솜은 80S이다.

③ 진정세균의 개시 tRNA는 포르밀메티오닌이고, 고세균과 진핵생물의 개시 tRNA는 메티오닌이다.

29

③ 세균과 유사하게 원형(고리형)의 염색체를 갖는다.

Chapter 02 | 미생물학의 역사와 발전

01 ③	02 ②	03 ①	04 ③	05 ④
06 ④	07 ②	08 ③	09 ②	10 ①
11 ③				

01

③ 레벤후크(Anton van Leeuwenhoeck)는 1675년 최초로 대물렌즈와 오목렌즈를 사용하여 270배 배율의 현미경을 개발하여 미생물의 존재를 증명하였다.

02

나. 모든 생물은 생물로부터 발생한다는 생물속생설을 주장한 사람은 파스퇴르이다.

라. 포자형성균을 멸균하는 방법인 간헐멸균법을 고안한 사람은 틴들이다.

03

① 실험을 통해 살아있는 미생물 없이도 알코올 발효가 일어나는 것을 확인한 것은 뷰흐너로 알려져 있다.

04

③ 뷰흐너는 무세포 효모 추출액을 이용해 살아있는 미생물 없이도 알코올 발효가 일어나는 것을 확인하였으며, 알코올 발효에 관여하는 물질을 zymase로 칭하였다.

05

④ 플레밍은 *Penicillium notatum*으로부터 항생물질인 페니실린을 최초로 발견했다.

06

① 린드너: 소적배양법(hanging drop preparation) 고안

② 플레밍: 최초의 항생물질 페니실린(Penicillin) 발견

③ 왓슨과 크릭: DNA의 이중나선구조 규명

07

② 뷰흐너는 생효모를 분쇄하여 추출한 무세포추출액에 의하여 알코올 발효가 일어난다는 것을 증명하였다.

08

가. Monod, Jacob: 오페론(operon)설을 제창하여 유전자(DNA)
　 의 정보가 제어되며, 최종적으로 단백질로 발현되는 기
　 구를 설명
나. Watson, Crick: DNA의 이중나선구조 모형을 제출하였고,
　 mRNA 및 tRNA의 기능을 규명
다. Beedle, Tatum: 붉은빵곰팡이속으로 유전자와 효소의 관
　 계를 연구하여 1유전자 1효소설을 제창

09

① DNA → mRNA → 단백질이라는 생물학적 기본개념을 확
　 립한 것은 Watson과 Crick이다.
③ 3개의 염기배열(triplet)이 특정의 아미노산 한 개를 지정
　 한다는 것을 증명한 것은 Nirenberg이다.

10

① 코흐는 세균학의 창시자로 질병의 배종설을 지지하였으
　 며, 질병을 일으키는 원인균이 있음을 주장하여 병인학
　 연구를 주도하였다. 또한 탄저균, 결핵균, 콜레라균 등을
　 발견하였고 세균의 순수 분리법 등 미생물 연구법을 확
　 립하였다.

11

③ 바이러스 감염성 질병의 원인을 밝히는 검증기법은 코흐
　 의 업적이 아니다.

Chapter 01 | 미생물의 관찰

01 ②	02 ④	03 ①	04 ③	05 ①
06 ③	07 ③	08 ③	09 ①	

01

② 광학현미경으로는 실체현미경(Stereo Microscope), 암시야 현미경(Dark Field Microscope), 위상차 현미경(Phase Contrast Microscope), 형광 현미경(Fluorescence Microscope) 등이 있다.

02

④ 위상차 현미경은 색이 없고 투명한 시료라도 그 내부의 구조를 관찰할 수 있는 현미경이다.

03

② 해상력이란 두 점을 식별할 수 있는 능력을 말하며, 투과 전자현미경은 광학현미경에 비해 해상력이 훨씬 높다.
③ 시료의 색깔이 나타나지 않고 명암으로 표시된다.
④ 시료의 얇은 단면 볼 수 있으며, 평면적인 영상으로 표현된다.

04

③ 재물대는 프레파라트를 올려놓은 판이고, 대물렌즈의 배율을 바꿀 때 사용하는 것은 회전판이다.

05

① 빛의 양을 알맞게 조절하는 역할을 하는 것은 조리개이다.

06

현미경의 배율: 접안렌즈의 배율×대물렌즈의 배율

07

• 대물마이크로미터 1눈금 길이: $10\mu m$
• 접안마이크로미터 1눈금 길이: a/b×$10\mu m$
　a: 대물마이크로미터의 눈금수
　b: 접안마이크로미터의 눈금수
• 접안마이크로미터 1눈금 길이×총 눈금 수
　: $(4/12 \times 10\mu m) \times 6 = 20\mu m$

08

③ 시료를 관찰할 때 저배율에서 고배율로 렌즈를 이동하며 관찰한다.

09

① 위상차 현미경은 관찰하고자 하는 시료를 별도로 염색할 필요가 없기 때문에, 살아있는 세포에 들어있는 작은 기관을 관찰할 때 유용하게 이용할 수 있다.

Chapter 02 | 원핵세포

01 ④	02 ②	03 ④	04 ③	05 ①
06 ④	07 ②	08 ③	09 ①	10 ①
11 ②	12 ②	13 ④	14 ③	15 ③
16 ①	17 ①	18 ②	19 ③	20 ③
21 ③	22 ②	23 ②	24 ④	25 ④
26 ①	27 ④	28 ②	29 ③	30 ②
31 ②	32 ③	33 ①	34 ②	35 ②
36 ①	37 ②	38 ②	39 ③	40 ④
41 ②	42 ①	43 ①	44 ②	45 ④
46 ②	47 ③	48 ①	49 ②	50 ②
51 ①	52 ④	53 ②	54 ④	55 ③
56 ④	57 ①	58 ③	59 ①	60 ③
61 ②	62 ④	63 ④	64 ①	65 ③
66 ④	67 ③	68 ④	69 ③	70 ①
71 ④	72 ②	73 ③	74 ③	75 ③
76 ①	77 ③	78 ④	79 ①	80 ①
81 ③	82 ③	83 ②	84 ②	85 ④
86 ①	87 ③	88 ④	89 ②	90 ①
91 ②	92 ③	93 ④	94 ③	95 ②

01

① *Hanseniaspora* 는 효모로 진핵세포이다.
② *Neurospora* 는 곰팡이로 진핵세포이다.
③ *Thamnidium* 는 곰팡이로 진핵세포이다.
④ *Nocardia* 는 방선균으로 원핵세포이다.

02

① yeast는 효모로 균류에 속하며 진핵생물이다.
② anabaena는 남세균에 속하며 원핵생물이다.
③ protozoa는 원생동물로 진핵생물이다.
④ algae는 조류로 진핵생물이다.

03

• 세균의 내부구조에는 핵양체(nucleoid), 염색체 DNA, 리보솜(ribosome), 세포막(cell membrane), 가스포(gas vacuole), 내생포자(endospore) 등이 있다.
• 세균의 외부구조에는 편모(flagella), 선모(pili), 점질층(slime layer) 또는 협막(capsule), 세포벽(cell wall) 등이 있다.

04

① *Candida*는 효모로 진핵세포이다.
② *Aspergillus*는 곰팡이로 진핵세포이다.
③ *Oscillatoria*는 흔들말로 원핵세포이다.
④ *Cladosporium*은 곰팡이로 진핵세포이다.

05

② *Botrytis cinerea*는 회색곰팡이로 진핵세포이다.
③ *Candida utilis*는 효모로 진핵세포이다.
④ *Torulopsis versatilis*는 효모로 진핵세포이다.

06

점질층과 협막의 기능
• 숙주가 갖는 탐식세포에 대한 저항성을 부여
• 함수능력이 뛰어나 건조에 대한 내성을 나타냄
• 병독성에 중요한 역할
• 박테리오파지의 감염이나 계면활성제와 같은 소수성 독성 물질의 침투로부터 보호
• 세균의 기질에 부착 또는 세균끼리의 부착

07

② 협막은 점액물질이 세포벽에 단단하게 결합되어 있는 것으로 세균의 건조나 독성물질로부터 자신을 보호하고, 세균의 기질이나 세균끼리의 부착을 돕는다.

08

① 점질층과 협막은 세포벽의 구성성분이 아니며, 세포벽의 외부에 존재한다.
② 협막은 점질층에 비해 구조가 치밀하고 두껍다.

④ 점질층과 협막은 균종에 따라 구성과 화학적 조성이 다르다.

09

점질층과 협막은 균종에 따라 화학적 조성이 상이하나, 다당류와 폴리펩티드 등으로 구성되어 있다.
가. 핵산은 DNA와 RNA의 구성성분이다.
라. 플라젤린은 편모의 구성성분이다.

10

① 점질층과 협막은 균종에 따라 화학적 조성이 상이하고 다당류와 폴리펩티드 등으로 구성되어 있다.

11

② 다른 세균으로 유전자(DNA)를 전달하는 기능을 가지는 것은 성선모(sex pili)이다.

12

그람양성균의 세포벽은 두꺼운 펩티도글리칸이 존재하며, 그람염색 시 염기성 염색액인 크리스탈 바이올렛(crystal violet)의 탈색이 잘되지 않아 보라색을 띤다. 하지만 그람음성균의 경우, 펩티도글리칸이 얇아 크리스탈 바이올렛의 탈색이 쉽고 대조염색액 사프라닌-O(safranine-O)에 염색되어 붉은색을 띤다.

13

④ 테이코산은 펩티도글리칸 표면에 노출되어 세포벽에 음전하를 띠게 하며, 그람음성균의 세포벽에는 존재하지 않는다.

14

③ 원핵세포의 세포벽 구조는 진핵세포의 세포벽보다 화학적 조성이 복잡하다.

15

① 그람음성균은 그람양성균보다 펩티도글리칸의 함량이 적고, 세포벽의 두께가 더 얇다.
② 그람음성균은 그람양성균보다 라이소자임이나 페니실린에 대한 감수성이 낮다.
④ 그람음성균의 세포벽의 층수는 2개(펩티도글리칸＋외막)이고, 그람양성균의 세포벽의 층수는 1개(펩티도글리칸)이다.

16

② 그람음성균과 그람양성균 모두 펩티도글리칸을 가지고 있다.

③ 리포폴리사카라이드는 지질분자가 다당체에 연결되어 형성된 것으로 그람음성균에만 있다.

④ 포린단백질은 물질의 이동을 조절하는 곳으로 그람음성균에만 있다.

17

① 그람음성균의 세포벽은 2중막으로 외막과 내막(원형질막)으로 되어 있으며, <u>외막(outer membrane)</u>은 인지질 이중층과 지질다당류 등으로 이루어져 있다.

18

① 세포벽은 세포막을 둘러싸고 있는 단단한 층으로 세포의 형태를 유지하고 삼투압이나 압력에 의한 파열을 방지하는 역할을 하며, 친투과성이다.

③ 그람양성균은 그람음성균에 비해 펩티도글리칸 층이 두꺼우므로 기계적 손상을 덜 받는다.

④ 펩티도글리칸은 N-acetylglucosamine과 N-acetylmuramic acid로 연결된 이당류가 반복되는 구성을 지닌다.

19

가. teichoic acid은 그람양성균의 세포벽에 존재하며, 그람음성균에는 존재하지 않는다.

라. dipicolinate은 영양세포에는 없고 내생포자에만 존재하는 화학물질이다.

그람음성균의 세포벽구조

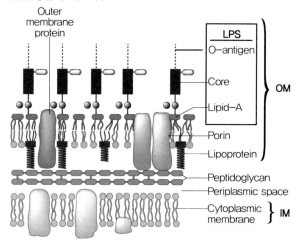

20

① 그람양성균이 그람음성균에 비해 펩티도글리칸 함량이 높으며, 키틴은 곰팡이 세포벽성분 중 하나이다.

② 그람양성균은 뮤코펩타이드의 함량이 높다.

④ 베타글루칸은 효모의 세포벽성분 중 하나이다.

그람양성균과 그람음성균의 세포벽의 차이점

주요 특징	그람양성(G⁺)	그람음성(G⁻)
세포벽의 두께	20 ~ 80nm	10nm
펩티도글리칸 함량	> 50%	10 ~ 20%
세포벽의 층수	1개	2개
테이코산	있음	없음
지방과 지단백질의 양	0 ~ 3%	58%
단백질의 양	0%	9%
지질다당류	0%	13%
라이소자임 감수성	높음	낮음
페니실린 감수성	높음	낮음

21

③ 그람음성균 외막에 존재하는 LPS의 지질부분인 lipid A는 내독소(endotoxin)로 작용한다.

22

② 외막을 지니는 균은 그람음성균이다.

가. *Pediococcus*는 그람양성균이다.

라. *Sporolactobacillus*는 그람양성의 유포자 유산간균이다.

23

② 테이코산은 글리세린 인산 에스테르의 고중합 화합물에 당류나 D-알라닌이 결합한 물질로 그람양성균에만 존재한다.

24

테이코산은 펩티도글리칸 표면에 노출되어 세포가 음전하를 나타내게 하며, 그람양성균에는 벽테이코산과 지질테이코산이 존재한다.

25

④ 고세균은 비정형적 세포벽을 가지는 균으로, 펩티도글리칸 대신 pseudomurein을 지닌다.

26

① 편성호기성의 그람양성균으로 결핵균이 대표적이다.

27

① 지질다당류는 O항원, core(중심당류), lipid A의 세부분으로 이루어져 있다.
③ 지질다당류는 그람음성균에 존재하는 세포벽 성분이다.

28

② 인지질은 세포막을 구성하는 주요 성분이다.

29

① 그람양성균은 그람음성균에 비해 매우 두꺼운 펩티도글리칸을 지닌다.
② 그람양성균은 주변 세포질공간이 매우 좁거나 없는 것이 특징이다.
④ 그람양성균에 존재하는 테이코산은 세포벽에 음전하를 띠게 하여 이온의 통과에 영향을 미치는 것으로 추정되며, 그람음성균에는 테이코산이 존재하지 않는다.

30

② 그람염색 시 가장 먼저 사용하는 시약은 크리스탈 바이올렛이다.

그람염색법(Gram staining)

균주 고정
↓
크리스탈 바이올렛 염색
↓
요오드 처리(매염제)
↓
탈색(알코올)
↓
사프라닌 대비염색

31

② *Shigella* 속과 *Acetobacter* 속 모두 그람음성균으로 적색(red)을 나타낸다.

32

Lugol 용액(요오드용액), Safranin, Crystal violet은 그람염색 시 사용되는 시약이다.

33

① 세균은 세포벽의 구조적인 차이에 따라 그람염색(Gram staining)에 다르게 반응하며, 이에 따라 그람양성균(Gram positive bacteria)과 그람음성균(Gram negative bacteria)으로 구별할 수 있다.

34

• 그람양성균 – 자주색, 그람음성균 – 적색
① 자주색 – *Streptococcus* / 자주색 – *Propionibacterium*
③ 적색 – *Campylobacter* / 적색 – *Gluconobacter*
④ 자주색 – *Leuconostoc* / 자주색 – *Staphylococcus*

35

② 내부가 중앙에 있는 2개의 미세소관 주변을 9쌍의 미세소관이 둘러싸고 있는 구조로 이루어져 있는 것은 진핵세포의 편모이다.

36

① 주로 간균이나 나선균에 존재하며 구균에는 거의 없다.

37

① pillin은 선모를 구성하는 단백질 분자로 관 모양의 짧고 가는 섬유상 구조물이다.
③ microfilament는 진핵세포의 세포골격을 이루는 구성성분 중 하나로 액틴이 나선모양으로 꼬인 구조이다. 운동단백질인 미오신과 접촉하여 근육을 수축하는 역할을 한다.
④ histone은 염색질과 결합하는 단백질이다.

38

편모가 부착되는 형태에 따라 주모와 극모 두 가지로 나눌 수 있다. 주모는 세포 표면 전체에 편모가 존재하고 극모는 세포의 긴 끝에만 존재한다.

39

③ 세균의 운동기관은 편모(flagella)이다. 운동성을 지닌 세균들은 세포 밖으로 돌출된 편모를 이용하여 이동할 수 있다.

40

① 필라멘트는 플라젤린이라는 단백질로 이루어져 있다.
② 대부분의 간균과 나선균은 편모를 지니고 있지만, 구균에서 편모를 지닌 것은 극히 드물다.
③ *Campylobacter*는 나선균으로 단모성 편모를 지니고, *Bacillus*는 주모성 편모를 지닌다.

41

② 그람양성균은 L환과 P환이 없으며, M환과 S환이 각각 세포막과 펩티도글리칸층에 접해있다.

42

그람음성균과 그람양성균의 세포벽

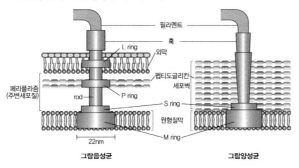

43

① 세균은 편모의 유무에 따라 활발한 운동성을 지니는 균도 있고, 전혀 운동성을 나타내지 않는 균도 있다.

44

① *Vibrio cholera*는 단모성 편모를 지닌다.
③ *Clostridium perfringens*는 편모를 지니지 않는다.
④ *Campylobacter jejuni*는 단극모 또는 양극모를 지닌다.

편모 부착 위치에 따른 분류

극모(polar flagella)			주모 (peritrichous flagella)
단극모	양극모	속극모	
한쪽 끝에 한 개의 편모가 부착	양쪽 끝에 편모가 부착	한쪽 끝에 여러 개의 편모가 부착	세포 표면 전체에 여러 개의 편모가 부착

45

① *Bacillus cereus*는 주모성 편모를 지닌다.
② *Vibrio parahaemolyticus*는 극모성 편모를 지닌다.
③ *Listeria monocytogenes*는 1~4개의 편모를 지닌 균이다.
④ *Clostridium perfringens*는 편모가 없으므로 비운동성이다.

46

② 선모(pilus, pili)는 세포나 조직 표면에 달라붙거나(부착), 유전자 DNA의 이동통로의 기능을 갖는다. 특히, 두 세포가 서로 접합하여 유전물질을 이동하도록하는 것을 성선모(sex pili)라 한다.

47

③ 선모(pilus, pili)는 세포나 조직 표면에 달라붙거나(부착), 유전자 DNA의 이동통로의 기능을 갖는다. 특히, 두 세포가 서로 접합하여 유전물질을 이동하도록하는 것을 성선모(sex pili)라 한다.

48

② crista는 미토콘드리아 내막에 존재한다.
③ cisterna는 골지체의 납작한 주머니 모양이다.
④ microtubule은 세포골격을 이루는 구성성분 중 하나인 미세소관으로 원통모양 구조를 지닌다.

49

① 섬모 – 진핵세포의 운동기관
③ 혹 – 편모 내 기저체와 필라멘트 연결부위
④ 플라스미드 – 작은 환형 DNA

50

② 세균은 세포막 부분이나 메소솜에 세포호흡에 관여하는 효소가 있어 진핵세포의 미토콘드리아 기능을 대신하여 에너지(ATP)를 발생시키는 역할을 한다.

51

① 세포막은 세포질을 둘러싸고 있는 얇은 막으로 인지질 이중층과 단백질 등으로 구성되어 있다.

52

④ 세포막은 유동적이고 지질층에 단백질들이 모자이크처럼 붙어 있어 유동모자이크(fluid mosaic)라고 부른다. 세포막의 지질은 친수성(hydrophilic)의 머리 부분과 소수성(hydrophobic)의 꼬리 부분으로 구성되어 있다. 친수성은 물을 향하고 소수성은 소수성끼리 향하여 구조적으로 이중층을 이루고 있다.

53

① 지질의 소수성은 소수성끼리, 친수성은 외부 물층을 향한 이중층 구조로 되어 있다.
③ 진핵세포는 삼투적 용균에 저항성을 높이는 스테롤을 함유하여 세포막의 구조적 안정성을 제공한다.
④ 그람양성균, 방선균 등은 원핵세포를 지니므로 메소솜 등으로 호흡기능을 하고, 효모는 진핵세포를 지니므로 미토콘드리아에서 호흡기능을 한다.

54

세포막은 세포 내외의 물질을 선택적으로 투과시키는 기능을 비롯한 단백질 분비, DNA 복제에 관여, 세포벽 구성성분 합성, 에너지 생산 기능을 하고, 반투성 막으로 이온이나 대사물질 이동의 조절을 한다.

55

① 단순확산은 고농도에서 저농도로 용질 분자를 수송하는 방법이다.
② 촉진확산은 고농도에서 저농도로 용질 분자를 수송하는 방법이며, 속도가 빠르고 ATP는 소모되지 않지만 운반체를 필요로 한다.
④ 세포 내 섭취작용은 세포가 에너지를 이용하여 단백질 같은 분자를 세포 내로 옮기는 과정이다.

56

④ 세포막(원형질막, cytoplasmic membrane)은 세포질을 둘러싸고 있는 얇은 막으로 선택적 투과성을 갖고 있다. 세포막의 지질은 친수성(hydrophilic)의 머리 부분과 소수성(hydrophobic)의 꼬리로 구성되어 있다. 친수성은 물을 향하고 소수성은 소수성끼리 향하여 구조적으로 이중층을 이루고 있다.

57

나. 세포막의 지질은 친수성의 머리 부분과 소수성의 꼬리로 구성되어 있다.
다. 원핵세포는 세포막 부분이나 메소솜에 세포호흡에 관여하는 효소가 존재한다.

58

③ 고세균의 경우 지질은 글리세롤과 소수성 곁사슬이 연결되어 있고, 세균의 경우 지질은 글리세롤과 지방산이 에스테르 결합하고 있다.

59

① 세균의 세포질은 세포막과 핵양체 사이의 물질로 약 70%는 물로 채워져 있으며, 진핵세포와 달리 지질이중층의 단위막으로 둘러싸인 소기관은 없다.

60

③ 일부 세균은 영양물질이 고갈되는 등 환경조건이 바뀌면 악조건에서도 생존할 수 있는 저항성이 강한 내생포자(endospore)를 형성한다. 내생포자를 형성하는 세균의 대부분은 그람양성의 간균으로, *Bacillus*, *Clostridium* 속 균

이 대표적이다. 구균에서는 드물지만 *Sporosarcina* 속 균이 내생포자를 형성할 수 있다.

61

① 세균 염색체라 불리는 원형 DNA 형태로 존재한다.
③ 염색체가 불규칙한 모양으로 모여있는 부분을 말하며, 세포질 내에 응축되어 존재한다.
④ 이중 가닥 분자로 존재한다.

62

① 염색체와 독립적으로 존재하는 작은 환형 DNA이다.
② 자가복제가 가능하다.
③ 세균의 증식 시 복제되어 딸세포로 전달된다.

63

④ 세포 내에서 단백질의 합성이 주로 이루어지는 곳은 리보솜이다. 리보솜은 진핵세포와 원핵세포에 모두 존재하지만 서로 다른 두 가지 RNA 단위체를 갖는다. 진핵세포 리보솜(80S)은 40S 소단위체와 60S 소단위체로 이루어져 있고, 원핵세포 리보솜(70S)은 30S 소단위체와 50S 소단위체로 이루어져 있다.

64

① DNA에서 전사(transcription)된 mRNA로부터 단백질이 합성되는 과정인 번역(translation)은 두 개의 소단위체를 지니는 리보솜에서 일어난다.

65

③ 진핵세포의 리보솜(80S)보다 작은 70S로 50S와 30S의 소단위로 구성되며, 밀도가 낮다.

66

(A) – 세포의 형태가 변하지 않는 Bacillus형
(B) – 세포의 중앙이 팽창되는 Clostridium형
(C) – 세포의 끝이 팽창되는 Plectridium형

67

영양세포에는 없고 내생포자에만 존재하는 대표적인 화학물질은 디피콜린산이다.

68

① 편모가 없고 운동성을 지니지 않는다.
② 대사활성이 거의 없는 휴면상태로 존재한다.
③ 영양세포에 비해 일반소독제에 대한 저항성이 강하다.

영양세포와 내생포자

영양세포 (vegetative cell)	• 대사가 활발히 진행되어 세균이 분열하고 증식하는 상태의 세포 • 생존에 불리한 환경조건이 되면 포자 형성(sporulation) 과정 통해 내생포자 형성
내생포자 (endospore)	• 열, 건조, 동결, 방사선, 화학약품, 산 등 극한 환경에 강한 내성 • 오랜 기간 생존 • 주위 환경 개선 → 발아 → 영양세포로 전환 → 물질대사 시작 → 분열·증식

69

③ 탄소원 또는 질소원과 같은 주영양분이 부족할 때 포자 형성이 유도된다.

70

② 영양세포와 다른 매우 복잡한 구조를 이룬다.
③ 내생포자를 형성하는 세균의 대부분은 그람양성의 간균이다.
④ 내생포자의 벽은 굴절성이 있어 일반 염색법으로는 쉽게 관찰되지 않는다. 포자를 염색하는 특수 염료로 염색해야 광학 현미경이나 전자 현미경으로 포자를 쉽게 관찰할 수 있다.

71

④ core(중심, 심부) – core wall(중심벽) – cortex(피층, 피질) – spore coat(포자막, 포자각) – exosporium(외막, 외피)

72

② 중심부는 포자 DNA가 있는 핵부위와 세포질로 구성되어 있으나 물질대사는 일어나지 않는다. 발아하게 되면 영양세포의 세포질이 되는 부분이다.

73

① *Bacillus*는 그람양성의 유포자간균이다.
② *Pediococcus*는 포자를 형성하지 않는다.
④ *Sporolactobacillus*는 그람양성의 유포자 유산간균이다.

74

포자가 형성될 때 세포의 모양이 변하지 않는 것을 Bacillus type, 세포의 중앙이 부풀어 방추형이 된 것을 Clostridium type, 끝부분이 부풀어 곤봉형이 된 것을 Plectridium type 이라 한다.

75

③ 내생포자의 발아 과정은 활성화(activation) → 발아(germination) → 성장(out-growth)의 세 단계에 걸쳐 일어난다.

76

① 봉입체는 세포질 안에 유기물 또는 무기물을 축적하고 저장하는 곳으로 크기와 수, 저장물질은 매우 다양하다. 환경조건이 악화되어 주위에서 영양성분을 획득하기 어려워지면 봉입체에 저장한 영양물질을 이용하게 된다.

77

③ 유사분열이나 감수분열을 관찰할 수 있는 것은 진핵세포이다.

78

① 원핵세포는 핵막으로 구성된 핵이 없고 핵양체로 존재한다.
② 진핵세포가 원핵세포에 비해 더 복잡한 구조를 지닌다.
③ 원핵세포는 삼투압 등의 외부 환경으로부터 세포를 보호하기 위한 세포벽이 있다.

79

② 그람양성균의 세포벽은 음성균에 비해 단순하며, 페니실린 등의 세포벽 합성을 저해하는 항생제에 저항성이 약한 편이다.
③ 막 구조가 없어 염색체가 불규칙한 모양으로 모여있으며, 고리형의 이중 가닥형태로 존재한다.
④ 골지체는 진핵세포의 세포 내 소기관이다.

80

① 소포체는 진핵세포의 소기관 중 하나로 원핵세포는 소포체를 지니지 않는다.

81

③ 원핵세포는 삼투압으로부터 세포파괴를 보호하기 위해 세포벽으로 둘러싸여 있다.

82

③ 그람염색 시 2차 시약으로 Safranin을 사용한다.

83

② *Corynebacterium glutamicum*은 그람양성균으로 그람염색 시 균체가 보라색으로 염색된다.

84

㉠ 그람염색 시 크리스탈바이올렛으로 1차 염색을 하고, 사프라닌으로 2차 염색을 한다.
㉢ 그람음성의 경우 적색을 띤다.

85

④ 양성자 동력(proton motive force)을 이용하여 미생물의 이동에 관여하는 것은 편모이다.

86

① 그람염색 시 사용하는 시약은 Crystal violet, Iodine, Safranin이 있다.

87

③ 세균의 세포벽 구조 중 내독소(endotoxin)로 작용하는 것은 Lipid A 이다.

88

④ 점액층과 캡슐은 세포벽의 일부가 아니다.

89

② 그람염색 시 요오드 용액은 크리스탈 바이올렛 용액을 고정해주는 매염제의 역할을 한다.

90

① 편모는 플라젤린(flagellin) 단백질로 구성된 길고 딱딱한 섬유가닥으로 코일 또는 나선형처럼 구부러진 모양이다.

91

② 항생제 페니실린은 펩티도글리칸층이 구성될 때 가교 역할을 하는 펩티드 형성 억제로 세포벽 합성을 억제하여 분열 중인 세균증식을 억제한다.

92

③ 1차 염색약인 크리스탈 바이올렛에 의해 그람양성균과 그람음성균 모두 염색된다.

93

㉠ 글리칸 사슬을 구성하는 N-acetylglucosamine과 N-acetyl muramic acid는 $\beta-1,4$ 배당결합으로 연결되어 있다.
㉢ 라이소자임은 N-acetylglucosamine과 N-acetyl muramic acid 사이의 배당결합을 끊어 세균을 사멸시키는 물질이다.
㉣ 고세균은 유사펩티도글리칸(pseudomurein) 성분의 세포벽을 가진다.

94

- A – 원형질막(내막)
- B – 펩티도글리칸
- C – 외막
- D – 점질층이나 협막
- E – 편모

③ 외막에는 내독소(endotoxin)를 함유하는 지질다당류(LPS, lipopolysaccharide)가 존재한다.

95

② 디피콜린산(dipicolinic acid)은 영양세포에는 없고, 내생포자에만 존재하는 특이한 화학물질이다. 내생포자에는 디피콜린산과 칼슘이 풍부하여 칼슘-디피콜린산 복합체가 다량 형성되며, 이로 인해 포자의 내열성이 증가되고 건조한 환경과 여러 화학물질에 대한 강한 내성을 갖게 되는 것으로 알려져 있다.

01 ④	02 ①	03 ②	04 ③	05 ①
06 ①	07 ④	08 ②	09 ③	10 ①
11 ③	12 ②	13 ①	14 ③	15 ③
16 ④	17 ②	18 ④	19 ①	20 ③
21 ③	22 ②	23 ④	24 ③	25 ④
26 ①	27 ②	28 ②	29 ④	30 ②
31 ④	32 ③	33 ④	34 ②	35 ②
36 ②	37 ④	38 ②	39 ②	40 ④
41 ④	42 ①	43 ④	44 ②	45 ④

01

④ 엽록체는 동물세포에는 없고, 식물세포에만 존재하는 광합성 부위로 빛 에너지를 이용하여 이산화탄소와 물에서 탄수화물을 합성한다.

02

② 조류(algae)와 식물(plant)의 세포벽은 셀룰로스가 주성분이다.

③ 효모(yeast)의 세포벽은 글루칸과 만난이 주성분이다.

④ 동물세포는 세포벽이 없다.

03

① cellulose나 chitin은 곰팡이의 세포벽 구성성분이다.

③ β-glucan은 효모의 세포벽 구성성분이다.

④ mannan은 효모의 세포벽 구성성분이다.

04

③ 진핵세포의 세포막의 수송법도 기본적으로 원핵세포와 동일하다.

05

미토콘드리아는 외막과 내막의 이중구조이며 내막은 넓은 표면적을 얻기 위해 주름진 크리스테(cristae) 구조를 가진다.

06

① 리보솜은 막이 존재하지 않는다.

② 소포체는 이중층의 단일막을 지닌다.

③ 세포막은 이중층의 단일막을 지닌다.

④ 중심액포는 이중층의 단일막을 지닌다.

07

④ 세포질은 원핵세포와 진핵세포에 모두 존재하며, 진핵세포의 세포질은 원핵세포와 마찬가지로 단백질(효소단백질 포함), 탄수화물, 지방, 무기질 등을 함유한 액상 콜로이드 용액이다. 세포질은 세포 소기관인 핵, 인, 염색체, 리보솜, 미토콘드리아, 소포체, 골지체, 리소솜 및 액포 등을 포함하며, 생화학 반응이 진행되는 장소를 제공한다.

08

(A) 중간섬유(intermediate), (B) 미세소관(microtubule),
(C) 미세섬유(microfilament)

① (B)는 가장 큰 지름을 지니며, 원통형 소기관으로 단백질인 튜불린으로 구성된다.

③ 중간크기 섬유로 소기관의 고정에는 (A), 백혈구 세포의 아메바 운동의 원천에는 (C)가 관여한다.

④ (B)는 microtubule이고, (C)는 microfilament이다.

09

세포골격

미세섬유(microfilament)
• 지름 7nm, 2개의 액틴이 나선모양으로 꼬인 구조
• 세포질 유동이나 세포 형태의 변화
• 운동단백질인 미오신과 접촉하여 근육수축
• 백혈구 세포의 아메바 운동의 원천

미세소관(microtubule)
• 지름 25nm(내부 15nm), 튜불린(원통모양의 구조)
• 세포의 운동성(편모, 섬모)에 관여
• 세포 내 소 기관을 이동에 관여
• 세포분열 시 염색체의 이동

중간섬유(intermediate filament)
• 지름 10nm, 섬유 모양의 다양한 단백질
• 핵막과 세포막 사이에 위치
• 세포 소기관들을 제자리에 고정

10

② 미세소관은 필라멘트성 원통형 소기관으로 단백질인 튜불린으로 구성된다.

③ 미세섬유의 지름은 7nm 정도이며, 2개의 액틴이 나선모양으로 꼬인 구조로 이룬다.

④ 세포골격은 진핵세포에만 존재한다.

11

③ 핵은 세포의 생명활동에 필수적인 유전정보를 저장하며, 이중층의 이중막으로 된 핵막에 의해 세포질과 구분되어 있다. 핵막에는 핵과 세포질 사이의 성분을 교환할 수 있는 핵공이 있다.

12

② 리보솜의 구성물질인 rRNA를 합성하는 중요한 장소는 인 (nucleolus)이다.

13

① mRNA로부터 단백질이 합성되는 과정인 번역(translation)은 두 개의 소단위체를 지니는 리보솜에서 일어난다.

14

자유리보솜과 부착리보솜

자유 리보솜	• 미토콘드리아, 엽록체의 막단백질 • 세포질 내 효소 (해당과정 등) • 세포골격 • 핵공을 통해 들어가는 단백질
부착 리보솜	• 핵막, 세포막, 소포체, 골지체, 리소솜의 막단백질 • 리소솜 내 포함되는 효소 • 세포 밖으로 분비되는 효소, 호르몬 (인슐린 등)

15

③ 자유리보솜은 세포질에 유리형으로 존재하는 리보솜을 말하며, 미토콘드리아나 엽록체의 막단백질을 합성하는 것으로 알려져 있다.

16

④ 원핵세포 리보솜의 50S 소단위체에는 5S rRNA와 23S rRNA 및 34개의 단백질이 포함되어 있다.

17

② 소포체는 세포의 종류에 따라 각 기능이 다르다. 핵막과 세포막 등과 연결되어 있고 형태에 따라 조면 소포체와 활면 소포체 두 가지로 분류할 수 있다. 조면 소포체는 주로 단백질 합성이 일어나는 장소이며, 리보솜이 부착되어 있지 않은 활면 소포체는 스테로이드와 같은 지방합성 장소이자 생합성 물질의 통로이며 많은 효소를 가지고 있어 영양물질 분해 대사 기능에 관여한다.

18

① 세포와 근육수축을 위한 칼슘저장 기능은 활면소포체의 기능이다.
② 활면소포체는 스테로이드 합성 기능을 가지고 있다.
③ 알코올이나 약품 등의 독성화합물을 분해하는 것은 활면 소포체의 기능이다.

19

②, ③ 세포에 필요한 막을 만들거나 단백질의 화학적 변형을 일으키는 것은 거친면 소포체의 기능이다.
④ 손상된 조직세포를 소화분해하는 기능은 리소솜의 기능이다.

20

① 4 ~ 8개의 납작한 주머니 모양의 시스터네(cisterna)가 서로 떨어져서 존재한다.
② 골지체는 단일막구조이며, 내막에는 전자전달계 효소가 존재하는 것은 미토콘드리아다.
④ 골지체에서 합성된 분비단백질을 저장하여 농축한 후 리소솜으로 분비한다.

21

③ 리소솜 내 효소의 최적 pH는 약 5이며, 동물세포에서 주로 발견된다.

22

② 미토콘드리아는 세포호흡과 산화적 인산화반응으로 세포의 에너지인 ATP 생성기관이다. 다량의 에너지가 필요한 세포일수록 더 많은 미토콘드리아를 가지고 자신만의 DNA와 70S 리보솜을 함유하여 자가증식이 가능하다.

23

① 스트로마: 엽록체의 내막이 감싸고 있는 부분
② 크리스타: 미토콘드리아 내막의 구조
③ 시스테나: 골지체의 납작한 주머니 모양의 구조

24

③ 편모와 섬모의 구조는 유사하나 다른 움직임을 나타낸다.

25

① 진핵세포 내 소기관을 포함하는 곳은 세포질이다.
② 생명활동에 필요한 대부분의 유전정보(DNA)를 수용하는 곳은 핵이고, rRNA를 합성하는 것은 인이다.
③ TCA cycle과 지방산의 산화가 일어나는 곳은 미토콘드리아의 기질이다.

26

② 세포벽성분에 펩티도글리칸 층을 가지는 것은 원핵세포이다.

③ 염색체가 핵 내에 존재한다.

④ 스피로헤타는 세균의 형태 중 여러차례 꼬부라진 형태의 나선형 균을 말한다.

27

② 펩티도글리칸은 세균의 단단한 세균 세포벽의 주성분으로 진핵세포는 일반적으로 펩티도글리칸 층을 지니지 않는다.

28

① 리소솜은 골지체로부터 분비된 소낭이며, 내부에 다양한 가수분해 효소를 함유하여 세포질 내의 외부로부터 들어온 물질이나 손상된 조직 세포 등을 분해하는 기능을 한다.

③ 진핵세포 리보솜(80S)은 원핵세포 리보솜(70S)보다 크고, 40S와 60S 단위체로 이루어져 있다.

④ 핵 안에 있는 인에서는 리보솜의 구성물질인 rRNA를 합성한다.

29

④ 진핵세포는 염색체 구조에 히스톤과 인을 지닌다.

30

① (가)는 식물세포에만 존재한다.

③ 스트로마(stroma)는 (가)의 내막이 감싸고 있는 부분으로 무색이다.

④ (가)와 (다)는 자신만의 DNA와 70S 리보솜을 함유하여 단백질을 합성하고 이분법으로 분열하여 자가증식을 한다.

31

① 리보솜 – 단백질합성 / 핵 – 유전정보 저장

② 세포막 – 물질의 선택적 투과

③ 미토콘드리아 – 전자전달을 통한 ATP 생산

32

③ 인 – rRNA 합성

33

④ 액포는 물질을 저장하고, 수송 및 소화, 세포수분 균형을 유지하는 역할을 한다.

34

② 인지질 이중막으로 구성되어 있는 것은 세포막이다.

35

② 해당 특징을 지니는 것은 진핵세포이며, 진핵세포를 갖는 미생물은 효모, 곰팡이, 조류가 있다.

36

② TCA cycle은 미토콘드리아 기질에서 일어나므로 이와 관련된 효소를 저장한다.

37

① 미토콘드리아(가)는 동물세포와 식물세포에 모두 존재한다.

② 미토콘드리아(가)와 엽록체(나)의 경우, 자신만의 DNA가 각각 들어있다.

③ 간세포나 근육세포같이 에너지 소비가 큰 세포는 미토콘드리아(가)가 많이 들어있다.

38

② 소포체와 결합되어 있는 형태의 부착리보솜에서는 막단백질, 리소솜 내 포함되는 효소 및 세포밖으로 분비되는 단백질 등이 합성된다.

39

① 원핵세포의 경우 세포호흡을 통한 에너지 생성에 관여하는 세포 소기관인 미토콘드리아가 없고, 세포막 부위의 메소솜에 호흡 관련 효소가 분포한다.

③ 원핵세포에는 핵막으로 구성된 핵이 없어 DNA는 세포질에 퍼져서 분포하는 핵양체가 존재하며, 진핵세포에는 핵막에 쌓인 형태인 핵(nuclear)이 있다.

④ 주로 글루칸과 만난으로 구성되어 있는 것은 효모의 세포벽이다.

40

① 핵막의 유무: 원핵(×), 진핵(○)

② 미토콘드리아의 유무: 원핵(×), 진핵(○)

③ 엽록체의 유무: 원핵(×), 진핵(○)

41

메소솜과 편모의 경우 주로 원핵세포에 존재하고, 미토콘드리아는 진핵세포에만 존재한다. 반면, 세포질의 경우 진핵세포와 원핵세포에 공통으로 존재한다.

42

리소솜은 진핵세포에만 존재하며, 세포질, 리보솜, DNA 등은 원핵세포와 진핵세포에 공통적으로 존재한다.

원핵세포와 진핵세포의 형태, 구조 및 대사 비교

구분	원핵세포	진핵세포
세포구조	단순하고 원시적이며 작음	복잡하고 진화되고 큼
세포형태	단세포	단세포, 다세포
세포벽 성분	펩티도글리칸	섬유소, 키틴, β-글루칸
세포조직	세포벽, 세포막, 세포질, DNA, 리보솜	세포벽, 세포막, 세포질, DNA, 리보솜, 핵막, 인, 미토콘드리아, 세포골격, 소포체, 골지체, 액포
호흡계	세포막, 메소솜	미토콘드리아
세포분열	무사분열	유사분열
생물의 종류	세균, 방선균, 시안세균 (이전 남조류)	고등 동·식물, 균류(효모, 곰팡이, 버섯), 조류(남조류 제외), 원생동물

43

① 원핵세포는 세포막의 변형으로 생성된 메소솜이 미토콘드리아 대신 세포 호흡계로 작용한다.
② 원생생물은 진핵세포를 지닌다.
③ 핵을 지니고 있는 진핵세포는 원핵세포에 비해 크기가 크고 대부분 생물이다.

44

리보솜(ribosome)
• 단백질을 합성하는 세포 내 소기관
• rRNA와 단백질로 구성되어 있음
• 원핵세포의 리보솜(70S): 50S의 큰 단위체+30S의 작은 단위체
• 진핵세포의 리보솜(80S): 60S의 큰 단위체+40S의 작은 단위체

45

①, ③ 미토콘드리아 − 호흡 및 ATP 합성
② 리보솜 − 단백질합성

Chapter 01 | 세균의 형태와 구조

01 ②	**02** ①	**03** ④	**04** ②	**05** ②
06 ④	**07** ①	**08** ③	**09** ④	**10** ③
11 ④	**12** ④	**13** ③	**14** ①	**15** ③
16 ④	**17** ①	**18** ④	**19** ①	**20** ③
21 ③	**22** ④	**23** ④		

01

② 세균과 곰팡이의 중간적 성상을 가지는 방선균도 넓은 의미에서 세균류에 포함시키기도 한다.

02

① 세균의 세포질 내에는 약 75%의 수분이 존재한다.
세균은 진정세균으로 분류되는 원핵생물로 구형 또는 막대기 형태의 단세포 생물이며, 분열에 의해 무성적으로 증식한다. 세균은 세포 내 소기관이 없는 원핵생물로 비교적 단순한 세포구조를 갖고 있다.

03

① 핵양체는 세균의 세포질에 존재한다.
② 일반적으로 세균의 포자는 곰팡이, 효모의 포자보다 내열성이 강하다.
③ 세균은 분열법으로 증식하고 내생포자를 형성하는 균도 있다.
④ 플라스미드(plasmid)는 작은 환형의 DNA로 생존과는 무관한 항생제 내성, 독소의 생산, 독성물질에 대한 내성 등을 부여하는 유전자를 갖고 있다. 또한, 자가복제 특성을 갖고 있으며, 실험실에서 쉽게 증식 및 분리시킬 수 있다.

04

② *Clostridium* 속은 중온성 균이 많다.

05

세균을 분류하는 기준으로는 그람염색성(그람양성 또는 그람음성), 형태(구균, 간균, 나선균 등) 및 생화학적 특성(당 이용유무 등) 등을 들 수 있다.

06

① 연쇄상구균(streptococcus)은 한쪽 방향으로 계속 분열하여 긴 사슬 모양의 균을 말하며, staphylococcus는 포도상구균을 말한다.
② 쌍구균(diplococcus)은 분열 후 2개씩 연결되어 존재하는 균을 말하고, 사련구균(tetracoccus)은 두 방향으로 분열하여 네 개의 세포군을 형성하는 균을 말한다.
③ 단구균(monococcus)은 세포분열 후 세포가 떨어져서 존재한다.

07

② 장간균(long rod)은 길이가 폭의 2배 이상으로 긴 막대기 형태의 간균이다.
③ 연쇄상간균(streptobacillus)은 연쇄상으로 배열된 긴 사슬 형태의 간균이다.
④ 나선균(spirillum, 복수: spirilla)은 나선형의 균이 견고한 형태이면 스피로헤타라고 하며, 유연하면 나선균(spirilla)이라 부른다. 또한 *Vibrio* 속처럼 그 모양이 짧아서 문장부호인 콤마와 같은 형태를 한 것도 있다.

세균세포의 형태

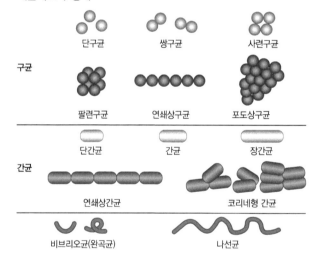

08

① *Escherichia coli* − 간균
② *Bacillus subtilis* − 간균
③ *Spirillum serpens* − 나선균
④ *Vibrio cholera* − 콤마형 나선균

09

④ 세균은 분열에 의해 둘로 나뉘어지는 이분법(분열법)으로 증식한다.

10

③ 세포의 크기가 증가하면서 DNA 복제가 이루어지며, 세포막과 세포벽 등이 포함된 격벽이 형성되면서 점차적으로 세포가 분리된다.

11

④ 포자낭포자를 형성하는 것은 곰팡이류(접합균류)이다.

12

④ 세균은 진정세균으로 분류되는 원핵생물로 분열에 의해 무성적으로 증식한다.

13

③ *Micrococcus* 속은 호기성균으로 미생물의 생육에 절대적으로 산소를 요구한다.

14

② 그람음성균 − *Serratia* / 그람음성균 − *Acetobacter*
③ 그람양성균 − *Micrococcus* /
그람양성균 − *Corynebacterium*
④ 그람음성균 − *Alcaligenes* / 그람양성균 − *Pediococcus*

15

③ 격벽의 유무는 곰팡이 분류의 중요한 지표이다.

16

④ 재래식 간장에 회백색의 피막을 형성하는 것은 *Zygosaccharomyces japonicus* 및 *Z. salsus* 등이 있다.

17

① 지표미생물은 생육을 위해 특정조건을 필요로 하지 않는다.

18

④ *Bacillus* 속은 그람양성 호기성 또는 통성혐기성의 간균이다.

19

② 황색포도상구균은 그람염색 시 자색을 띤다.
③ 황색포도상구균은 포도상구균 형태이다.
④ 장염 비브리오균과 살모넬라균은 감염형 식중독을 유발하는 균이다.

20

③ 원핵세포인 세균은 미토콘드리아가 없으며, 세포막 또는 메소솜에서 호흡이 이루어진다.

21

① *Staphylococcus aureus* − 80℃ 20분
② *Clostridium botulinum* − 121℃ 5분
③ *Staphylococcus aureus* 독소 − 220 ~ 250℃ 30분
④ *Clostridium botulinum* 독소 − 100℃ 1 ~ 2분/ 80℃ 20분

22

④ *Ciardia intestinals* 는 편모충류로 식중독 및 식품감염을 일으키는 미생물이 아니다.

23

④ 효모는 인간에게 식중독을 유발하기 보다는 발효와 관련이 깊다.

Chapter 02 | 그람양성균

01 ②	02 ③	03 ①	04 ④	05 ①
06 ④	07 ④	08 ②	09 ①	10 ①
11 ③	12 ②	13 ③	14 ④	15 ③
16 ①	17 ②	18 ①	19 ②	20 ②
21 ④	22 ②	23 ②	24 ①	25 ④
26 ①	27 ②	28 ④	29 ②	30 ③
31 ④	32 ①	33 ③	34 ④	35 ②
36 ③	37 ④	38 ①	39 ①	40 ③
41 ②	42 ④	43 ②	44 ②	45 ③
46 ④	47 ②	48 ④	49 ①	50 ①
51 ③	52 ②	53 ③	54 ①	55 ④
56 ③	57 ②	58 ③	59 ①	60 ②
61 ④	62 ④	63 ①	64 ④	65 ①
66 ②	67 ①	68 ③	69 ④	70 ③
71 ④	72 ①	73 ③	74 ①	75 ③
76 ③	77 ③	78 ③	79 ①	80 ①
81 ③	82 ②	83 ③		

01

가. *Proteus*는 그람음성균이다.
다. *Brucella*는 그람음성균이다.
라. *Helicobacter*는 그람음성균이다.

02

③ *Erwinia carotovora*는 그람음성균으로 팩틴 분해효소 활성이 강하여 청과물 시장에서 야채와 과일의 부패를 유발하는 주요 원인균으로 알려져 있다.

03

① *Bacillus*속은 탄수화물과 단백질 분해능력이 강하여 장류 제조와 효소 생산 등 다양하게 이용되나, 빵이나 밥에 증식하며 변질을 유발하기도 한다.

04

④ 무가스산패(flat sour)란 통조림 등에서 일어나는 변패 현상으로 가스가 발생하지 않아 뚜껑이나 밑면이 평평한 상태이지만 내용물이 변패된 상태를 말한다. Flat sour의 원인균인 *B. coagulans*, *B. stearothermophilus*는 내열성 포자를 형성하기 때문에 열처리가 불완전한 통조림에

서 변패를 일으키기 쉽고, 탄산가스를 생성하지 않으므로 통조림의 외관에는 영향을 주지 않는다.

05

② *Halobacterium*속은 포자를 형성하지 않는다.
③ *Desulfotomaculum*속은 편성혐기성의 포자형성 세균이다.
④ *Sporolactobacillus*속은 포자를 형성하는 유산간균이지만 호기성세균이 아니다.

06

① *Bacillus*는 호기성 또는 통성혐기성의 포자형성균이다.
③ *Bifidobacterium*, *Klebsiella*는 둘 다 포자를 형성하지 않는다.

07

④ *Clostridium*속은 일반적으로 토양 중에 존재하는 것이 많고, 공중 질소를 고정하는 능력이 있는 것도 있다.

08

① *B. megaterium*은 다른 균주에 비해 크기가 크고, 비타민 B_{12}를 생산한다.
③ *B. cereus*는 주모성의 편모를 지니며 설사형 또는 구토형 식중독의 원인균이다.
④ *B. anthracis*는 인수공통감염병인 탄저의 원인균이다.

09

① 바실러스속의 대표균으로 통성혐기성의 주모형 편모를 지닌 그람양성균이다.

10

② 생육적온이 50℃ 이상인 호열성의 통조림 부패균으로 알려진 것은 *B. stearothermophilus*이다.
③ 항생물질인 polymixin을 생성하는 것은 *B. polymyxa*이다.
④ *B. natto*와 달리 비오틴을 생육인자로 요구하지 않는다.

11

① *B. cereus*는 설사형 또는 구토형 식중독의 원인균이다.
③ *B. thuringiensis*는 곤충에 대한 독성물질을 생성하며, *B. polymyxa*는 항생물질인 polymixin을 생성한다.
④ *B. anthracis*는 인수공통전염병인 탄저의 원인균이다.

12

② 빵에서 끈적끈적한 물질을 만드는 로프(rope) 변패의 원인균은 *B. subtilis*, *B. licheniformis* 등으로 알려져 있다.

13

③ *Bacillus thuringiensis* 는 대표적인 살충미생물로, BT toxin을 생산하는 것으로 알려져 있다.

14

① 절대 혐기성의 그람양성 간균이다.
② 글루탐산 생성력이나 탄화수소 자화성이 없다.
③ 편모를 지닌 것도 있고 지니지 않은 것도 있다.
④ 단백질을 분해하여 식품을 부패시키는 균종과 탄수화물을 발효시켜 낙산, 초산, 이산화탄소, 수소, 알코올, 아세톤을 생성하는 균종 등이 있다.

15

③ *C. tetani* 는 3급 법정감염병인 파상풍의 원인균이다.

16

가. 독성이 매우 강한 신경독소를 생산 – *Cl. botulinum*
나. 통조림의 부패 및 팽창의 원인균 – *Cl. sporogenes*
다. 당을 발효하여 낙산을 생성 – *Cl. butylicum*

17

① *Cl. acetobutyricum* 는 전분 및 당을 발효하여 아세톤, 부탄올 등을 생성한다.
③ *Cl. botulinum* 은 식품내에서 증식할 때 neurotoxin이 생성된다.
④ *Cl. perfringens* 는 소량의 산소가 존재하여도 생육할 수 있다.

18

① *Cl. acetobutyricum* 은 아세톤-부탄올 발효균으로 전분 및 당을 발효하여 아세톤, 부탄올, 에탄올, 유기산, 이산화탄소, 수소 등을 생성한다.

19

② *Desulfotomaculum* 속은 주모성 또는 극모성의 편모를 지니므로 운동성을 나타낸다.

20

② *Leuconostoc mesenteroides* 는 내염성으로 김치, 사우어크라우트, 피클 등 채소발효식품의 숙성에 관여하는 대표적인 유산균이다. 또한, 설탕으로부터 다량의 덱스트란(dextran) 생산하므로 제당공장에서는 파이프를 막히게 하는 원인균이기도 하다.

21

① *Clostridium* 은 그람양성의 편성혐기성 간균으로 유산을 생성하지 않는다.
② *Leuconostoc* 은 그람양성의 구균으로 유산을 생성한다.
③ *Propionibacterium* 은 유산을 발효하여 프로피온산을 생성한다.

22

② catalase는 음성이고, peroxidase 양성이다.

23

① 6탄당을 발효하여 에너지를 얻는다.
③ *Lactobacillus* 는 포자를 형성하지 않는다.
④ G+C 함량이 50% 이하이다.

24

① 유산균의 생리활성으로 항균작용, 면역증진, 유당불내증 개선, 항암작용, 정장작용 등이 있다.

25

다. 유산이 주된 산물이나 유산 이외에 에탄올, 초산 등도 생성하며, 자신이 생성한 유산에 대해 내산성을 지닌다.

26

① *Pediococcus* 는 정상유산발효균으로 포도당을 발효하여 유산만을 생성한다.

27

① *Lactobacillus casei* – 정상유산발효,
Lactobacillus brevis – 이상유산발효
③ *Leuconostoc mesenteroides* – 이상유산발효,
Lactobacillus acidophilus – 정상유산발효
④ *Lactobacillus brevis* – 이상유산발효,
Pediococcus sojae – 정상유산발효

28

이상유산발효(hetero lactic fermentation) 유산균은 5탄당 인산경로를 통하여 유산 이외에 에탄올, 초산, 이산화탄소 등의 대사산물을 생성한다.

29

② 포도당을 기질로 하여 유산을 생성할 때, 유산 이외에 초산, 에탄올, 이산화탄소 등의 대사산물을 생성하는 것은 이상발효유산균에 해당된다.

30

① *Leuconostoc* 속은 Hetero형이고, *Pediococcus* 속은 Homo형이다.
② Hetero 젖산균은 당으로부터 젖산, 에탄올, 초산을 생성하며, Homo 젖산균은 젖산만을 생성한다.
④ *Lactobacillus* 속은 Homo형도 있고, Hetero형도 있다.

31

④ *Lactobacillus brevis* 는 이상유산발효균으로 발효 중에 이산화탄소를 생성하는 특성이 있다.

32

① C$_5$H$_{10}$O$_5$ → CH$_3$CHOHCOOH(젖산) + CH$_3$COOH(초산)

33

③ *Lactobacillus delbrueckii* 는 전분당화액이나 당밀을 원료로 이용한다.

34

④ 산 생성능이 강하고, 산에 대한 내성도 강한편이다.

35

② *Leuconostoc* 속은 카로티노이드 색소를 생성하지 않는다.

36

③ catalase 음성으로 호기적인 환경에서 빠르게 증식하지 못한다.

37

④ 비타민 B$_{12}$를 정량하는 데 이용되는 균은 *Lactobacillus leichmannii* 다.

38

① *Lactobacillus bulgaricus* 는 정상유산발효균으로 요구르트 생산과정에서 *Streptococcus thermophlius* 와 함께 스타터(종균)로 첨가된다.

39

① *Lactobacillus acidophilus* 는 정상유산발효균으로 사람의 장에 정착하여 유해균을 억제하고 면역을 조절하는 등 유익한 작용을 한다.

40

① *Lactobacillus bulgaricus* 는 요구르트 스타터로 이용한다.
② *Lactobacillus homohiochi* 는 저장 중인 청주에서 백색의 혼탁과 악취를 유발하는 변패균이다.
④ *Streptococcus thermophilus* 는 *Lactobacillus bulgaricus* 와 함께 요구르트의 제조 시 스타터로 이용된다.

41

② 호열성으로 생육 최적온도가 42℃ 이다.

42

① *Lb. brevis* – 이상유산발효균
② *Lb. plantarum* – 김치 발효 후기에 주로 관여
③ *Lb. heterohiochi* – 청주 백탁 유발

43

② *Sporolactobacillus inulinus* 는 유포자 유산간균이다.

44

① *Streptococcus cremoris* 는 치즈의 스타터로 이용된다.
③ *Streptococcus lactis* 는 치즈의 스타터로 이용되며, nisin을 생성한다.
④ *Streptococcus thermophilus* 는 *Lactobacillus bulgaricus* 와 함께 요구르트의 제조 시 스타터로 이용된다.

45

① *Lactobacillus casei* 는 치즈의 숙성에 관여한다.
② *Lactococcus lactis, Lactococcus cremoris* 는 치즈의 스타터로 이용된다.
④ *Pediococcus cerevisiae* 는 맥주 변패를 유발하고, *Leuconostoc dextranicum* 은 덱스트란을 생성한다.

46

④ *Leu. mesenteroides*는 설탕으로부터 다량의 덱스트란을 생산하므로 제당공장의 파이프를 막히게 한다.

47

② *Streptococcus thermophilus* – 요구르트 스타터 / *Lactococcus lactis* – 나이신 생성

48

④ *Streptococcus thermophilus*는 구연산을 분해하여 우유 발효 시 향기성분인 디아세틸을 생성한다.

49

① *Lactobacillus acidophilus*는 발효유의 일종인 아시도필루스 밀크 제조에 이용되며, 장내에서 생육하면서 정장작용이 강하므로 유산균제제로도 사용된다.

50

① *Leuconostoc mesenteroides*는 내염성으로 김치, 사우어크라우트, 피클 등 채소발효식품의 숙성에 관여하는 대표적인 유산균이다. 김치 발효 초기부터 김치가 가장 맛있다고 느껴지는 숙성 초기까지 주된 역할을 한다. 발효 초기에 증식하여 산을 생성하고 김치를 혐기 상태로 만들어 다른 세균의 생육을 억제한다고 알려져 있다.

51

③ *Clostridium sporogenes*는 통조림 부패 및 팽창을 일으키는 원인균이다.

52

② 카탈레이스 양성의 구균이다.

53

① *Serratia marcescens*는 그람음성균으로 적색색소를 생성한다.
② *Micrococcus luteus*는 그람양성균으로 황색색소를 생성한다.
④ *Clostridium sporogenes*는 그람양성균으로 단백질이 풍부한 식품이나 통조림의 부패 및 팽창을 일으키는 균이다.

54

② 황색색소를 생성하는 균주의 경우 식중독을 유발하지 않는다.
③ 토양, 물, 식품 등 자연계에 널리 분포하고 있다.
④ 산소를 필요로 하는 호기적인 균주이다.

55

나. *M. cryophilus* : 10℃ 이하의 온도에서도 생육 가능
다. *M. luteus* / *M. roseus* : 황색 또는 적색 색소 생성
라. *M. varians* : 내열성으로 저온살균에 의해서도 생존

56

① *Serratia marcescens* – 적색
② *Pseudomonas fluorescens* – 녹색
④ *Vibrio parahaemolyticus* – 색소를 생성하지 않음

57

② *Staphylococcus aureus*는 포도상구균으로 황색 색소를 생성하며, 사람에게서 화농성 질환과 식중독을 일으킨다.

58

③ *Staphylococcus aureus*는 장독소을 형성하며, 혈액응고효소 양성이다.

59

② 그람양성의 호기성 간균
③ 포자 형성하지 않음
④ 주로 비운동성

60

① 비운동성
③ 혐기성균
④ catalase 양성

61

④ 급성 혹은 만성 위염을 초래하여 소화성 궤양을 일으키기도 하는 것은 헬리코박터(*Helicobacter*)균이다.

62

① *Brevibacterium erythrogenes*는 적색색소를 생성한다.
② *Corynebacterium bovis*는 우유크림의 산패 및 악취를 발생시키는 원인균이다.
③ *Desulfotomaculum nigrificans*는 통조림의 흑변을 일으키는 원인균이다.

63

① *Corynebacterium glutamicum*은 그람양성의 호기성 또는 통성혐기성 간균으로 MSG(monosodium glutamate)의 원료인 글루탐산을 생성하는 균이다.

64

④ 리스테리아는 중온균이나, 4℃에서도 생육이 가능하다.

65

① 저온살균법(pasteurization)은 우유 내 존재하는 병원균 중에서 가장 내열성이 높은 균인 결핵균(*Mycobacterium tuberculosis*)을 사멸하는 조건을 기준으로 설정되었다.

66

① 식초양조유해균 – *Acetobacter xylinum*
③ 맥주변패 – *Pediococcus cerevisiae*
④ 청주변패 – *Lactobacillus homohiochi*, *Lactobacillus heterohiochi*

67

① *Mycobacterium*속은 글루탐산을 생산하지 않는다.

68

③ *Torulopsis versatilis*는 간장덧에 존재하거나 숙성에 관여하는 효모이다.

69

④ *Corynebacterium glutamicum*은 MSG(monosodium glutamate) 생성 균주이다.

70

① *Micrococcus* : 내염성과 내열성이 강하며 자연계에 널리 분포되어 있는 구균
② *Leuconostoc* : 김치, 피클, 사우어크라우트 등 채소발효식품의 숙성에 관여하는 구균 또는 쌍구균
④ *Staphylococcus* : 포도상구균

71

Helicobacter
• 엡실론(ε)-프로테오박테리아 강
• 그람음성의 운동성을 가진 나선균
• 급성 혹은 만성 위염을 초래하여 소화성 궤양을 유발하기도 함 – *H. pylori*

72

① 오탄당 인산경로를 통하여 유산 이외에 에탄올, 초산, 이산화탄소 등을 생성하는 유산균은 이상발효(Hetero lactic fermentation)유산균이며, *Leuconostoc*, *Oenococcus*, *Weissella* 및 일부 *Lactobacillus*속이 이에 해당한다.

73

③ 류코노스톡속은 구균이나 쌍구균 형태로 존재하며, 김치 발효에 관여하는 유산균이다.

74

① 그람양성의 간균 또는 구균 형태로 식품 내에 존재하는 당류를 발효하여 에너지를 획득하고 다량의 유산을 생성한다.

75

① *B. cereus*는 호기성 또는 통성혐기성이며 포자를 형성한다.
② *Cl. botulinum*은 그람양성이며 포자를 형성한다.
④ *E. coli* O157 : H7은 장출혈성 대장균 감염증을 유발하는 병원균이다.

76

③ 베로톡신(verotoxin)을 생성하는 것은 장관출혈성 대장균(Enterohemorrhagic *E. coli*, EHEC)이다.

77

ⓛ 포자를 생성하지 않는다.
ⓒ 낮은 pH에 대한 내성을 갖는다.

78

③ *Clostridium*속은 그람양성의 간균이다.

79

① *Streptococcus mutans*는 충치 유발과 관련된 균이다.

80

② *Staphylococcus* – 그람양성 포도상구균
③ *Streptococcus* – 그람양성 연쇄상구균
④ *Shigella* – 그람음성 간균

81

③ 이상발효는 젖산균이 젖산 이외에 초산, 에탄올, 이산화 탄소 등의 대사산물 생성하는 발효를 말한다.

82

② T.A 부패(T.A. spoilage)
- H_2S를 생성하지 않고 고온성의 혐기성균인 *Desulfotomaculum nigrificans*에 의한 변패
- 식품에 산과 가스(CO_2, H_2)를 생성하며 높은 온도에 오래 두면 관이 팽창하여 파열

83

③ 호기성 또는 통성혐기성 미생물이다.

Chapter 03 | 그람음성균

01 ③	02 ②	03 ①	04 ④	05 ④
06 ②	07 ③	08 ④	09 ②	10 ④
11 ①	12 ①	13 ②	14 ④	15 ③
16 ①	17 ④	18 ③	19 ②	20 ①
21 ④	22 ①	23 ④	24 ②	25 ③
26 ①	27 ④	28 ④	29 ①	30 ③
31 ①	32 ④	33 ②	34 ①	35 ③
36 ④	37 ②	38 ②	39 ③	40 ②
41 ①	42 ③	43 ②	44 ④	

01

③ *Micrococcus luteus*는 그람양성의 구균으로 황색의 색소를 생성한다.

02

② 노카르디아(*Nocardia*)는 방선균으로, 프로테오박테리아문에 해당되지 않는다.

03

① 초산균은 그람음성균으로 알코올을 산화하여 초산을 생성한다.

04

① 생육적온은 30℃ 전후이다.
② 모든 초산균은 내산성이 강하며, 초산을 재분해하는 균도 있다.
③ *Acetobacter* 속은 *Gluconobacter* 속에 비해 다량의 초산을 생성할 수 있다.

05

④ *Acetobacter xylinum*은 식초 발효액에 두꺼운 균막을 만들어 혼탁을 일으키고, 생성된 식초산을 분해하여 악취를 발생시키기도 하므로 식초양조에서 유해균으로 작용한다.

06

① *Acetobacter aceti*는 전통적으로 식초양조에 이용되는 균으로 비교적 고농도의 주정에 견디며 8.7%까지 초산을 생성한다.
③ *Acetobacter oxydans*는 병맥주 혼탁의 원인균으로 기벽에 따라 높이 상승하는 균막을 형성한다.

07

③ *Acetobacter oxydans*는 아세트산을 재분해하지 않는다.

08

① *Acetobacter oxydans*: 8%까지 초산을 생성하기도 함
② *Acetobacter schiitzenbachii*: 8~11% 초산생성
③ *Acetobacter aceti*: 8.7%까지 초산생성

09

① *Acetobacter oxydans*는 초산을 재분해 하지 않는다.
③ *Acetobacter oxydans*는 초산을 재분해 하지 않는다.
④ *Gluconobacter* 속은 초산을 재분해 하지 않는다.

10

*Gluconobacter*는 초산을 생성하는 능력이 있어 식초 양조에도 이용되지만, *Acetobacter* 속 균주에 비하여 초산 생성력이 약하다. 포도당을 강하게 산화하여 글루콘산(gluconic acid)을 다량 생성하는 특성이 있으며, 일부 균주는 솔비톨(sorbitol)을 산화하여 비타민 C의 제조 원료인 소르보스(sorbose)를 생성하는 능력이 있다.

11

① 글루코노박터 로세우스는 비타민 C의 제조원료인 소르보스를 생성하는 능력이 있다.

12

① 호기적 상태에서 냉장보관된 식품의 부패에 주로 관여한다.

13

② *Pseudomonas fluorescens* 는 살균과정에서 쉽게 파괴되지 않는 내열성 단백분해효소(protease)를 생성하기 때문에 우유의 카제인(casein)을 분해시켜 쓴맛을 발생시킨다.

14

① 그람음성의 카탈레이스 양성인 간균이다.
② 한 개 또는 여러 개의 편모를 지니므로 운동성을 나타낸다.
③ 생육필수인자 및 비타민류의 자기 합성능력이 있어 영양요구성이 높지 않다.

15

③ *P. aeruginose* 는 녹농균으로 불리우며, pyocyanin 이라는 청색 색소를 형성한다.

16

① *Alcaligenes* 속은 그람음성의 호기성 간균으로 우유와 치즈를 점질화(ropiness) 시키는 등 단백질이 풍부한 식품의 변패와 관련이 있다.

17

④ 캠필로박터속은 단모성 편모를 이용하여 전형적인 나선형 운동을 한다.

18

① *Alcaligenes viscolactis* 는 우유의 알칼리화 및 표면점패를 일으킨다.
② *Salmonella typhi* 는 장티푸스의 원인균이다.
④ *Vibrio parahaemolyticus* 는 장염비브리오 식중독의 원인균이다.

19

② *Flavobacterium* sp.은 그람음성의 호기성 간균이며 편모를 지니지 않으므로 운동성을 나타내지 않는다. 균주에

따라서는 4℃의 저온에서도 증식하기도 하는 저온성균으로 황색, 적색 등의 색소를 생산하여 육류표면을 착색시키기도 한다.

20

가. 호기성 간균
다. 극모를 지니므로 운동성 있음

21

④ *Escherichia coli* 와 *Enterobacter aerogene* 는 그람음성, 통성혐기성 간균으로 장내세균과(Enterobacteriaceae)에 속한다.

22

② 포도당, 과당, 설탕만을 이용한다.
③ 그람음성 간균으로 Entner-Doudoroff pathway를 이용한다.
④ 대표균인 *Z. mobilis* 는 멕시코의 전통술 pulque 제조에 이용된다.

23

① 그람음성간균으로 산소가 없는 환경에서도 생육이 가능하다.
② 카탈레이스는 양성이며, 사이토크롬 산화효소는 음성이다.
③ 포도당이나 기타의 당을 발효할 수 있다.

24

장내세균과에 속하는 균으로는 *Escherichia*, *Enterobacter*, *Salmonella*, *Shigella*, *Serratia*, *Proteus*, *Yersinia*, *Klebsiella*, *Citrobacter* 속 등이 있다.

25

③ *Pseudomonas* 속은 장내세균과에 속하지 않는다.

26

① *Listeria* spp.은 장내세균과에 속하지 않는다.

27

① *Salmonella typhi* 는 운동성을 나타내며, 유당을 분해 하지 못한다.
② *Shigella dysenteriae* 는 비운동성이고, 유당을 분해 하지 못한다.
③ *Proteus vulgaris* 는 유당을 분해 하지 못한다.

28

④ 대장에서 베로독소를 생성하여 출혈성 설사, 용혈성 요독 증후군을 유발하는 것은 병원성대장균인 장출혈성 대장 균이다.

29

① 대장균은 그람음성간균으로 장내세균과에 속한다.

30

① 단백질 부패력이 강하지는 않다.
② 생육 최적온도는 37℃이며, 주모성 편모로 활발한 운동 성을 지닌다.
④ 히스티딘 탈탄산효소의 활성이 강하여 알레르기성 식중 독의 원인이 되는 균은 *M. morganii*이다.

31

① 자연계에 널리 분포하고 있는 균으로 대부분 병원성이 있다.

32

④ *Sal. paratyphi*는 제2급 법정감염병인 파라티푸스의 원 인균이다.

33

① 장내세균과에 속하는 통성혐기성 균주이다.
③ 적색색소인 prodigiosin을 생성하여 식품의 표면에 적변 을 일으키는 것은 *Serratia*다.
④ 4℃ 냉장온도와 진공포장 상태에서도 증식이 가능한 것 은 *Yersinia*다.

34

① *Shigella*속은 편모를 지니지 않으므로 운동성이 없다.

35

① *Serratia marcescens*는 식중독을 유발하지 않으며, 단백 분해력이 강해 식품의 변질을 초래하고 적색색소를 생 성한다.
② 3~4% 식염농도에서 활발하게 증식하는 균은 *Vibrio haemolyticus*이다.
④ *Proteus morganii*는 히스타민을 다량으로 생성하여 알 레르기 식중독을 유발한다.

36

① 콤마 모양의 나선균으로 단모성 편모로 운동을 한다.
② *V. parahaemolyticus*는 3~4%의 식염농도에서 잘 증식 하는 호염성균으로, 10% 이상의 식염농도에서도 생육이 불가능하다.
③ *V. fischeri*는 생물발광(bioluminescence)을 하는 형광세 균이다.

37

② *Serratia marcescens*는 적색 색소인 prodigiosin을 생성 하여 식품의 표면에 적변을 일으킨다.

38

② *Pseudomonas aeruginosa*는 녹농균이라 불리며, pyocyanin 이라는 청색 색소를 생성하여 우유의 청변에 관여한다.

39

① 그람음성이다.
② 통성혐기성이다.
④ 장내세균과 미생물은 주로 장에서 생존하지만 자연계에 서도 서식한다.

40

② *Serratia marcescens*는 우유의 적색변패를 유발하는 균 이다.

41

① 아세트산 제조 시 사용하는 초산균은 *Acetobacter*속과 *Gluconobacter*속이 있다.

42

③ 비브리오 속은 담수와 해수에서 모두 발견된다.

43

① 그람음성의 간균이다.
③ 유당을 이용하지 못한다.
④ 열에 쉽게 사멸된다.

44

분류체계에 따른 미생물의 분류

계(kingdom)	세균	
문(phylum)	프로테오박테리아	
강(class)	Gamma proteobacteria	Epsilon proteobacteria
목(order)	Enterobacteriales	Campylobacteriales
과(family)	Enterobactreriaceae	Campylobactriaceae
속(genus)	*Escherichia*	*Campylobacter*
종(species)	*coli*	*jejuni*

Chapter 04 | 방선균

01 ④	02 ④	03 ②	04 ②	05 ③
06 ④	07 ①	08 ③	09 ④	10 ②
11 ①	12 ①	13 ④		

01

계통분류학적으로 방선균과 관련이 있는 속으로는 *Corynebacterium*, *Mycobacterium*, *Streptomyces*, *Propionilbacterium*, *Bifidobacterium*, *Brevibacterium*, *Arthrobacter* 및 *Nocardia* 등이 있다.

02

④ 방선균은 세균과 곰팡이의 중간적 특성을 지니는 것으로 알려져 있다. 세포의 크기와 특성은 세균과 유사하지만, 많은 균들이 곰팡이처럼 균사를 형성하고 무성생식을 하는 포자를 생성한다.

03

② Streptomycin − *Streptomyces griseus*

04

② 다양한 종류의 방선균이 항생물질을 생산하고 있어 항생물질 제조 균주로 중요시되고 있다.

05

③ 방선균에는 *Streptomyces*, *Nocardia*, *Actinomyces* 속 등이 있고, *Nadsonia* 는 효모이다.

06

가. *Nocardia*
나. *Streptomyces*

07

① 편성호기성의 그람양성 간균이다.

08

③ 세포벽 성분이 그람양성 세균과 유사한 펩티도글리칸과 테이코산으로 구성되어 있다.

09

④ 소와 사람의 방선균병의 원인균은 *Actionomyces bovis* 다.

10

② *Streptomyces aureofaciens* 는 chlortetracycline, tetracyclin, aureomycin 등의 항생제를 생성하는 방선균으로 알려져 있다.

11

② *Streptomyces griseus* − streptomycin
③ *Streptomyces venezuelae* − chloramphenicol
④ *Streptomyces kanamyceticus* − kanamycin

12

Clostridium 은 그람양성의 포자형성균이며, *Corynebacterium*, *Mycobacterium* 및 *Streptomyces* 는 방선균과 관련된 속으로 *Clostridium* 은 나머지 셋과 거리가 먼 세균으로 생각할 수 있다.

13

㉠ 주로 토양에 많이 분포한다.
㉣ 분생포자를 생성한다.
㉤ 그람 염색 후 현미경으로 관찰하면 자색으로 보인다.

Chapter 01 | 바이러스

01 ①   **02** ④   **03** ③   **04** ②   **05** ③

06 ②   **07** ④

01

① 동식물의 세포에 기생하여 증식하며, 광학현미경으로 관찰할 수 없을 정도로 매우 작다.

02

①, ② 세포구조를 갖고 있고, 독립적으로 물질대사를 하는 것은 세균이다.

③ 박테리오파지는 일반미생물과는 전혀 다른 단순한 구조로 비생물적 특성이 있다.

03

③ 핵산(DNA 또는 RNA)과 그것을 보호하는 단백질로 구성되어 있다.

04

② 라틴어로 '독(poison)'을 뜻하는 '비루스(virus)에서 유래된 바이러스는 1892년 러시아의 생물학자 이바노프스키(Ivanovsky)에 의해 최초로 알려졌다. 그는 담배 모자이크병에 감염된 담뱃잎의 추출액이 세균이 통과할 수 없는 필터로 여과한 후에도 여전히 감염력을 보유하고 있다는 사실을 발견하고, 여과성 바이러스가 담배 모자이크병을 일으킨다고 제안하였다.

05

① 바이러스의 핵산을 둘러싸고 있는 단백질 껍질을 캡시드(capsid)라고 한다.

② 파지는 동식물에 기생하지 않고 세균 세포에 기생한다.

④ 파지는 정이십면체형의 머리와 꼬리 부분의 복잡한 형태로 이루어져 있다.

06

② Hepatitis A Virus는 황달 증세를 수반하는 A형 간염의 원인 바이러스이다.

07

① 아데노바이러스는 이중가닥 DNA이다.

② 파보바이러스는 단일가닥 DNA이다.

③ 코로나바이러스는 단일가닥 RNA이다.

Chapter 02 | 박테리오파지

01 ④   **02** ④   **03** ④   **04** ④   **05** ②

06 ③   **07** ②   **08** ①   **09** ②   **10** ③

11 ③   **12** ④   **13** ④   **14** ③   **15** ④

16 ④   **17** ①   **18** ④   **19** ③   **20** ①

21 ③   **22** ②   **23** ③   **24** ②   **25** ③

26 ②

01

④ *Saccharomyces cerevisiae* 는 세균이 아니라 효모에 속하므로 박테리오파지에 감염될 수 없다.

02

④ 하나의 파지가 고유한 숙주 특이성을 가지고 있어 감염원이 되는 세균과 동일한 균주 또는 유사한 균주에만 감염한다.

03

④ 외피가 있는 파지는 외피에 지질이 함유되어 있어서 에테르나 유기용매에 대하여 감수성을 나타낼 수 있으며, 유전정보원이 되는 DNA 또는 RNA는 머리부분에 존재하고, 꼬리부분은 대부분 숙주에의 흡착기관으로 이용된다. 약품에 대한 저항력은 일반세균보다 강하므로 살균효과가 낮으나, 파지 자체는 단백질로 되어 있으므로 열에 약하여 가열처리하면 쉽게 사멸한다.

04

① 숙주에 부착하는 부분은 꼬리부분으로 DNA가 들어있는 머리부분이 아니다.

② 약품에 대한 저항력은 일반 세균보다 강하여 항생물질에 의해 쉽게 사멸되지 않는다.

③ 세균의 생세포에 감염하여 증식하며, 세균여과기를 통과할 수 있다.

05

② 미초의 속은 비어있고, 단백질이 나선형으로 배열된 구조이다.

06

③ 기저판(기부)에 있는 스파이크(꼬리침, spike)는 파지가 숙주세균에 부착하여 DNA를 넣을 때 몸을 고정하는 역할을 한다.

07

독성파지 증식 단계

부착 → 침투(파지 DNA 주입) → 숙주 DNA 분해 → 복제(파지 DNA 복제) → 파지 단백질 합성 → 조립(두부, 미부, 꼬리섬유) → 용균 → 방출

08

① 단백질 외각 내에 DNA와 RNA 중 하나의 핵산만을 지닌다.

09 ~ 10

독성파지는 증식할 때 부착, 침투, 증식, 조립, 성숙, 방출의 용균성 주기를 거치게 된다. 부착단계에서는 파지의 꼬리섬유가 세균 세포벽의 특성 수용체에 부착하고 기저판이 세포벽에 결합한다. 침투단계에서는 파지 DNA가 세포벽을 통과하여 세균 세포 내로 전달된다. 증식단계에서는 숙주세포의 대사계를 이용하여 파지의 DNA와 몸체를 구성하는 단백질 성분들을 복제한다. 조립 및 성숙 단계에서는 복제된 DNA와 파지 성분들이 자발적으로 조립되어 수백 개의 파지 입자를 형성하고 세포 밖으로 방출되기 위해서 성숙된다. 방출단계에서는 성숙된 파지는 숙주세포를 용균시키고 밖으로 나온다. 새로운 파지 입자는 또 다른 세균 세포에 감염하여 새로운 용균성 주기를 시작한다.

11

③ 용원성 파지는 숙주 세균에 침입한 후 파지를 복제하지 않고 잠복상태로 존재한다. 즉, 세균 세포 안으로 들어온 파지 DNA가 숙주세포의 염색체에 삽입되어 염색체의 일부가 되므로 파지의 DNA는 숙주의 유전체와 동반복제된다.

12

① 세균 세포의 대사계를 이용하여 수백 개 이상의 새로운 파지를 생합성하는 것은 용균성 파지이다.

② 용균성 파지는 숙주세포를 용균시키고 밖으로 나온다.

③ 감염 후 plaque로 증식여부를 확인하는 것은 주로 용균성 파지이다.

13

④ 형질도입은 용원성 바이러스의 중개에 의해서 DNA가 한쪽 세포에서 다른 세포(수용균)로 이행하는 현상을 말한다. 어떤 조건에서는 용원성 바이러스가 세포에 감염되면 용원화가 일어나고 바이러스 DNA는 숙주세포의 게놈에 합쳐지게 된다. 따라서 용원균의 유전형질은 원래 세포와는 달라진다. 용원성 바이러스는 바이러스 자신의 유전자 뿐만 아니라 이전에 감염했던 숙주의 유전자까지도 도입하는 경우가 있다.

14

③ 파지는 세균의 평판계수법과 유사한 방법으로 셀 수 있다. 파지에 감염된 발효액을 한천 평판 배지상에 배양하면 세균이 용해되어 죽은 부분이 투명한 반점(투명환, clear zone)처럼 나타내게 된다. 이것을 플라크(plaque)라고 하며 숙주세포를 용균시키는 파지의 특성을 나타낸다.

15

37PFU/0.5mL → 74 PFU/mL

$74 \times 10^6 = 7.4 \times 10^7$ PFU/mL

16

파지의 1단 증식곡선

④

17

① 세균을 이용하는 발효산업에서 파지에 의한 피해가 발생할 수 있다. 특히 요구르트, 치즈 등의 스타터로 이용되는 유산균과 항생물질의 생산에 이용되는 방선균에 파지 감염으로 인한 피해가 자주 발생하므로 2~3종 혼합균주를 사용하면서 로테이션하면 파지의 감염을 예방할 수 있다.

18

④ 맥주 발효는 효모를 이용하여 이루어지므로 박테리오파지에 의한 오염이 발생하지 않는다.

19

③ 공장 내의 공기를 자주 바꾸고 온도, pH 등을 변화시키는 것보다 공장 주변, 공장 내부, 사용 설비 및 기구 등을 청결히 하고 살균 조작을 철저히 하는 것이 파지를 예방하는 데 더 효과적이다.

20

② 한 균주를 사용하는 대신 2~3종의 혼합균주를 사용하고, 로테이션하면서 사용한다.
③ 파지를 사멸하기 위해 항생제 사용 시 발효식품의 스타터도 사멸될 수 있다.
④ 방선균은 파지에 대해 감수성을 지닌다.

21

③ λ phage는 DNA를 지니며 대장균을 숙주로 하는 용원파지로, 파지입자의 크기는 32×10^{-6} dalton이다.

22

② 독성파지의 용균성 주기는 부착 → 침투 → 증식 → 조립 및 성숙 → 방출의 순서이다.

독성파지 증식 단계

부착
파지의 꼬리섬유가 세균 세포벽의 특정 수용체에 부착하고 기저판(basal plate)이 세포벽에 결합(docking), 기저판은 라이소자임(lysozyme) 효소 갖고 있음

↓

침투
파지 DNA가 세포벽을 통과하여 세균 세포 내로 전달

↓

증식
숙주세포의 대사계를 이용하여 파지의 DNA와 몸체를 구성하는 단백질 성분들을 복제

↓

조립 및 성숙
복제된 DNA와 파지성분들이 조립되어 수백 개의 파지 입자를 형성하고 세포 밖으로 방출되기 위해서 성숙

↓

방출
숙주세포를 용균(lysis)시키고 밖으로 나옴, 새로운 파지 입자는 또 다른 세균 세포에 감염하여 새로운 용균성 주기를 시작

23

① 파지의 DNA는 꼬리섬유가 아닌 머리(head)부분에 위치한다.
② 일반세균에 비해 항생제 저항력이 강하여 항생물질에 쉽게 사멸되지 않는다.
④ 박테리오파지는 숙주 특이성이 있어 특정 세균에게만 침입한다.

24

ⓒ 용원파지는 2개의 생활환을 지니고 있다.
ⓒ 광학현미경으로 관찰할 수 없다.

25

③ 박테리오파지는 세균에 기생하는 바이러스이므로 세균인 *Lactobacillus*에 기생하여 생육을 저해할 수 있다.

26

② 파지 DNA가 숙주세포의 염색체에 삽입되어 일부가 되는 것은 용원파지이다.

Chapter 01 | 효모의 특성

01 ①	02 ④	03 ③	04 ①	05 ②
06 ④	07 ③	08 ②	09 ②	10 ①
11 ①	12 ②	13 ②	14 ①	15 ②
16 ④	17 ④	18 ②	19 ②	20 ①
21 ①	22 ①	23 ②	24 ④	25 ③
26 ①	27 ③	28 ①	29 ④	30 ①
31 ①	32 ③	33 ④	34 ②	35 ④
36 ②	37 ①	38 ②	39 ③	40 ③
41 ②	42 ②	43 ③	44 ①	45 ③
46 ②	47 ④	48 ③	49 ②	50 ③
51 ④	52 ③	53 ②	54 ②	55 ④
56 ④				

01

① 효모는 진핵세포로 구성된 고등미생물이며, 분류학상 진균류에 속한다.

02

① 효모는 대표적인 통성혐기성 미생물이다.
② 효모는 자낭균류, 불완전균류 등에 속하고, 조상균류에 속하는 것은 곰팡이이다.
③ *Torulopsis* 속은 무포자 효모이다.

03

효모의 형태는 달걀형(cerevisiae type) · 타원형(ellipsoideus type) · 구형(torulopsis type) · 위균사형(pseudomycellium type) 등이 있으며, 콤마형은 없다.

04

① 대표적인 맥주효모로 알려진 *S. cerevisiae* 또는 *S. calsbergensis* 는 난형(cerevisiae type)이나 구형(torulopsis type)의 형태를 지닌다.

05

다. *Trigonopsis* 속은 삼각형이다.
라. *Rhodotorula* 속 구형, 타원형, 소시지형 등 다양한 형태를 가지고 있다.

06

① 구형 − *T. versatilis* /
  구형, 난형 − *Ct. albidus*
② 소시지형 − *S. pastorianus* /
  타원형 − *S. ellipsoideus*
③ 난형, 달걀형 − *S. cerevisiae* /
  구형, 타원형 − *Schizo. asporus*

07

Torulopsis 속은 간장특유의 향미생성에 관여하는 내염성 효모이며, 구형의 형태를 지닌다.

08

① 효모는 배지조성, pH, 배양 방법 등에 따라 다양한 형태로 나타난다.
③ 일반적으로 효모 세포의 크기는 구균 형태의 세균보다 크다.
④ 효모는 곰팡이와 달리 위균사나 진균사를 형성하는 속이 있으며, 대표적인 위균사형으로는 *Candida* 속 등이 있고, 진균사형(Mycellium)으로는 *Endomycopsis, Trichosporon* 속 등이 있다.

09

② *Candida* 속은 무포자효모로 다극출아, 위균사의 형태를 갖는다.

10

① 미토콘드리아는 진핵세포의 발전소 기능을 하는 것으로 알려져 있으며, 세포호흡과 산화적 인산화반응으로 세포의 에너지인 ATP 생성기관이다.

11

① 효모의 세포벽은 외층(mannan + protein 복합체)과 내층(glucan)으로 구성되어 있다.

12

② 지방구나 액포를 지닌다.

13

① *Saccharomyces* 속은 주로 다극성 출아 방식으로 증식한다.
③ *Kloeckera* 속은 레몬형으로 양극성 출아로 증식한다.
④ *Candida* 속은 위균사형으로 증식한다.

14

출아법은 성숙한 효모의 모세포(mother cell) 표면에 작은 아
세포(bud cell)가 출아되고 더 성장하여서 낭세포(daughter
cell)의 독립적인 세포로 영양증식하는 방식이다.

15

② 분생포자를 형성하는 것은 곰팡이다.

16

Hanseniaspora 속, *Kloeckera* 속 및 *Nadsonia* 속은 양극성
출아(bipolar budding) 방식으로 증식한다.

17

Nadsonia, Hanseniaspora, Kloeckera, Saccharomycodes 속
모두 양극성 출아방식으로 증식하는 효모이다.

18

가. *Saccharomycodes* – 출아분열증식
나. *Saccharomyces* – 다극성 출아
다. *Cryptococcus* – 다극성 출아
라. *Pichia* – 다극성 출아
마. *Kloeckera* – 양극성 출아
바. *Schizosaccharomyces* – 분열증식

19

무성적인 증식을 통하여 포자를 생성하는 방법으로는 단위
생식(parthenogensis), 위접합(pseudocopulation), 사출포자
(ballistospore), 분절포자(arthrospore) 및 후막포자(chlamydo
spore) 등이 있다.

20

사출포자(ballistospore)는 *Sporobolomycetaceae* 에 속하는
Bullera 속, *Sporobolomyces* 속, *Sporidiobolus* 속의 특징적
인 증식법으로 영양세포 위에서 돌출한 소병 위에 낫 모양의
사출포자를 형성하여 독특한 기작으로 포자를 사출한다.

21

② *Schizosaccharomyces pombe*는 유성포자로 동태접합
한다.
③ *Debaryomyces hansenii*는 유성포자로 이태접합한다.
④ *Nadsonia fulvescens*는 유성포자로 이태접합한다.

22

① *Schwanniomyces* 속은 세포가 한 개 또는 수 개의 위결
합관을 형성하지만 접합하지 않고, 단위생식으로 포자를
형성하는 위결합(pseudocopulation)으로 포자를 만든다.

23

② 유성적인 증식을 통하여 포자를 생성하는 방법으로는 동
태접합(homothallic)과 이태접합(heterothallic)을 들 수 있
다. 동일한 모양 및 크기로 접합하는 것을 동태접합이라
하고, 서로 다른 크기로 접합하는 것을 이태접합이라 불
리우며, *Schizosaccharomyces* 속은 동태접합한다.

24

염색체가 반수체(n)인 기간이 짧고, 배수체(2n) 시기가 긴 효
모는 *Saccharomyces, Saccharomycodes, Hansenula* 등이며,
Shizosaccharomyces, Debaryomyces, Nadsonia 등은 배수체
시기가 접합자 시기에만 해당되고 대부분은 반수체인 영양세
포(n) → 접합자(2n) → 자낭(감수) → 자낭포자(n) → 영양세
포(n)의 생활환을 지닌다.

25

유포자 효모의 생활환(life cycle)은 충분한 영양을 섭취하여
왕성하게 번식하는 시기와 주위의 환경이 불리하여 포자를
형성하는 시기가 있다. 즉, 염색체가 반수체인 기간(haploid,
n)과 배수체인 기간(diploid, 2n)이 있으며, 효모의 종류에 따
라 반수체와 배수체의 시기가 다르다.

26

① 접합포자는 곰팡이의 유성포자이며, 유포자 효모가 형성
하는 포자에는 자낭포자, 담자포자, 사출포자 등이 있다.

27

③ *Hansenula anomala* 는 모자형의 포자를 형성한다.

28

② *Hansenula* – 모자형, 토성형
③ *Schizosaccharomyces* – 구형, 타원형
④ *Nadsonia* – 가시있는 구형

29

① 가시있는 구형 – *Nadsonia*
② 토성형 – *Hansenula satumus*
③ 편모가 있는 방추형 – *Nematospora*

30

혐기적 대사

[Neuberg 발효]
- $C_6H_{12}O_6 \rightarrow 2C_2H_5OH + 2CO_2 + 58kcal$ (2 ATP)
  (제1형식) 알코올 발효
- $C_6H_{12}O_6 \rightarrow C_3H_5(OH)_3 + CH_3CHO + CO_2$
  (제2형식) Na_2SO_3 첨가
  〈 H_2O, pH 5 ~ 6, Na_2SO_3 〉
- $2C_6H_{12}O_6 \rightarrow 2C_3H_5(OH)_3 + CH_3COOH + C_2H_5OH + 2CO_2$
  (제3형식) 알칼리화
  〈 pH 8, $NaHCO_3$, Na_2HPO_4 〉

31

호기적 대사 – 호흡(respiration)

- 에너지를 획득하여 세포분열을 포함한 1차 대사과정을 수행
- $C_6H_{12}O_6 + 6O_2 \rightarrow 6CO_2 + 6H_2O + 686kcal$ (38 ATP)

32

③ 노이베르크 발효 2형식 [글리세롤 발효]
  $C_6H_{12}O_6 \rightarrow C_3H_5(OH)_3 + CH_3CHO + CO_2$
  〈 H_2O, pH 5 ~ 6, Na_2SO_3 〉

33

④ 노이베르크 발효 3형식 [글리세롤 발효]
  $2C_6H_{12}O_6 \rightarrow 2C_3H_5(OH)_3 + CH_3COOH + C_2H_5OH + 2CO_2$
  〈 pH 8, $NaHCO_3$, Na_2HPO_4 〉

34

- 2형식: 글리세롤 + 아세트알데히드 + 이산화탄소
- 3형식: 글리세롤 + 초산 + 알코올 + 이산화탄소

35

효모를 혐기적으로 배양하면 글루코스를 발효하여 에탄올과 이산화탄소 등을 주로 생성한다.

36

① 효모는 탄소원으로 6탄당을 주로 이용하며, 일부의 *Candida* 속을 제외한 대부분의 효모는 5탄당을 이용하지 않는다.
③ 하면효모는 갈락토스, 포도당, 프럭토스로 구성된 라피노스를 이용할 수 있다.
④ 효모는 생육인자를 필요로 한다.

37

② 황산암모늄은 무기질소원이다.
③ 인산암모늄은 무기질소원이다.
④ 질산염은 무기질소원이며, 이용하는 경우도 있고 이용하지 않는 경우도 있다

38

② 효모의 생육인자로는 판토텐산, 비오틴, 티아민(B_1), 피리독신(B_6), 니코틴산, 이노시톨 등이 있다.

39

③ 그람염색은 세균의 분류 및 동정에 사용된다.
포자형성 유무, 라피노스 이용성, 피막형성 유무, 영양세포 형성, 유성생식의 특징, 질산염자화성, 당류발효성, 비타민 요구성, 분자생물학적 방법은 효모의 분류 및 동정에 이용할 수 있다.

40

③ 이산화탄소 생성 유무는 효모의 분류기준이 될 수 없다.

41

① *Saccharomyces* (자낭포자), *Kloeckera* (무포자), *Hansenula* (자낭포자)
③ *Rhodosporidium* (담자포자), *Saccharomycodes* (자낭포자), *Nadsonia* (자낭포자)
④ *Sporobolomyces* (사출포자), *Debaryomyces* (자낭포자), *Hanseiaspora* (자낭포자)

42

② *Saccharomycopsis* 는 자낭균류에 속한다.

43

Candida utilis 는 포자를 형성하지 않는 반면, *Saccharomyces cerevisiae*, *Schizosaccharomyces pombe*, *Hansenula anomala* 는 자낭포자를 형성한다.

44

① *Saccharomyces cerevisiae*는 발효액의 상층으로 부유하는 상면발효(top fermenting) 효모이다.

45

④ *Saccharomyces carlsbergensis*는 저면으로 침전하여 발효액이 투명하게 되는 하면발효(bottom fermenting) 효모이다.

46

상면효모와 하면효모의 형태, 배양 및 생리적 특성 비교

항목	상면효모	하면효모
형태	• 원형, 연결세포 많음 • 다당류(polysaccharide) 소량 함유 • 포자의 균질광택	• 난형 · 타원형, 연결세포 적음 • 다당류 다량 함유 • 입상광택
배양	• 세포의 상층부유(혼탁) • 균체 균막 형성 • 발효액 중 분산 용이	• 저면침강(투명) • 균체 균막 형성치 않음 • 분산 불가
생리	• 발효작용이 빠름 • 글리코젠 다량 함유 • 라피노스, 멜리비오스 비발효 • 최적온도 10 ~ 25℃(영국계)	• 발효작용이 늦음 • 글리코젠 소량 함유 • 라피노스, 멜리비오스 발효 • 5 ~ 10℃(독일계)
대표 균주	• *Saccharomyces cerevisiae*	• *Saccharomyces carlsbergensis*

47

① 하면발효 효모는 발효액 중에 쉽게 분산이 되지 않으며 연결세포가 적고, 상면발효 효모는 쉽게 분산이 되고 연결세포가 많다.
② 하면발효 효모는 균체가 균막을 형성하지 않고 저면으로 침전하는 특징을 지니며, 상면발효 효모는 균체가 균막을 형성한다.
③ 하면발효 효모는 멜리비오스를 분해하므로 라피노스를 발효할 수 있다.

48

① 야생효모는 장형이 많으며 세대가 지나면 형태가 축소된다.
② 배양효모는 액포가 작고 원형질이 흐려진다.
④ 배양효모의 세포막은 점조성이 풍부하여 세포가 쉽게 액내로 흩어지지 않는다.

배양효모와 야생효모의 비교

항목	배양효모	야생효모
세포	• 원형, 타원형 • 액포는 작고, 원형질 흐림 • 크기가 큼(5 ~ 8㎛)	• 장형 • 액포는 크고, 원형질 밝음 • 크기가 작음(3 ~ 4㎛)
배양	• 세포막 점조성 풍부 • 액내 분산 곤란(투명) • 발육온도 높음	• 세포막 점조성 없음 • 액내 분산 용이(혼탁) • 발육온도 낮음
내구성	• 저온 · 산 · 건조 저항력에 약함 • 포자 형성에 장시간 소요	• 저온 · 산 · 건조 저항력에 강함 • 포자 형성에 단시간 소요
역할	• 주정효모, 청주효모, 맥주효모, 빵효모	• 토양 · 과실의 양조 유해균

49

① ㉠ *Saccharomyces carlsbergensis* − 하면발효효모
　 ㉡ *Saccharomyces cerevisiae* − 상면발효효모
③ ㉠ *Saccharomyces ellipsoideus* − 하면발효효모
　 ㉡ *Saccharomyces carlsbergensis* − 하면발효효모
④ ㉠ *Saccharomyces cerevisiae* − 상면발효효모
　 ㉡ *Saccharomyces pastorianus* − 하면발효효모

50

③ 산막효모는 산소요구가 높아 발효액의 표면에서 증식하면서 산막을 형성한다.

51

④ 야생효모는 빠른 시간에 포자를 형성하고, 배양효모는 포자형성에 장시간이 소요된다.

52

③ *Schizosaccharomyces*는 비산막효모이다.

53

① *Rhodotorula*는 무포자 효모로 포자를 형성하지 않고, *Sporobolomyces*와 *Rhodosporidium*은 각각 사출포자와 담자포자를 형성한다.
③ 적색효모는 적황색의 카로티노이드 색소를 함유한다.
④ 유지효모는 세포질에 지방을 축적하여 지방구를 형성한다.

54

① *Aspergillus oryzae*는 청주, 된장, 간장을 제조할 때 사용하는 곰팡이다.

③ *Lactobacillus bulgaris*는 *Streptococcus thermophilus*와 함께 요구르트 스타터로 사용하는 유산균이다.

④ *Saccharomyces carlsbergensis*는 하면발효를 하는 맥주효모이다.

55

④ 분열법은 세포의 중앙에 격벽이 생겨 원형질이 두 개의 세포로 분열하는 방법이며, *Schizosaccharomyces* 속이 이에 해당한다.

56

혐기적 대사

[Neuberg 발효]

- $C_6H_{12}O_6 \rightarrow 2C_2H_5OH + 2CO_2 + 58kcal$ (2 ATP)

  (제1형식) 알코올 발효

- $C_6H_{12}O_6 \rightarrow C_3H_5(OH)_3 + CH_3CHO + CO_2$

  (제2형식) Na_2SO_3 첨가

  〈 H_2O, pH 5 ~ 6, Na_2SO_3 〉

- $2C_6H_{12}O_6 \rightarrow 2C_3H_5(OH)_3 + CH_3COOH + C_2H_5OH + 2CO_2$

  (제3형식) 알칼리화

  〈 pH 8, $NaHCO_3$, Na_2HPO_4 〉

Chapter 02	중요한 효모			
01 ③	02 ④	03 ①	04 ④	05 ③
06 ④	07 ①	08 ②	09 ③	10 ②
11 ③	12 ③	13 ②	14 ④	15 ②
16 ④	17 ③	18 ①	19 ④	20 ③
21 ②	22 ②	23 ①	24 ②	25 ④
26 ④	27 ③	28 ③	29 ②	30 ③
31 ②	32 ①	33 ④	34 ③	35 ④
36 ④	37 ①	38 ②	39 ④	40 ③
41 ②	42 ③	43 ③	44 ②	45 ④
46 ②	47 ②	48 ①	49 ④	50 ③
51 ①	52 ④	53 ③		

01

① *S. fragilis* : 마유주에서 분리한 효모로 유당과 맥아당을 발효하지 못하고, 이눌린은 발효함

② *S. mellis* : 60 ~ 70% 고농도 당액인 벌꿀에서도 증식하며 시럽을 변질시키는 유해효모

④ *S. sake* : 청주의 주 발효효모

02

① 덴마크 칼스버그 맥주공장에서 분리한 하면효모는 *Saccharomyces carlsbergensis*이다.

② 맥주에서 불쾌한 향기를 부여하는 효모는 *Saccharomyces pastorianus*이다.

③ 고농도 식염배지에서도 생육할 수 있는 내염성 효모는 *Saccharomyces rouxii*다.

03

② *Saccharomyces sake*는 청주발효효모이다.

③ *Saccharomyces pastorianus*는 맥주에서 번식하는 오염균이다.

④ *Saccharomyces rouxii*는 내염성효모로 간장발효에 관여한다.

04

④ *Zygosaccharomyces major*, *Zygosaccharomyces soya*, *Zygosaccharomyces sojae* 등은 간장 숙성에서 독특한 향미를 부여하는 내삼투압성 효모이다.

05

① *Saccharomyces mellis*는 간장 맛을 악화시키는 내삼투압성 효모이다.

② *Zygosaccharomyces japonicus*는 간장 표면에 곰을 형성하는 내염성 효모이다.

④ *Saccharomyces fragilis*는 마유주의 스타터인 케피어에서 분리된 효모이다.

06

④ 내삼투압성 효모의 증식에 필요한 최저 수분활성도는 0.6이다.

07

② *Schizosaccharomyces pombe*는 폼베(pombe)술에서 분리되었으며, 알코올 발효력이 강한 것이 특징이다.

③ *Zygosaccharomyces major*는 간장 숙성에서 독특한 향미 부여한다.

④ *Zygosaccharomyces barkeri*는 영국의 생강주를 제조하는 효모이다.

08

② *Zygosaccharomyces salsus*는 간장 표면에 곱을 형성하는 내염성 효모로서 간장에 향미 손상을 유발하는 하면효모이다.

09

① *Saccharomyces mellis*는 내삼투압성효모로 간장 맛을 악화시키는 효모이다.

② *Saccharomyces formosensis*는 당밀의 알코올 발효에 이용되는 효모이다.

④ *Zygosaccharomyces mandshuricus*는 만주 지역의 고량주 제조하는데 이용되는 효모이다.

10

② *Schizosaccharomyces octosporus*는 주로 과일에서 분리되며, 자낭에 8개의 포자를 함유한다.

11

③ 옥수수를 주원료로 하는 폼베(pombe)술에서 분리되었으며, 알코올 발효력이 강한 것이 특징이다.

12

③ *Endomycopsis chodati*는 인도네시아의 다양한 발효식품에서 접종원으로 사용되는 전통 고체 이스트인 라기 및 태국의 루팡에 존재하고, 세포 외로 펙티네이스를 분비한다.

13

② *Hansenula* 속은 모자형 또는 토성형의 포자를 형성하는 산막효모로 질산염을 자화할 수 있으며, 알코올로부터 에스터를 생성하는 발효균이다.

14

① 포자 표면에 돌기가 존재하는 균은 *Debaryomyces*이다.

② 알코올로부터 에스터를 생성한다.

③ 당 발효력이 약하다.

15

① *Debaryomyces hansenii*는 내염성의 산막효모로 치즈나 소시지 등에서 분리되었다.

③ *Hansenula anomala*는 청주 발효 후기에 향기를 생성하는 효모이다.

16

① 질산염을 자화하지 못한다.

② 자낭포자를 형성한다.

③ 알코올 발효력이 약하다.

17

Pichia 속은 당발효력이 약한 편이며, 알코올을 에스터 화합물로 전환시킨다.

18

① *Debaryomyces* 속에는 내당성이 강하고 비타민 B$_2$를 생성하는 효모도 있다.

19

① *Debaryomyces hansenii* – 치즈, 소시지 번식

② *Hansenula anomala* – 청주 후숙 향기성분

③ *Pichia membranaefaciens* – 김치 표면 피막

20

③ *Hanseniaspora*는 레몬형의 '아피쿨라투스(Apiculatus)형 효모'로서 양극출아법으로 증식하며, 알코올 발효력이 약하고, 질산염 자화를 하지 못한다.

21

② *Kluyveromyces* 속은 유당분해효소(lactase, β-galactosidase)를 분비하여 유당으로부터 알코올을 생산하는 유당발효효모이다.

22

② *K. marxianus*는 돼지감자의 주성분인 이눌린(inulin)으로부터 알코올을 생산할 수 있다.

23

② *Kloeckera apiculata*는 과실·꽃에서 분포하고, 글루코스만을 자화하는 효모이다.

③ *Mycotorula japonica*는 아황산 펄프 폐액으로부터 식·사료용 효모로 배양된다.

④ *Zygosaccharomyces mandshuricus*는 만주 지역의 고량주를 제조하는 데 이용되며, 숙신산(succinic acid) 생산능이 강한 효모이다.

24

② *Lipomyces starkeyi*는 세포 표면에 점성의 협막을 가지고 있으며, 큰 지방구를 함유하여 건조 균체당 60% 지방을 축적하는 유지효모로 알려져 있다.

25

④ *Saccharomycodes ludwigii*는 양극에서 출아 분열하는 효모로 포도당과 자당은 발효하나, 맥아당을 발효하지 못하는 성질을 이용하여 맥아당이 남는 단맛을 가진 술을 만드는 데 이용하는 효모이다.

26

가. *Saccharomyces rouxii*는 18% 이상의 고농도 식염이나 고당도 잼에서 증식 가능한 내삼투압성 효모이다.

나. *Torulopsis versatilis*는 간장의 특수 향미를 생성하는 내염성 효모이다.

다. *Debaryomyces hansenii*는 20% 내외의 염농도에서 생육가능한 내염성 산막효모이다.

라. *Zygosaccharomyces salsus*는 간장 표면에 갈색·회백색의 산막을 형성하는 내염성 효모이다.

27

③ *Cryptococcus*속은 무포자효모로 다극성 출아법으로 증식하며, 점성이 있는 협막이 존재한다.

28

③ 무포자효모는 *Torulopsis, Candida, Cryptococcus, Kloeckera, Trichosporon, Rhodotorula*속 등이 있다.

29

② 알코올 발효능이 있는 것이 많다.

30

① *Candida lipolytica*는 라이페이스(lipase)를 분비하므로 마가린, 버터에 번식하는 효모이다.

② *Candida krusei*는 맥주, 포도주, 오이피클, 양조식품 등의 유해균으로, 발효력이 강한 효모이다.

④ *Candida versatilis*는 호염성으로 간장의 방향을 생성하는 후숙효모이다.

31

① *Candida tropicalis*는 식·사료 효모로서 단세포 단백질로 이용될 수 있으며 목재의 구성의 단당류인 자일로스(xylose) 자화균이다.

32 ~ 33

*Candida lipolytica*는 균체 외로 lipase를 분비하므로 마가린, 버터에 번식하는 효모이며, 구연산 생산균으로 탄화수소 자화성이 강하여 식·사료 효모로 이용된다.

34

① *Candida guilliermondii*는 리보플라빈(비타민 B$_2$)을 생성한다.

② *Candida rugosa*는 lipase 분비하는 효모이다.

④ *Hansenula anomala*는 청주 후숙에 관여하는 효모이다.

35

④ *Kloeckera apiculata*는 글루코스만을 자화하기 때문에 아황산펄프폐액에서 증식할 수 없다.

36

① 다극성 출아법으로 증식하며 위균사를 형성하지 않는다.

② 전분 유사물질을 생성한다.

③ 고염분의 간장에서 발육이 가능한 효모는 *Torulopsis*이다.

37

② *Cryptococcus laurentii*는 카로티노이드(carotenoid) 색소를 생성하는 효모이다.

③ *Cryptococcus albidus*는 펙티네이스(pectinase)를 분비하는 효모이다.

④ *Candida albicans*는 인후부 점막에 칸디다증(candidiasis)을 유발하는 병원성 효모이다.

38

② *Debaryomyces*속과 같이 내염성이 강하다.

39

④ *Cryptococcus* 속은 *Torulopsis* 속과 달리 전분유사물질을 생성하므로 점성이 있는 협막이 존재한다.

40

① *Zygosaccharomyces sojae* 는 간장 숙성에서 독특한 향미를 부여하나, 포자를 형성한다.
② *Lipomyces starkeyi* 는 지방을 축적하는 유지효모이다.
④ *Saccharomycopsis fibuligera* 는 동남아시아 전통 발효식품의 발효원으로 이용되는 효모이다.

41

② *Trichosporon pullulans* 는 호기성 피막을 형성하고 냉장 육류와 같은 저온식품에서 생육하는 효모로, 라이페이스를 분비한다.

42

Rhodotorula, *Sporobolomyces*, *Rhodosporidium* 은 대표적인 적색효모(red yeast)로 카로티노이드(carotenoid) 색소를 생성하여 적색 혹은 황색의 균총을 형성한다.

43

① 위균사를 형성한다.
② 알코올발효력이 강하지 않다.
④ 저온균이 많아 냉장식품에 번식하는 효모이다.

44

② *Cryptococcus* 와 *Torulopsis* 는 위균사를 형성하지 않는다.

45

④ *Trichosporon* 속은 출아 후 곰팡이 균사와 같이 격벽 (septum)을 지니는 진균사(true mycelium) 형태를 나타내기도 한다.

46

가. *Candida albicans* 는 칸디다증(candidiasis)을 유발하는 병원성 효모이다.
나. *Cryptococcus neoformans* 는 폐나 피부에 기생하며 효모균증을 유발하는 병원성 효모이다.

47

② 브랜디는 과실주를 증류하여 나무통에 1년 이상 저장한 것으로 증류주에 해당된다.

48

(A) – 단행복발효주 – 맥주
(B) – 단발효주 – 사과주, 포도주, 과실주
(C) – 병행복발효주 – 청주, 탁주

49

④ 병행복발효는 당화과정과 발효과정을 함께 진행하며 탁주, 청주가 이에 해당된다.

50

① *Candida lipolytica* : lipase 분비 효모
② *Lipomyces starkeyi* : 자낭포자를 생성하는 유지효모이나 적색효모는 아님
④ *Pichia membranaefacience* : 김치 표면에 피막을 형성하는 산막효모

51

② 맥주는 당화과정과 발효과정이 분리되어있는 단행복발효주이다.
③ 사과주는 당화과정 없이 효모의 발효과정만을 이용하는 단발효주이다.
④ 포도주는 당화과정 없이 효모의 발효과정만을 이용하는 단발효주이다.

52

㉠ 빵 제조에 이용되며, 이산화탄소를 생성하고 빵을 부풀게 하는 것은 *Saccharomyces cerevisae* 이다
㉡ *Schizosaccharomyces pombe* 는 3개의 크로모솜을 가지고 있다.

53

③ *Zygosaccharomyces salsus*
• 간장 표면의 '곱'이라는 갈색 · 회백색의 산막을 형성하는 내염성 효모
• 간장에 향미 손상을 유발하는 간장 발효 유해균

Part 6. 곰팡이

Chapter 01 | 곰팡이

01 ②	02 ④	03 ③	04 ①	05 ①
06 ③	07 ①	08 ②	09 ②	10 ②
11 ④	12 ①	13 ②	14 ④	15 ③
16 ②	17 ②	18 ②	19 ④	20 ①
21 ②	22 ④	23 ③	24 ③	25 ②
26 ④	27 ①	28 ①	29 ④	30 ②
31 ④	32 ②	33 ③	34 ④	35 ④

01

① 분류학상 진균류(eumycetes)에 속하며, 광합성능을 지니지 않는다.
③ 효모와 다르게 다세포 구조를 지니고, 세포벽의 주성분은 키틴질이다.
④ 대부분의 곰팡이는 25~30℃ 정도의 온도에서 잘 증식한다.

02

④ 실 모양의 균사와 포자를 착생하는 기관인 자실체(fruiting body)를 지닌다.

03

③ 곰팡이의 무성포자에는 포자낭포자, 분생포자, 후막포자, 분열포자, 유주자, 출아포자 등이 있다.

곰팡이의 무성포자 종류

포자낭포자 (sporangiospore)	• 포자낭병의 끝이 팽대하여 포자낭 (sporangium)을 형성 • *Mucor, Rhizopus, Absidia* 속
유주자 (zoospore)	• 수생하는 하등균류(난균류)에서 볼 수 있음 • 구형이나 관모양의 유주자낭안에 편모를 가지고 자유롭게 물속을 헤엄치기 때문에 유주자라 불리움
분생포자 (conidiospore)	• 분생자병을 형성하고 그 끝에 분생포자 (conidiospore) 형성 • *Aspergillus, Penicillium* 속 등
후막포자 (chlamydospore)	• 불완전균류와 일부 접합균류 • 균사의 여기저기에 영양분을 저장하면서 부풀어오르고, 주위의 세포벽보다 더 두꺼운 벽을 형성하여 내구체인 포자 형성

분절포자 (oidium)	• 균사에 격벽이 생겨 짧은 조각으로 떨어져 그 상태로 흩어져서 포자를 형성
출아포자 (blastospore)	• 출아에 의해 원심적·순차적으로 형성되는 포자 • 불완전균류인 *Cladosporium* 속에서 볼 수 있음

04

① 곰팡이 균총의 독특한 색은 포자에 의한 것이다.

05

① 곰팡이 포자는 열에 의해 쉽게 사멸될 수 있다.

06

③ 적당한 환경에서 포자는 발아하여 균사(hyphae)가 되고, 균사의 집합체를 균사체라 한다. 이러한 균사체(mycelium)와 포자를 형성하는 기관인 자실체(fruiting body)가 집락(colony, 균총)을 형성한다.

07

① 포자를 형성하는 기관을 자실체라 하고 곰팡이의 종류에 따라 독특한 색깔을 나타낸다.

08

② 편모는 세균의 분류나 동정에 적용되는 항목이다.

09

① citreoviridin − 황변미독 / brevetoxin − 조개독
③ cicutoxin − 독미나리 / patulin − 곰팡이독
④ verotoxin − 장출혈성대장균 / tetrodotoxin − 복어독

10

② zearalenone − *F. graminearum, F. roseum*
fumonisin − *F. moniliforme*

11

④ 조상균류는 균사에 격벽이 없으며, 호상균류, 난균류, 접합균류 등이 있다. 순정균류는 균사에 격벽이 있으며, 자낭균류, 불완전균류, 담자균류 등이 있다.

12

① 가, 라, 바는 균사에 격벽이 있는 순정균류에 해당하며, 나, 다, 마는 격벽이 없는 조상균류에 해당한다.

13

② *Rhizopus javanicus*는 조상균류 중 접합균류에 속하므로 균사 내에 격벽이 존재하지 않는다.

14

④ 불완전균류는 순정균류에 속하므로 균사에 격벽을 지닌다.

15

③ *Rhizopus* 속은 가근과 포복지가 존재하며, 가근에서 포자낭병이 나온다. 포자낭은 거의 구형으로 흑색이나 갈색을 나타낸다.

16

① vegetative hyphae는 영양균사로 균사가 기질의 표면에 붙어서 자라는 균사이다.
③ submerged hyphae는 잠입균사, 기중균사로 균사 증식 시 식품 또는 배지의 내부 속으로 퍼져서 영양성분을 흡수하며 자라는 균사이다.
④ mycelium는 균사체로 균사의 집합체이다.

17

② *Penicillium chrysogenum*은 페니실린 생산에 이용되는 곰팡이로 포도당 산화효소(glucose oxidase)도 생성한다.

18

② *Aspergillus flavus*는 메주발효·숙성에 관여하는 균이 아니며, 발암성 곰팡이 독소인 aflatoxin 생성균주로 곡물이나 땅콩 등에서 번식한다.

19

④ 식초의 양조는 초산균과 관련이 깊다.

20

① 무성포자에는 유주자, 포자낭포자, 분생포자, 후막포자, 분열포자 및 출아포자 등이 있으며, 난포자는 난균류의 유성포자이다.

21

② 후막포자는 불완전균류와 일부 접합균류가 형성하는 포자로 균사의 여기저기에 영양분을 저장하면서 부풀어오르며, 주위의 세포벽보다 더 두꺼운 벽을 형성하여 내구체인 포자를 형성한다.

22

• 무성포자: 유주자, 포자낭포자, 분생포자, 후막포자, 분열포자, 출아포자
• 유성포자: 접합포자, 자낭포자, 담자포자, 난포자

23

① 관모양의 유주자낭 안에 편모를 가지고 자유롭게 물속을 헤엄치는 유주자는 무성포자다.
② 두 개의 균사가 접합하여 자낭을 형성하고, 보통 8개의 자낭포자를 내생한다.
④ 접합균류인 *Mucor, Rhizopus, Absidia* 속이 접합포자를 생성한다.

24

(A) 폐자기 ─ cleistothecium
(B) 피자기 ─ perithecium
(C) 나자기 ─ apothecium

25

② 분생포자병 끝에 분생포자를 외생하는 자낭균류에는 *Aspergillus, Penicillium, Monascus, Neurospora* 등이 있다.

26

④ 버섯은 대부분 담자균류에 속하며 식용부분인 버섯의 갓 부분 밑 주름에는 담자기가 나열되어 있다.

27

① 효모, 곰팡이 및 버섯류의 경우 유성생식이 존재하나, 세균은 무성생식으로만 증식한다.

28

① 분생포자(conidiospore)는 *Aspergillus, Penicillium* 속 등이 무성생식 때 형성된다.
② zoospore ─ 유주자
③ arthrospore ─ 분절포자
④ sporangiospore ─ 포자낭포자

29

① *Neurospora* 속은 무성생식 시 분생포자를 외생한다.
② *Rhizopus* 속은 무성생식 시 포자낭포자를 형성한다.
③ *Aspergillus* 속은 유성생식 시 자낭포자를 외생한다.

30

② *Trichoderma viride*는 불완전균류의 담색선균과에 속하며 섬유소를 분해하는 강력한 셀룰레이스(cellulase)를 분비한다.

31

④ *Rhizopus nigricans*는 푸마레이스를 생성하지 않는다.

32

① 분류학상 진균류(Eumycetes)에 속하며, 무성생식과 유성생식으로 번식한다.
③ 효모와 달리 다세포 생물로 균사를 형성하고 생활하는 사상균이다.
④ 넓은 온도범위에서 생육이 가능하나, 최적 생육온도는 25 ~ 30℃이다.

33

① 곰팡이의 1차적인 분류기준은 격벽의 유무이다.
② 곰팡이의 영양분 흡수 기관을 균사체라 한다.
④ 곰팡이 중 접합균류의 경우 무성포자로는 포자낭포자, 유성포자로는 접합포자를 생성한다.

34

④ 무성포자의 종류로는 유주자, 포자낭포자, 분생포자, 후막포자, 분열포자, 출아포자가 있다.

35

④ 무성포자의 종류로는 유주자, 포자낭포자, 분생포자, 후막포자, 분열포자, 출아포자가 있다.

Chapter 02 | 중요한 곰팡이

01 ②	02 ③	03 ④	04 ②	05 ④
06 ②	07 ③	08 ④	09 ②	10 ①
11 ②	12 ②	13 ①	14 ③	15 ②
16 ④	17 ④	18 ①	19 ④	20 ②
21 ③	22 ①	23 ③	24 ②	25 ④
26 ③	27 ②	28 ③	29 ②	30 ③
31 ④	32 ②	33 ③	34 ④	35 ④
36 ②	37 ①	38 ④	39 ②	40 ①
41 ③	42 ③	43 ①	44 ②	45 ①
46 ④	47 ④	48 ①	49 ②	50 ②
51 ③	52 ①	53 ③	54 ②	55 ③
56 ①	57 ③	58 ②	59 ④	60 ①
61 ②	62 ①			

01

② 담자균류는 순정균류에 속하며, 동담자균류와 이담자균류로 분류할 수 있다. 목이버섯은 이담자균류에 해당한다.

02

① 격벽이 없고 다핵체적 세포의 특징을 지닌다.
② 난균류는 무성 포자에 편모가 있어 운동성을 나타낸다.
④ 접합균류의 무성 포자는 균사 끝에 생성된 포자낭에 내생하는 특징이 있다.

03

④ 가근과 포자낭은 접합균류와 관련성이 높으나, *Mucor* 속은 가근을 형성하지 않으므로 가장 관련성이 높은 것은 포자낭이다. 정낭과 병족세포는 *Aspergillus* 속 구조 중 하나로 접합균류와 관련성이 적다.

04

② *Eremothecium* 속은 반자낭균류로 기준종인 *E. ashbyii*는 리보플라빈을 생성한다.

05

(A) 가근과 가근 사이에서 포자낭병이 나오는 형태: *Absidia*
(B) 가근에서 포자낭병이 나오는 형태: *Rhizopus*

06 ~ 07

- 털곰팡이(*Mucor* 속): 가근과 포폭지 없음
- 거미줄곰팡이(*Rhizopus* 속): 가근과 포복지가 있으며, 가근에서 포자낭병이 나옴
- 활털곰팡이(*Absidia* 속): 가근과 포복지가 있으며, 가근과 가근 사이에서 포자낭병이 나옴

08

④ *M. racemosus*는 racemomucor에 속하고, *M. rouxii*는 cymomucor에 속한다.

09

포자낭의 분지 형태에 따른 분류

Monomucor	• 포자낭병이 분지하지 않음 • *M. mucedo, M. hiemalis*
Racemomucor	• 포자낭병이 분지하여 양편으로 가지를 친 것 • *M. racemosus, M. pusillus*
Cymomucor	• 포자낭병이 분지하여 불규칙하게 가지와 줄기를 친 것 • *M. rouxii, M. javanicus*

10

② *M. racemosus*는 과일의 부패와 알코올 발효를 하고, 간장 코지에 혼입되어 코지를 흑변시키기도 한다.

③ *M. hiemalis*는 펙티네이스 분비력이 강하여 과즙의 청징과 삼을 정련하는 데 이용한다.

④ *M. rouxii*는 전분당화력 강하고 알코올 발효력이 있어 amylomyces α라고도 하며 아밀로법 발효에 이용한다.

11

② *Mucor racemosus*는 글리세롤(glycerol)을 생성한다.

12

① *M. rouxii*는 중국누룩(고량주용 누룩)에서 발견되었다.

③ *M. mucedo*는 과일, 채소, 마분 등에 잘 발생하며, monomucor이다.

④ *M. pusillus*는 치즈 제조시 이용되는 응유효소를 생산하며, racemomucor이다.

13

① 최초의 아밀로법균으로 amylomyces α라고도 불리우는 *M. rouxii*는 고량주용 누룩에서 발견되었다.

14

① *M. mucedo* - 마분곰팡이

② *M. pusillus* - rennin 생산

④ *M. rouxii* - 아밀로법 발효균

15

② *Absidia* 속은 가근과 가근 사이 포복지 중간에서 포자낭병이 나오고, *Rhizopus* 속은 가근에서 포자낭병이 나온다.

16

① *Rhizopus* 속은 거미줄곰팡이로도 불리우며, 포자낭은 거의 구형이다.

② 포자낭병은 가근이 있는 곳에서 뻗어나며 분지하지 않는다.

③ *Thamnidium* 속은 포자낭병의 선단에 대포자낭을 형성하고, 측지에 소포자낭을 착생한다.

17

④ 포자낭병이 연결되는 부분에 깔대기 모양의 지낭(apophysis)을 가지는 것이 *Mucor* 속과 구별되는 점이다.

18

① *Rhizopus nigricans*는 회흑색의 균총을 가진 검은 곰팡이이다. 전분당화력과 팩틴 분해력이 강하므로 고구마를 썩게 하는 연부 원인균이다.

19

① *Rhizopus japonicus*는 일본 코지에서 분리되었으며, 전분 당화력이 강한 아밀로균으로 amylomyces β라고도 불린다.

② *Rhizopus javanicus*는 감자 전분의 당화력이 강한 아밀로(amylo)균이다.

③ *Rhizopus oryzae*는 자바의 Ragi 곡자에서 분리되었으며, *R. oligosporus*와 함께 템페 제조에 이용된다.

20

① *Rhizopus tonkinensis*는 펙틴분해력이 강하지 않다.

③ amylomyces β로 불리우는 균은 *Rhizopus japonicus*이다.

④ *Rhizopus oligosporus*와 함께 템페 제조에 이용되는 것은 *Rhizopus oryzae*이다.

21

아밀로법 이용균주
- *Mucor rouxii*
- *Rhizopus delemar*
- *Rhizopus javanicus*
- *Rhizopus japonicus*
- *Rhizopus tonkinensis*

22

① 템페(tempeh)는 콩을 발효시켜서 만든 것으로 인도네시아의 대표적인 음식이며, *Rhizopus oligosporus, Rhizopus oryzae* 등을 제조에 이용한다.

23

③ 푸마르산 생성능력이 강한 균으로는 *Rhizopus nigricans* 등이 있다.

24

② *Rhizopus javanicus* 는 자바의 Ragi 곡자에서 분리하였으며, 감자 전분의 당화력이 강한 아밀로(amylo)균이다.

25

① *Absidia* 속의 포자낭은 작은 서양배 모양이다.
② *Absidia* 속은 포복지 중간에 포자낭병이 뻗어나며 정낭을 만들지 않는다.
③ *Thamnidium elegans* 는 후막포자를 형성하고 냉장육류에서 번식한다.

26

③ *Thamnidium* (가지곰팡이) 속은 포자낭병의 선단에 대포자낭을 형성하고 측지에 소포자낭 착생한다. 대포자낭은 중축이 있고 많은 포자를 내장하며, 소포자낭은 중축이 없고 2~12개의 포자를 내장한다.

27

② 성숙했을 때 자실층이 외부로 노출되는 자낭과를 나자기(apothecium)라 한다.

28

① *Cladosporium epiphylum* – 불완전균류
② *Tricholoma matsutake* – 동담자균류의 송이버섯
④ *Thamnidium elegans* – 접합균류

29

② *Aspergillus* 속은 병족세포와 정낭이 모두 존재한다.

30

③ *Penicillium* 속은 정낭을 만들지 않고 직접 분기하여 경자가 솔이나 붓모양으로 배열한 추상체(penicillus)를 형성한다.

31

① 포자의 색에 따라 황국균, 흑국균, 백국균으로 다양하게 나뉜다.
② 분생자병은 보통 병족세포에서 나와서 뻗어나간다.
③ 경자는 1단으로 이루어진 것도 있고 *Asp. niger* 와 같이 2단인 경우도 있다.

32

② 황국균으로 불리우는 *Aspergillus oryzae* 는 청주, 간장, 된장을 제조할 때 사용하는 코지균으로 오랫동안 중요시한 곰팡이다. 전분 당화력과 단백질 분해력이 강한 특성으로 인해 녹말 당화, 대두 분해의 양조공업에 이용하거나 소화제 제조에 이용된다.

33

① 유기산을 생성하므로 유기산 발효공업에 이용한다.
② 전분당화력이 강하므로 변이주로서 많이 활용한다.
④ 일본의 가다랭이에 특유한 향기를 부여하는 균은 *Aspergillus glaucus* 이다.

34

Aspergillus niger
- 흑국균(검은색 포자형성)
- 과일이나 빵에 잘 발생
- 분생포자는 구형이며, 보통 기저경자를 가짐
- 녹말 당화력이 강하고 구연산을 비롯한 유기산 생성능이 높음
- amylase, cellulase, pectinase 등의 효소활성이 강하여 효소 제조에 이용
- 펙틴 분해력이 강해 과일 청징제로 사용

35

④ *Aspergillus parasiticus* 와 *Aspergillus flavus* 는 아플라톡신 생성균이다.

36

② *Aspergillus fumigatus* 는 암녹색 포자를 형성하며 토양·곡류에 많이 분포하는 병원성균이다.

37

② *A. tamari* : 타마리 된장 제조에 이용
③ *A. flavus* : 녹색의 포자형성
④ *A. awamori* : 아와모리술의 양조에 이용

38

④ *A. kawachii* 는 *A. niger* 의 변이균으로 탁주제조에 이용되기도 한다.

39

② ochratoxin을 생성하는 곰팡이는 *Asp. ochraceus* 이다.

40

① *Aspergillus glaucus* 는 일본의 가스오부시 제조에 관여한다.

41

Penicillium 속
• 푸른곰팡이
• 격벽이 있는 순정균류 중 자낭균류에 속함
• 자연계에 널리 분포된 균총으로 청록색을 띰
• 과일, 야채, 빵, 떡 등을 변패시키며 황변미의 원인균
• *Aspergillus* 속과 분류학상 가까우나 분생자병 끝에 정낭을 만들지 않고 직접 분기한 경자가 솔이나 붓 모양으로 배열한 추상체를 형성하며 병족세포가 없음

42

③ 추상체의 형태가 좌우 대칭형이고, 분기하여 2단으로 된 것을 쌍윤생이라 한다.

43

② *Pen. citrinum* - 황변미독 / *Pen. notatum* - 페니실린 생성
③ *Pen. roqueforti*, *Pen. camemberti* - 치즈 제조
④ *Pen. chrysogenum* - 페니실린 생성 /
　　Pen. toxicarium - 황변미독

44

② *Pen. notatum* 은 최초의 페니실린 생성균주이며, notatin이라 불리는 포도당 산화효소도 생성한다.

45

① rubratoxin - *Pen. rubrum*
② aflatoxin - *Asp. flavus*, *Asp. parasiticus*
③ tetrodotoxin - 복어독
④ zearalenone - *F. graminearum*

46

추상체의 형태에 따른 *Penicillium* 속의 분류

종류	특징	
대칭형 (symmetrica)	단윤생(monoverticillata)	분기하지 않음
	쌍윤생(biverticillata)	분기하여 2단이 됨
비대칭형 (asymmetrica)	다윤생(polyverticillata)	2단 이상으로 분기함

47

① *Pen. camemberti* 는 까망베르 치즈 숙성에 관여한다.
② *Pen. italicum* 은 감귤류 푸른 곰팡이병의 원인균이다.
③ *Pen. citrinum* 은 신장독을 일으키는 황변미의 원인균이다.

48

② *Pen. italicum* 은 감귤류 푸른 곰팡이병의 원인균이다.
③ *Pen. glaucum* 은 빵, 떡, 치즈 등에 번식한다.
④ *Pen. digitatum* 은 감귤류 푸른 곰팡이병의 원인균이다.

49

② 균사 끝에 유성생식으로 폐자기를 만들고 그 속에 구형이나 타원형의 자낭포자를 형성한다.

50

② 유성생식에 의해 균사의 선단에 폐자기를 형성하고, 그 속에 구형의 자낭포자를 형성한다.

51

③ 붉은빵곰팡이라고도 불리우는 *Neurospora* 속은 고온다습한 여름철 옥수수 속대와 불에 타다 남은 나무에서 번식한다. 무성생식으로 오렌지색의 분생자를 생성하고, 유성생식으로는 갈색 또는 흑색의 피자기에 자낭포자를 형성한다.

52

① 인도네시아에서는 땅콩에 *Neurospora sitophila*를 번식시켜 온쯤(ontjom)을 만들며, 포자의 색소에 카로틴을 많이 함유하므로 비타민 A의 원료로 이용되기도 한다.

53

가. *Neurospora* – 진정자낭균류
나. *Eremothecium* – 반자낭균류
다. *Cladosporium* – 불완전균류
라. *Byssoclamys* – 반자낭균류
마. *Trichoderma* – 불완전균류
바. *Chaetomium* – 반자낭균류

54

② 진균류 중에서 균사체와 분생자만으로 증식하는 균류, 즉 핵융합을 행하는 유성생식(완전세대)이 전혀 인정되지 않는 균류와 유성생식이 인정되는 균류의 불완전세대(무성생식)를 총칭하여 불완전균류라고 한다.

55

① *Fusarium* 속의 유성생식 세대는 *Gibberella* 속이다.
② 담색선균과에 속하는 *Geotrichum* 속은 분절포자를 형성한다.
④ *Fusarium* 속의 균총 색깔은 분홍색이나 적색으로 식품에 잘 발생하며, 토양 중에 널리 분포한다.

56

① 고구마 연부병의 원인체는 *Rhizopus nigricans*로 무성생식 시 포자낭포자를 형성하고, 유성생식 시 접합포자를 형성한다.

57

③ 맥주는 맥아(malt)로 맥아즙을 만든 후 홉(hop)을 넣고 맥주효모로 발효시킨 알코올음료로서 제조과정에 곰팡이를 사용하지 않는다.

58

② *Aspergillus flavus* – 아플라톡신 생성 곰팡이

59

④ 반자낭균류에 속하는 *Byssochlamys* 속은 암갈색의 분생자를 착생하고 자낭에 8개의 포자를 내생한다. *Byssochlamys fulva*는 포자가 내열성이기 때문에 과실 통조림 등에서 변패를 일으키기도 한다.

60

① *Monascus* 속은 순정균류에 해당한다.

61

② 분생자병 끝에 직접 분기한 경자가 솔이나 붓 모양으로 배열되어 있는 것은 *Penicillium* 속의 특징이다.

62

① 고온다습한 여름철 옥수수 속대에 번식하며 분생자를 생성하는 특징을 지니는 붉은빵곰팡이는 *Neurospora* 속이다.

Chapter 03 | 버섯

01 ③	02 ④	03 ①	04 ④	05 ③
06 ①	07 ③	08 ①	09 ②	10 ④
11 ②				

01

① 우리가 섭취하는 버섯의 식용부위는 모두 자실체에 해당된다.
② 담자균류는 유성생식 시기에 우리에게 낯익은 버섯을 생산한다.
④ 양버섯은 동담자균류에 해당되며, 목이버섯, 깜부기병균 등은 이담자균류에 해당된다.

02

④ 버섯의 증식 순서는 포자 → 균사체 → 균뇌 → 균포 → 균병 → 균륜 → 균산(갓)의 순서로 증식하고 포자 형성을 위한 균사의 구조가 복잡하다.

03

① 광합성을 하지 않으며, 다양한 동식물에 기생한다.

04

④ 담자균류에서 유성생식 포자로는 담자기에 보통 4개의 담자포자를 형성한다.

05

③ 동충하초(*Cordyceps* sp.)는 분류학상 자낭균류에 속한다.

06

① 식용부분인 버섯의 갓 부분 밑 주름에는 담자기가 나열되어 있다.

07

③ 정낭은 *Aspergillus* 속이 지니는 구조 중 하나이다.

08

① 식용버섯으로는 송이버섯, 표고버섯, 양송이버섯, 느타리버섯, 싸리버섯, 목이버섯 등이 있으며, 파리버섯, 끈적이버섯, 땀버섯은 독버섯에 해당한다.

09

② 화경버섯은 독버섯이다.

10

① 알광대버섯, 독우산광대버섯 − amanitatoxin
② 미치광이버섯, 환각버섯 − psilocybin
③ 광대버섯 − pilztoxin

11

② 담자기에 4개의 담자포자가 형성된다.

01 ②	02 ①	03 ③	04 ④	05 ③
06 ③	07 ③	08 ②	09 ②	10 ③
11 ④	12 ①	13 ④	14 ②	15 ①
16 ③	17 ④	18 ②	19 ①	20 ①
21 ①	22 ④	23 ①	24 ③	25 ③
26 ②	27 ②			

01

① 분류학상 용어가 아니며, 원핵생물이 아닌 진핵생물에 속한다.
③ 독립영양생활을 하는 하등미생물이다.
④ 단세포 또는 다세포를 지니는 진핵생물이다.

02

① 광합성을 하므로 식물계에 속했으나, 주로 수중에서 생육하므로 따로 분류되었다.

03

③ 우뭇가사리, 김은 육안으로 식별성이 있는 다세포형 홍조류이다.

04

④ 녹조류(해수), 홍조류 및 갈조류는 3대 해조류라고 하며, 규조류는 아니다.

05

③ 남조류(남세균) − *Nostoc*(염주말)

06

① 알긴산 − 갈조류
② 한천 − 홍조류
④ 카라기난 − 홍조류

07

③ 흔들말은 남조류(남세균)에 속한다.

08

② 카라기난은 홍조류로부터 추출한 고분자 다당류이다.

09

① 다시마 − 갈조류
③ 파래 − 녹조류
④ 유글레나 − 유글레나류

10

③ 세포벽은 주로 셀룰로스로 구성되어 있으며, 편모를 갖고 있지 않다.

11

① 육안적으로 식별이 가능한 다세포형 조류이다.
② 모든 홍조류는 광영양체이고, 엽록소 a와 d를 지닌다.
③ 유글레나류는 비타민 B_{12}의 bioassay에 이용된다.

12

② agaropectin − 한천(agar)의 성분
③ laminarin − 다시마(갈조류)
④ algin − 알긴산의 염형태(갈조류)

13

④ 세포벽은 셀룰로스로 구성되어 있다.

14

② 최근 건강기능성식품의 소재로 주목을 받고 있는 클로렐라는 연못 · 늪 · 논 · 저수지 등에서 서식하는 담수조류로서 양질의 단백질과 다양한 생리활성물질이 함유되어 있다.

15

① 클로렐라는 단세포의 구형으로 운동성의 편모는 없다.

16

① 진핵세포를 지니는 단세포 생물로 군체를 형성하지 않는다.
② 사람에 대한 소화율이 지극히 낮은 편으로 알려져 있다.
④ 단백질과 비타민의 함량이 높아 우주식량으로 유망 시되고 있다.

17

클로렐라는 1g당 약 5.5kcal의 열량을 가지고 있으며, 지방 10 ~ 30%, 단백질 40 ~ 50%를 지니므로 좋은 단백질원이 될 수 있다. 특히, 비타민 A와 C가 많으므로 클로렐라 분말이나 탈색한 균체를 각종 식품에 단백질·비타민 강화용으로 첨가하기도 한다. 또한 클로렐라는 하수의 BOD를 85 ~ 90% 저하시키므로 하수처리에도 유용하다.

18

② 편모가 있어서 운동성이 있다.

19

② 진핵의 형태를 가진다.
③ 무성생식(분열법)으로 증식한다.
④ 광합성을 한다.

20

② 볼복스 – 녹조류
③ 해캄 – 녹조류
④ 짐노디늄 – 쌍편모조류

21

① 〈보기〉는 규조류에 대한 특징을 설명한 것이므로 불돌말속(Chaetoceros)이 해당된다.

22

④ 남조류(남세균)도 조류와 유사한 독립영양균이다.

23

② 아나베나(Anabaena) – 남조류 /
  볼복스(Volvox) – 녹조류
③ 유글레나(Euglena) – 유글레나류 /
  노스톡(Nostoc) – 남조류
④ 클로렐라(Chlorella) – 녹조류 /
  톳(Hizikia) – 갈조류

24

① 산소 발생이 있는 광합성 작용을 한다.
② Chlorophyll a만 지닌다.
④ 특유의 색소인 phycocyan을 함유한다.

25

③ 분열법에 의한 무성생식으로 증식한다.

26

② 진핵생물로 단세포 생물이며, 구형에 속한다.

27

② 산소는 질소고정효소를 불활성화시킨다.

Chapter 01 | 미생물의 증식				
01 ③	02 ②	03 ②	04 ④	05 ②
06 ②	07 ④	08 ③	09 ②	10 ④
11 ①	12 ④	13 ①	14 ④	15 ③
16 ①	17 ③	18 ②	19 ④	20 ③
21 ④	22 ②	23 ④	24 ③	25 ①
26 ①	27 ①	28 ③	29 ④	30 ②
31 ③	32 ②	33 ①	34 ④	35 ②
36 ②	37 ②	38 ③	39 ④	40 ①
41 ②	42 ②	43 ③	44 ②	45 ④
46 ①	47 ④	48 ④		

01

③ 회분배양: 새로운 배지나 균주를 더 이상 첨가하지 않고, 일정시간 동안만 배양하는 것

02

② 대수기(log phase)는 새로운 환경에 대한 세포의 적응 준비가 끝나서 세포수가 기하급수적으로 증가하는 시기로 세포의 증식속도가 세포의 사멸속도보다 빨라서 세포질 합성 속도와 비례한다. 대수기 미생물은 생리적 활성이 강하고 민감해서 온도, pH, 산소양, 영양성분, 외부 자극(열, 화학약품 등)에 예민하다.

03

② 유도기(lag phase)는 미생물이 새로운 환경에 적응하는 세포의 적응기간으로 영양물질 대사에 필요한 효소를 합성하는 단계이다. 이 시기에는 RNA 함량은 증가하고 DNA 함량은 일정하며 세포크기가 2~3배로 성장하는 시기이다.

04

④ 정지기(stationary phase)는 생균 수의 변화가 나타나지 않는 시기로 새로 생성된 세포 수와 사멸된 세포 수가 거의 같다.

05

② 정상기에 포사가 형성되기는 하지만, 정상기가 형성되는 이유는 아니다.

06

접종 시 전배양배지와 조성이 다른 경우, 다른 조성의 배지에서의 적응기간이 필요하기 때문에 유도기간이 길어질 수 있다. 또한, 전배양액을 냉장 보관 후 접종했거나, 오래된 배지에서 배양 후 접종한 경우도 유도기가 길어질 수 있다.

07

④ 유도기에는 RNA함량이 증가하고 DNA 함량은 일정하다.

08

③ 생육정지 상태에서 어느 정도 기간이 경과한 후, 다시 증식이 대수적으로 이루어지지 않는다.

09

① 세포수 및 2차 대사산물의 양이 가장 많이 나타나는 시기는 정지기이다.
③ 사멸기에는 사멸균수가 증가하여 생균수는 감소하지만, 총균수는 일정하다.
④ 포자형성균은 정지기에 포자를 형성하며, 세포 크기는 정상 크기로 회복되는 시기이다.

10

④ 대수기의 균을 접종하거나 접종량을 증가시키면 유도기가 단축된다.

11

② 증식 시간에 따른 미생물 수 변화를 확인하여 그래프로 그린 것이다.
③ 곰팡이는 균사가 연속적으로 증식하므로 정확한 균체수 측정이 어렵다.
④ 배양시간에 따른 미생물의 균수 또는 균체량의 변화가 일어나고, 유도기-대수기-정지기-사멸기로 분류한다.

12

정상기는 생균 수의 변화가 나타나지 않는 시기로 새로 생성된 세포 수와 사멸된 세포 수가 거의 같으며, 배지의 산성화, 용존산소량 부족, 영양분 고갈 및 대사산물의 축적 등으로 인해 세포사멸이 이루어진다.

13

① 대수기의 경우 증식속도가 매우 빠르고 세포의 크기가 커질 시간이 충분하지 않으므로 세포크기가 가장 큰 시기는 아니다.

14

④ 사멸기(death phase)는 생균수의 양이 감소하는 시기로 새로 생성된 세포 수가 사멸된 세포 수보다 적다.

15

대수기의 경우 RNA 함량은 일정하고 DNA 함량은 증가하며, 세대 기간과 세포 크기가 일정한 시기이다.

16

① 정지기 이후에 미생물의 생균수는 감소하나, 총균수(생균수＋사균수)는 일정하다.

17

총균수(b)＝초기균수(a)×2^n (n: 세대 수)
세대시간(g)＝증식시간(t) / 세대수(n)
n＝t / g

18

총 세균수(b)＝20×2^n
세대수(n)＝증식시간(t) / 세대시간(g)이므로 n＝120 / 12
n＝10이므로
세균수＝20×2^{10}＝20480＝$2.0×10^4$

19

총균수(b)＝5×2^n
세대수(n)＝540 / 90
n＝6이므로
총균수＝5×2^6＝320

20

총균수(b)＝2×2^n
세대수(n)＝240 / 30
n＝8이므로
총균수＝2×2^8＝512

21

총 세균수(b)＝150×2^n
세대수(n)＝240 / 30
n＝8
총 세균수＝150×2^8＝150×256＝38400＝$3.84×10^4$

22

총균수(b)＝a×2^n
세대수(n)＝30 / 3
n＝10
총균수＝a×2^{10}

23

총균수(b)＝a×2^n
512(2^9)＝2×2^n
2^9＝2×2^8 (세대수＝8)
세대시간(g)＝증식시간(t) / 세대수(n)
g＝720분 / 8＝90분(1시간 30분)

24

③ 표준평판법(standard plate count)은 평판 배양한 후 생긴 집락(colony)의 수로 생균수를 측정하는 방법이다.

25

총균계수법은 현미경에 의한 균체수를 직접 세는 방법으로 효모수는 Thoma의 hemocytometer를 이용하고 세균수는 Petroff-Hausser counting chamber를 이용한다.

26

① micrometer는 세포의 길이를 측정하는 데 이용한다.

27

① 총균계수법 측정에서 0.1% methylene blue로 염색하면 사균은 청색으로 나타난다.

28

원심침전법(Packed Cell Volume, 균체용적측정법)은 미생물 배양액을 원심분리한 후 얻은 균체의 용적을 측정하는 방법이다. 간단하고 빠르지만 같은 양의 균체라 할지라도 균의 형태나 크기에 따라 용적이 달라질 수 있어 정확도가 낮은 편이다.

29

① 균체용적법은 간단하고 빠르지만 정확도가 높지않고, 같은 균체라 할지라도 균의 형태나 크기에 따라 용적이 달라지는 단점이 있다.

② 균체질소량은 균체 질소량을 측정하여 단백질량 증가를 측정하는 방법이다.

③ 세균, 효모와 같은 단세포 미생물의 경우, 탁도와 균체량은 일정한 비례를 나타낸다.

30

② 광학적밀도를 측정하는 방법으로는 생균과 사균을 구별할 수 없다.

31 ~ 32

③ 총균계수법은 현미경에 의한 균체수를 직접 세는 방법으로 효모수는 주로 Thoma의 hemocytometer를 이용하고 세균수는 Petroff-Hausser counting chamber를 이용한다.

33

1칸의 부피: $0.05\text{mm} \times 0.05\text{mm} \times 0.1\text{mm} = 0.00025\text{mm}^3$

4칸의 합: $0.00025\text{mm}^3 \times 4 = 0.001\text{mm}^3$

$1\text{mL} = 1\text{cm}^3$

4칸의 합$(0.001\text{mm}^3) \times 10^6 = 1\text{cm}^3 = 1\text{mL}$

4칸의 합$(54) \times 10^6 = 5.4 \times 10^7$(1mL 당 균수)

34

total volume: $1\text{mm} \times 1\text{mm} \times 0.02\text{mm} = 0.02\text{mm}^3$

$1\text{mL} = 1\text{cm}^3$

total volume$(0.02\text{mm}^3) \times 50000 = 1\text{cm}^3 = 1\text{mL}$

총 25구역이며, 1구역 내 20개의 세균이 존재하므로

$25 \times 20 \times 50000 = 2.5 \times 10^7$

35

② 〈보기〉에서 설명하는 생균수 측정법은 시료에 고체 배지를 첨가하여 혼합하는 방식인 주입평판법(pour plate method)이다.

36

① 생균수 측정법은 15~300 사이의 집락을 나타내는 유효평판을 계수하는 방법이고, 통계표에 대입하지 않는다.

③ 도말평판법은 적절히 희석한 미생물 배양액을 미리 만들어 굳힌 고체배지위에 유리봉으로 균일하게 첨가하는 방법이다.

④ 총균수 측정시 0.1% 메틸렌블루를 첨가하여 생균 및 사균을 판별하여 계수할 수 있다.

37

a = 액체 식품 10mL + 식염수 90mL → 10^{-1}(10배 희석)

b = 희석액(a) 1mL + 식염수 24mL → 25배 희석

c = 희석액(b) → 1mL → 10개

d = $10 \times 25 \times 10 = 2500 = 2.5 \times 10^3$

38

$25\text{g} + 225\text{mL} = 250\text{mL}(10^{-1})$

↓10배 희석액에서 1mL 취하기

$1\text{mL} + 9\text{mL} = 10\text{mL}(10^{-2})$

↓1mL 취하여 배양

63 colony

세균수: $63 \times 10^2 = 6,300$

39

식품의 기준 및 규격에 고시된 집락수 산정 방법

15 ~ 300CFU/plate인 경우

$$N = \frac{\Sigma C}{\{(1 \times n1) + (0.1 \times n2)\} \times (d)}$$

- N = 시료 g 또는 mL당 세균 집락 수
- ΣC = 모든 평판에 계산된 집락수의 합
- n1 = 첫 번째 희석배수에서 계산된 평판 수
- n2 = 두 번째 희석배수에서 계산된 평판 수
- d = 첫 번째 희석배수에서 계산된 평판의 희석배수

$$\frac{232 + 244 + 33 + 28}{\{(1 \times 2) + (0.1 \times 2)\} \times 10^{-3}}$$

$= 537 / 2.2 \times 10^3 = 244 \times 10^3$

$= 244,000 = 240,000$

40

$$\frac{280 + 165 + 17 + 39}{\{(1 \times 2) + (0.1 \times 2)\} \times 10^{-2}}$$

$= 501 / 2.2 \times 10^2 = 227 \times 10^2$

$= 2.27 \times 10^4$

41

대수기
- 세포 수가 기하급수적으로 증가
- 세포의 증식속도가 사멸속도보다 빠름
- 생리적 활성이 강하고 민감해서 온도, pH, 산소, 영양성분, 외부자극(열, 화학약품 등)에 예민
- 세대기간과 세포크기 일정
- RNA 함량: 일정 / DNA 함량: 증가

42

① 미생물의 증식이 활발한 것은 대수기에 해당한다.
③ 정지기에서도 미생물이 분열하며, 새로 생성된 세포 수와 사멸하는 세포 수가 거의 같아 생균수는 증가하지 않는다.
④ 포자를 형성하는 균은 정지기에 포자를 형성한다.

43

총균수(b) $= 5 \times 2^n = 80$이므로 $n = 4$

세대시간$(g) = \dfrac{증식시간(t)}{세대수(n)}$

$g = \dfrac{120분}{4} = 30분$

44

총균수 $=$ 초기균수 $\times 2^n$ $(n =$ 세대수$)$
$3200 = 100 \times 2^n$, $n = 5$
세대시간 $=$ 총 배양시간 / 세대수
세대시간 $= 5시간 / 5 = 1시간$

45

④ 최확수법, 표면도말법, 주입평판법, 박막여과법은 모두 생균수를 측정하는 방법으로 사용될 수 있다.

46

① 비탁법(turbidometry)은 배양된 미생물을 일정량의 증류수에 희석하여 분광광도계(spectrophotometer)로 탁도(흡광도)를 측정하는 방법이다. 균체가 전혀 없는 증류수와 비교함으로써 광학적 밀도(Optical Density, OD)를 측정하여 대체로 정확한 값을 측정할 수 있다.

47

④ 시료 원액을 단계적으로 희석한 후 동일 희석배수의 시험용액을 배지에 접종·배양하여 미생물의 존재여부를 시험하고, 시험 결과로부터 확률론적인 수치를 산출하여 균 수를 측정하는 방법은 최확수법이다.

48

① 대수기는 미생물의 생육이 왕성하여 증식속도가 가장 빠르다.
② 유도기에는 RNA 함량이 증가하고, DNA 함량은 증가하지 않는다.
③ 유도기는 세포증식을 위한 적응기간으로서 증식을 준비하는 단계이다.

Chapter 02 | 미생물 증식의 환경인자

01 ②	02 ④	03 ②	04 ④	05 ①
06 ③	07 ④	08 ①	09 ④	10 ④
11 ③	12 ②	13 ④	14 ②	15 ③
16 ③	17 ④	18 ③	19 ①	20 ③
21 ①	22 ②	23 ②	24 ④	25 ③
26 ④	27 ②	28 ①	29 ③	30 ④
31 ②	32 ②	33 ②	34 ①	35 ③
36 ②	37 ④	38 ②	39 ③	40 ②
41 ③	42 ②	43 ④	44 ①	45 ③
46 ②	47 ④	48 ④	49 ①	50 ②
51 ③	52 ①	53 ②	54 ④	55 ①
56 ③	57 ①	58 ②	59 ③	60 ③
61 ④	62 ④	63 ①	64 ④	65 ①
66 ④	67 ④	68 ①	69 ②	70 ②
71 ④	72 ①	73 ②	74 ③	75 ③
76 ④	77 ①	78 ③	79 ②	80 ③
81 ②	82 ④	83 ①	84 ①	85 ③
86 ③	87 ①			

01

식품 내 미생물의 증식에 미치는 요인

물리적 요인	온도, 압력, 광선, 방사선
화학적 요인	수분, 산소, 탄산가스, 염류, 화학약품, 질소원, 탄소원, 무기이온, 미량발육인자, 항생 물질 함유 여부
생물학적 요인	미생물총(microflora)에 의한 영양분, 산소분압의 쟁취, 대사산물 생산

02

• 내적인자: 식품내의 환경(식품 고유 특성)
• 외적인자: 식품을 유통·보관하는 외부환경
① 상대습도, 대기조성 - 외적인자
② 자연적항균물질, pH - 내적인자
③ 수분활성도, 식품의 영양분조성 - 내적인자

03

① 생물학적 요인 - 미생물 간의 상호작용
③ 물리적 요인 - 산화환원전위
④ 물리적 요인 - 삼투압

04

미생물의 증식 가능한 최저 수분활성도(Aw)

미생물명	최저 Aw	미생물명	최저 Aw
세균	0.90	호염세균	0.75
효모	0.88	내건성 곰팡이	0.65
곰팡이	0.80	내삼투압효모	0.60

05

② 결합수는 염류에 대해 용매로 작용하지 않는다.
③ 결합수는 식품성분과 이온결합이나 수소결합을 이룬다.
④ 결합수는 식품조직을 압착하여도 제거되지 않는다.

06

③ 세포 내에 존재하는 결합수는 생화학적 반응에 관여하지 않고, 영양소의 용매로도 작용하지 않는다.

07

④ 수분함량이 낮은 건조식품에서는 곰팡이가 증식하기 쉬우므로 변질의 원인이 된다.

08

② 수분활성도는 식품고유의 수증기압을 순수한 물의 수증기압으로 나눈 값이다.
③ 평형상대습도는 수분활성도(Aw)에 100을 곱한 값이다.
④ 동일한 온도에서 식품의 수증기압은 순수한 물의 수증기압보다 항상 낮다.

09

④ 자유수 함량이 높을수록 내열성이 높은 것은 아니다.

10

④ 일반적인 미생물의 생육이 가능한 수분활성도 범위는 0.8 이상이다.

11

③ 그람음성균(Aw 0.95) > 효모(Aw 0.88) > 곰팡이(Aw 0.8) > 내건성 곰팡이(Aw 0.65) > 내삼투압성 효모(Aw 0.6)

12

② 용질의 함량이 높거나 분자량이 낮은 경우, 식품의 수분활성도를 낮출 수 있다.

13

④ 한천은 물에 용해되지 않고, 친수성의 콜로이드를 형성하므로 수분활성가 감소한다.

14

수분활성도(Aw)를 낮추는 방법으로는 용질인 식염, 설탕 등을 첨가하는 당절임 또는 염장 삼투압을 이용하거나 농축, 건조에 의한 수분 제거 및 냉동온도 강하를 통해 Aw를 저하시켜 식품을 보존할 수 있다.

15

① $Aw = P/P_0$
② 식품의 $Aw < 1$
④ $Aw = ERH/100$

16

③ 모든 미생물의 생명활동이 정지되는 Aw는 0.60 이하이며, 가장 높은 수분활성도를 요구하는 세균 생육에 필요한 최저 수분활성도가 0.90 정도이니, 미생물이 생육하기 위해 요구되는 최소한의 수분활성도 범위는 Aw 0.61 ~ 0.9이다.

17

마. 미생물이 생육 가능한 Aw의 범위는 0.999 ~ 0.6이며, 각 미생물에 따라 일정한 Aw의 범위가 있다.

18

③ 미생물이 생육하는 데 가장 알맞은 온도를 최적온도(optimum temperature)라 한다. 중온균의 최적온도 범위는 25 ~ 45℃이다.

19

Achromobacter, Pseudomonas, Flavobacterium 등은 저온
균에 해당하며, *Bacillus, Listeria, Clostridium* 등은 중온균
에 해당한다.

20

③ 호냉균은 생육을 위한 최적온도는 저온이나 5℃ 이하의
냉장온도에서도 생육이 가능한 미생물이다.

21

① 세포막 중 포화지방산 함량이 높아서 고온에서 유동성을
유지할 수 있다.

22

① 저온균은 중온균에 비해 불포화지방산의 함량이 높아, 낮은
온도에서도 세포막의 유동성을 유지할 수 있다.
③ 생육 최적온도는 최저온도에 비해 최고온도에 더 가깝게
위치한다.
④ 외부환경 요인이 최적조건이 아닌 경우, 생육을 위한 최
저온도는 높아지고 최고온도는 낮아지게 된다.

23

② 고온균의 최적 생육 온도 범위는 45(50) ~ 60℃이다.

24

④ 가열처리 혹은 통조림 식품의 부패에 관여하는 것으로
알려진 균은 고온균이다.

25

① *Yersinia enterocolitica* – 저온균(냉장증식 가능)
② *Flavobacterium* spp. – 저온균(냉장증식 가능)
③ *Bacillus coagulans* – 고온균(냉장증식 불가능)
④ *Listeria monocytogenes* – 중온균(냉장증식 가능)

26

① 최적 온도보다 낮은 온도에서 미생물은 증식 할 수 있다.
② 최적 온도 이상의 온도에서 미생물은 증식 할 수 있다.
③ 미생물이 증식 할 수 있는 최고 한계의 온도를 최고 온도
라 한다.

27

② 저온균의 최저 생육 온도는 0℃, 최적 생육 온도는 15 ~
25℃, 최고 생육 온도는 25 ~ 30℃ 이다.

28

② *Pseudomonas* – 호기성 / *Campylobacter* – 미호기성
③ *Clostridium* – 편성혐기성 / *Saccharomyces* – 통성혐기성
④ *Methanococcus* – 편성혐기성 / *Pichia* – 통성혐기성

29

③ 미호기성 세균은 산소를 요구하지만 대기압보다 낮은
산소분압에서 생육이 좋다. 대표적인 미호기성균으로는
Campylobacter 등이 있다.

30

④ 산소가 없는 환경에서만 생육할 수 있는 균은 편성혐기
성균이며, *Clostridium* 속은 대표적인 편성혐기성균이다.

31

② 통성혐기성균은 산소의 유무와 관계없이 생육이 가능하
며, 호기상태에서는 산화적 대사인 호흡으로 에너지를 획
득하기 때문에 생육이 더욱 빠르다.

32

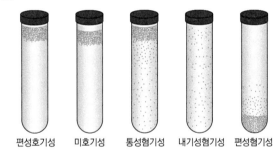

편성호기성   미호기성   통성혐기성   내기성혐기성   편성혐기성

33

① *Bacillus* – 통성혐기성균
② *Bifidobacterium* – 편성혐기성균
③ *Citrobacter* – 통성혐기성균
④ *Acetobacter* – 호기성균

34

① 혐기미생물이나 어느정도 산소가 있는 환경에서도 생육이
가능한 미생물을 내기성혐기성균(aerotolerant anaerobes)
이라 하며, 대표적으로는 *Cl. perfringens* 등을 들 수 있다.

35

① 일반적으로 곰팡이는 최적 pH 4 ~ 6의 약산성에서 잘 증식한다.

② 일반적으로 효모는 약산성에서 잘 증식한다.

④ 미생물 증식은 pH에 의해 영향을 받는다.

36

② 일반적으로 곰팡이와 효모는 pH 4 ~ 6 범위의 약산성조건에서 잘 자란다.

37

④ 곰팡이는 pH 2 ~ 8.5의 넓은 범위에서 생육이 가능하다.

38

② 압력은 미생물의 증식에 큰 영향을 미치지 않는다.

39

③ 산화, 환원전위를 낮춰 산소용해도가 감소한다.

고농도의 식염에서 생육이 저해되는 원인
• 삼투압이 증가하여 원형질 분리
• 탈수작용에 의한 세포 내 수분의 유실
• 효소의 활성 저해
• 산화, 환원전위를 낮춰 산소용해도 감소
• 이산화탄소 감수성이 높아짐
• 염소의 살균작용(독작용) ($NaCl \rightarrow Na^+ + Cl^-$)

40

종속영양균(유기영양균)은 다른 동식물에 의해 생성된 유기물의 분해(호흡이나 발효)에 의해 생기는 유리 에너지를 이용한다. 대부분의 식품 미생물은 종속영양균이 많다.

41

③ 광에너지(빛에너지)와 유기탄소원을 사용하는 미생물을 광종속영양균이라 한다.

42

② 유기물을 합성하기 위해 무기물(무기탄소원, 무기질소원)만으로 생육하는 것으로 CO_2, HCO_3^-와 같은 무기탄소원으로부터 탄수화물을 합성한다.

43

① 광합성 작용은 혐기적조건에서만 일어난다.

② 아질산균, 황세균 등은 화학합성균이다.

③ 녹색황세균은 산소를 발생하지 않는다.

44

① *Rhizobium*은 종속영양균으로 질소고정균이다.

45

③ 질소고정균은 공기 중의 유리질소를 고정하여 세포 내 질소화합물을 합성하는 균이다. 대표적으로 *Azotobacter*, *Rhizobium*, 일부 *Clostridium* 속 등을 들 수 있다.

46

② 산소를 필요로 하므로 호기적 조건에서 생육한다.

47

④ 미생물의 종류에 따라 필요로 하는 생육인자가 다르다.

48

④ 화학합성균은 독립영양균으로 무기물을 산화하여 에너지를 얻으며 호기적 조건에서 발육한다.

49

② 화학합성균은 호기적인 환경에서 반응이 일어난다.

③ 화학합성균은 빛에너지를 이용하지 않고, 화학에너지를 이용한다.

④ 수소세균은 화학합성균에 속한다.

50

① 철세균: $4FeCO_3 + O_2 + 6H_2O \rightarrow 4Fe(OH)_3 + 4CO_2$

③ 황세균: $2H_2S + O_2 \rightarrow 2H_2O + 2S$

④ 아질산균: $2NH_3 + 3O_2 \rightarrow 2HNO_2 + 2H_2O$

51

① 빛을 이용하며 독립영양을 한다.

② 이산화탄소 환원물질로 H_2S나 H_2를 사용하는 것은 녹색황세균이나 녹색세균이다.

④ 물을 사용한다.

52

① 녹색황세균: $6CO_2 + 12H_2S \rightarrow C_6H_{12}O_6 + 12S + 6H_2O$

53

② 이산화탄소 환원물질로 H_2O를 사용한다.

54

① *Gallionella* － 철세균
② *Nitrobacter* － 질산균
③ *Methanomonas* － 메탄산화균
④ *Rhizobium* － 질소고정균(뿌리혹 박테리아)

55

② 독립영양균은 광합성영양균과 화학합성영양균으로 나뉘어진다.
③ 기생영양균은 생물에 기생하는 활물기생균과 유기물에만 생육하는 사물기생균이 있다.
④ 영양분을 분해하여 에너지를 얻는 것은 종속영양균에만 해당된다.

56

③ 젖산균(유산균)은 영양요구가 복잡하며 거의 모든 영양분을 공급해야 한다.

57

① 증식에 필요한 탄소원, 질소원은 대량영양소에 해당되며, 무기염류, 발육인자 등은 미량영양소에 해당된다.

58

② 펩타이드와 펩톤은 유기질소원이며, 탄화수소류는 탄소원으로 이용된다.

59

③ 탄소원은 세포의 에너지원과 세포구성에 이용되며 미생물의 유전적 형질에 따라 많은 차이가 있으나 일반적으로 단당류(glucose, fructose)와 이당류(sucrose, maltose)를 주로 이용한다.

60

(가) － 0.1 ~ 2%
(나) － 5%
(다) － 10 ~ 15%

61

④ 유당은 젖산균이나 장내 세균 등이 이용할 수 있고, 효모의 경우는 잘 이용하지 못한다.

62

④ *Kluyveromyces* 속을 제외한 대부분의 효모류는 젖당(유당)을 이용하지 못한다.

63

① 미생물은 그 균체의 성분 또는 각종 효소성분, 단백질, 퓨린, 피리미딘 핵산 염기를 함유하므로 이 성분을 합성하는데 질소원이 필요하며 배지의 최적 질소함량은 0.1 ~ 0.5%이다.

64

① 효모는 질산염을 이용하는 것도 있고 이용하지 않는 것도 있다.
② 곰팡이는 황산암모늄과 같은 암모늄염을 이용할 수 있다.
③ 세균은 아미노산이나 펩타이드류를 이용할 수 있다.

65

	영양원
질소원 단백질, 핵산 염기 성분	유기질소원 • 단백질, 펩톤류 • 아미노산류
	무기질소원 • 질산염류 • 암모니아염류

66

④ 무기염류는 세포성분, 대사과정 중의 효소(촉매제, 보조인자), 세포 내 삼투압 조절 및 배지의 완충작용의 역할을 한다.

67

④ 생육에 필요한 다량 무기원소는 P, S, Mg, Na, K, Ca 등이고, 생육에 필요한 미량 무기원소에는 Fe, Mn, Co, Zn, Mo, Cu 등으로 알려져 있다.

68

① 칼슘(Ca)은 세포벽을 안정화 시키며 내생포자의 주요성분으로서 포자의 열 안정성과 관련이 있다.

69

② 마그네슘(Mg)은 해당과정에 관여하는 효소의 부활제, 세포분열, 리보솜, 세포막, 핵산 등의 안정화 작용을 한다.

70

생육인자(발육인자, growth factor)는 미생물의 생육에 절대적으로 필요하나 합성되지 않는 필수 유기 화합물을 말하며, 일반적으로 아미노산, 퓨린, 피리미딘, 비타민류(B, C) 등이 있다.

71

④ 효모의 생육인자에는 판토텐산, 비오틴, 티아민(B_1), 피리독신(B_6), 니코틴산, 이노시톨 등이 있다.

72

① 상호공생(Mutalism)은 양자가 서로 유리하게 작용하는 관계로 콩과식물과 질소고정균 등을 예로 들 수 있다.

73

② 편리공생(commensalism)은 미생물 공존 시 한 미생물의 대사산물이 다른 균의 생장에 유리하게 작용하는 현상이다.

74

③ 많은 미생물은 공존하며 서로 영향을 주고 받는데, 식품 내에서 산소, 생육장소, 영양물질 등을 서로 경쟁(경합, competition)하거나 서로 생육을 억제(길항, antagonism)하거나 상호이익을 주고받는 공생(symbiosis) 등으로 구분할 수 있다.

75

③ 공동작용(synergism)은 서로 종류가 다른 미생물이 공존하면서 각 미생물이 가지지 않는 기능을 공동으로 발현하는 경우이다.

76

① 통성혐기성균(facultative anaerobes)은 산소가 필수적이지 않으며, 산소가 없는 환경보다 있는 환경에서 더 빠르게 증식한다.
② 편성호기성균(obligate aerobes)은 산소가 있는 환경에서 생존한다.
③ 편성혐기성균(obligate anaerobes)은 산소가 없는 환경에서 생존한다.

77

① 일반적으로 미생물의 건조에 대한 저항성은 곰팡이 > 효모 > 세균 순으로 낮아진다.

78

③ 종속영양균은 유기물을 분해하여 에너지를 얻으며, 대부분의 식품미생물도 종속영양균에 포함된다.

79

② 동결, 소금절임, 건조법은 수분활성도를 감소시켜 식품의 보존기간을 연장하는 방법이다.

80

③ 미생물이 이용하는 탄소원으로 유기물은 필요치 않고, 무기물을 산화하여 얻은 화학에너지를 이용하는 균은 화학합성균이다.

81

② 탄소원은 미생물 배지의 주요한 유기물로서, 에너지 생산을 위한 호흡, 발효대사 과정을 통해 에너지를 방출한다.

82

④ 대다수 세균의 경우, 생육에 필요한 최저 수분활성도로 0.9 이상을 요구하지만, *Staphylococcus aureus* 는 수분활성도 0.85까지도 생육이 가능하다.

83

① 바이러스는 식품에서 증식할 수 없다.

84

영양물질 이용에 따른 미생물의 종류

미생물의 종류		에너지원	탄소원
독립영양균	광독립영양균	빛에너지	CO_2
	화학독립영양균	화학에너지	CO_2
종속영양균	광종속영양균	빛에너지	유기탄소원
	화학종속영양균	화학에너지 (유기물)	유기탄소원

85

③ 온도와 습도는 외인성 인자에 해당한다.

86

③ Aw를 낮추는 방법으로는 용질인 식염, 설탕 등을 첨가하거나 농축, 건조에 의한 수분 제거 및 냉동보관 등이 있다.

87

① 미호기성균(micro-aerophilus)
- 정상적인 산소분압(20%)에서 생육이 어려움
- 5 ~ 10%(2 ~ 10%) 정도의 낮은 산소농도 요구

Chapter 03 | 식품에서의 미생물 제어법

01 ①	02 ②	03 ②	04 ④	05 ③
06 ②	07 ①	08 ④	09 ②	10 ①
11 ①	12 ④	13 ③	14 ④	15 ②
16 ②	17 ②	18 ②	19 ③	20 ③
21 ④	22 ②	23 ④	24 ③	25 ④
26 ①				

01

① 효모의 생육을 억제하기 위해서는 설탕(sucrose) 60 ~ 70%, 포도당(glucose) 45 ~ 50% 농도를 필요로 한다.

02

① 동물세포는 세포벽이 없기 때문에 환경의 삼투압에 극히 예민하다.
③ 당용액의 삼투압은 같은 농도의 경우, 분자량이 적은 당이 삼투압증가가 높다.
④ 내염균은 2% 이하의 염농도 배지에서 증식 가능하다.

03

② 일반적으로 그람음성균은 그람양성균에 비해 식염에 대한 감수성이 높은편이다.

04

④ 목화씨에 있는 고시폴(gossypol)은 자연유래 항균물질이 아니며, 항산화작용을 하는 성분이다.

05

① avidin은 달걀 난백에 존재하며 항 미생물작용을 한다.
② ovotransferrin은 달걀 난백에 존재하며 항 미생물작용을 한다.
③ nisin은 *Lactococcus lactis*가 생성하는 항균물질(bacteriocin)이다.

06

② 허들기술(hurdle technology)은 식품보존에 있어서 단일 보존요인이 아닌 몇 가지 요인을 복합 적용시키는 방법이다. 낮은 소금의 농도, 낮은 산도, 낮은 수분활성도 그리고 낮은 농도의 보존료와 같이 여러 요인을 낮은농도로 처리하는 것이 제품의 품질도 좋게 하면서 보존효과를 높일 수 있다.

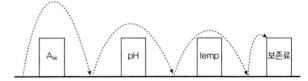

07

① 저온 살균은 식품 중에 존재하는 미생물을 완전히 살균하지 못한다.

08

④ 살균력이 가장 큰 자외선 파장은 250 ~ 260nm(2,500 ~ 2,600 Å) 부근의 단파장이며, 자외선 조사 시 DNA 손상 유발로 사멸이나 돌연변이를 초래할 수 있다.

09

② 자외선 조사 시 DNA 사슬상에서 서로 이웃한 피리미딘 염기 사이에 공유결합이 형성된다.

10

① D값은 주어진 온도에서 미생물의 90%(1 log)를 감소시키는 데 걸리는 시간을 말하며, Z값은 D값을 1 log 변화시키는 데 요구되는 열처리 온도를 말한다.

11

① *Escherichia coli* 6 log에서 2 log까지 4 log를 줄이는 데 40분이 소요되었다는 것은 1 log를 줄이는 데 10분이 소요되었다는 것을 의미한다. 따라서 $D_{(65℃)}$ = 10분이다.

12

④ 90℃에서 D값이 100분이었던 미생물의 Z값이 20℃라 하면, 이 미생물의 110℃에서의 D값은 10분이다.

13

③ 마이크로파는 전기 자기장의 파장을 이용하여 식품에 열을 가하는 방식으로 열처리법에 해당된다.

14

④ 펄스전기장은 두개의 전극을 이용하여 높은 볼트의 전기
장을 만들어 식품을 살균하는 처리법이다. 높은 볼트의
충격으로 세포막 안팎의 전위차에 의한 세포막의 파손이
발생하며, 주로 과일주스, 우유, 액상달걀 등 액체 식품의
살균에 부분적으로 이용하는 기술이다.

15

② 라다퍼티제이션은 고선량의 방사선을 조사하여 포자를 만드
는 세균, 특히 내열성이 높고 독소를 생산하는 *Clostridium
botulinum* 의 살균을 목표로 하는 처리법을 말한다.

16

② 10^7의 균을 10^2로 줄인다는 것은 5 log가 감소한다는 것을
의미하며, 121℃에서 D값이 5분이므로 5 log가 감소하기
위해서는 25분이 소요된다.

17

② 고농도의 식염처리 시 삼투압 증가로 인해 균주의 원형
질 분리가 일어난다.

18

① 프리온은 바이러스가 아니며, 단백질 구조를 지닌다.
③ 백신으로 예방할 수 없다.
④ 가열처리나 방사선을 처리하여 불활성화 시킬 수 없다.

19

① 60℃에서 30분간 가열로 미생물을 멸균시킬 수 없다.
② D값은 특정 온도에서 미생물을 1 log 만큼 사멸하는 데
소요되는 시간을 의미한다.
④ F값은 특정온도(보통 121℃)에서 세포 또는 포자를 사멸
하는 데 필요한 시간을 나타낸 값이다.

20

③ 락토페린은 모유나 우유에 함유된 철 결합 당단백질로
철과 결합하여 미생물의 증식을 억제한다.

21

① 미생물 정균작용은 미생물의 증식을 억제시키는 것이다.
② 살균은 비가역적인 방법이다.
③ 마이크로웨이브는 가열제어법에 해당한다.

22

② 자외선 조사는 투과력이 없다.

23

④ Ⓐ 미생물은 $D_{110℃} = 10sec$이고, Ⓑ 미생물은 $D_{110℃} = 10min$
일 때, Ⓑ가 Ⓐ보다는 열에 강하다고 말할 수 있다.

24

③ 보툴리누스균 포자는 방사선에 대한 저항성이 높아 효과
적이지 못하다.

25

④ D값은 일정 온도에서 미생물의 90%를 사멸하는 데 걸리
는 시간을 의미한다. 121℃ 온도에서 미생물의 90%를
사멸하는 데 걸리는 시간이 5분인 경우 $D_{121℃} = 5$분으로
표현한다.

26

② 미생물의 포자까지 완전 사멸시키는 방법은 radappertization
이다.
③ 부패균을 감소시킴으로써 식품의 보존을 연장시키는 조
사법은 radurization이다.

Chapter 01	효소의 특성

01 ①	02 ④	03 ④	04 ②	05 ②
06 ②	07 ③	08 ①	09 ④	10 ③
11 ④	12 ②	13 ③	14 ①	15 ③
16 ①	17 ③	18 ④	19 ①	20 ②
21 ②	22 ④	23 ③	24 ④	25 ①
26 ②	27 ④	28 ④	29 ④	30 ④

01

① 효소는 생체 내에서 합성할 수 있는 유기성분이다.

02

① 효소는 단순단백질 또는 복합단백질로 이루어져 있다.
② 효소의 보결분자단은 분자량이 작고 열에 안정한 편이다.
③ 생체촉매로서 유기촉매이다.

03

④ 복합단백질 효소는 단백질 부분인 결손효소(apoenzyme)
와 비단백질 부분인 보결분자단(prosthetic group)으로
구성되어 있고, 이들이 결합하여 완전한 효소의 활성을
나타낼 때 이것을 완전효소(holoenzyme)라고 한다.

04

② 조효소는 apoenzyme과 결합하여 holoenzyme이 된다.

05

② 효소가 작용하면 활성화에너지가 낮아지므로 반응이 쉽
게 일어난다.

06

나. 효소-기질 복합체 형성을 위해 기질이 효소에 결합하는
부위를 활성부위(active site)라고 한다.
라. 반응의 필요 활성화에너지를 낮춰 반응이 잘 일어나게
한다.

07

① 효소와 기질과의 반응은 가역적 반응으로 복합체를 형성
한 다음 생성물이 된다.
② 무기촉매와 달리 한 종류가 여러 가지 화학반응에 관여
할 수 없다.
④ 효소는 두 가지의 이성질체 중 한가지에만 반응을 하기
도 하며, 이를 광학적 특이성이라고도 한다.

08

① 효소의 작용은 반응용액의 pH에 따라 영향을 받으며, 최
적 pH에서는 활성이 가장 높고, 최적 pH보다 산성이나
알칼리로 바뀌면 효소의 활성이 낮아진다.

09

① 베타-아밀레이스는 아밀로스와 아밀로펙틴의 α-1,4 결
합을 비환원성 말단에서 규칙적으로 절단하는 효소이다.
② 효소와 가역적 또는 비가역적으로 결합하여 효소의 촉매
작용을 억제하는 물질을 inhibitor라고 한다.
③ 나린지네이스는 감귤의 과피나 과즙에 함유된 나린진을
분해하여 쓴맛을 감소시킨다.

10

③ 효소는 어떤 한 종류의 기질에만 작용하는 기질 특이성
을 가지고 있다. 말테이스(maltase)는 말토스(maltose)에
만 작용하고 유레이스(urease)는 요소(urea)만을, 펩신
(pepsin)은 단백질만을 가수분해하는 효소이다.

11

④ 광학적 기질 특이성이란 효소 반응이 기질의 광학적 구
조의 차이에 따라 나타나는 특이성을 말한다. 예를 들어,
L-amino acid과 D-amino acid는 광학적 구조가 다른 광
학 이성질체이므로 L-amino acid acylase는 L-amino
acid에만 작용한다.

12 ~ 15

효소의 분류

그룹	효소명	효소 촉매 반응의 특징 및 예시
I	산화·환원효소 (oxidoreductase)	• 생체 내에서 일어나는 여러가지 산화 및 환원반응 • 수소원자나 전자의 이동 또는 산소 원자의 기질로의 첨가 반응을 촉매 • 탈수소반응, 수소첨가반응, 산화반응, 환원반응 • catalase, peroxidase, polyphenol oxidase, ascorbate oxidase
II	전이효소 (transferase)	• 원자단(메틸기, 아세틸기, 글루코스기, 아미노기)의 전이반응 • 기 또는 원자단을 한 화합물로부터 다른 화합물로 전달하는 반응을 촉매
III	가수분해효소 (hydrolase)	• 물(H_2O) 분자를 가하여 복잡한 유기화합물을 분해 • 에스터결합, 글루코시드결합, 펩타이드결합, 아미노결합 등의 가수분해 반응 • 영양소의 소화 및 식품의 조리, 가공 및 저장과 밀접한 관련 • carbohydrase, lipase, protease
IV	탈리효소 (lyase)	• 비가수분해적으로 반응기를 분리·제거하는 반응 • 기질로부터 카복실기, 알데하이드기, H_2O, NH_3 등을 분리하여 이중결합을 만들거나 이중결합에 이들을 첨가하는 반응을 촉매 • 탈탄산반응, 탈알데하이드반응, 탈수반응, 탈암모니아반응
V	이성화효소 (isomerase)	• 기질분자의 분자식은 변화시키지 않고 분자구조를 변환 • 입체이성화반응, 시스-트랜스 전환반응, 분자 내 산화·환원, 분자 내 전이반응
VI	합성효소 (ligase)	• ATP와 같은 고에너지 인산화합물을 이용하여 분자를 결합시키는 반응을 촉매 • 결합 및 합성반응

16

② aldolase − 제거효소(lyase)

③ peroxidase − 산화환원효소(oxidoreductase)

④ phosphoglyceromutase − 이성화효소(isomerase)

17

③ fumarate hydratase는 푸마르산(fumarate)을 말산(malate) 으로 전환시키는 수화효소이다.

18

가. 폴리페놀옥시데이즈는 Cu^{2+}에 의해 효소활성 반응이 촉진된다.

나. 일반적으로 45℃까지는 온도가 상승함에 따라 반응속도가 증가하는 경향을 나타낸다.

다. 효소 농도가 높을 경우, 효소 반응 속도는 일정하다.

19

① 효소마다 최적 pH가 다르지만, 일반적으로 효소의 최적 pH는 4.5 ~ 8.0 범위이다. 예외적으로 펩신과 아르기네이스의 최적 pH는 각각 1.8, 10.0이다.

20

① EI와 ESI 복합체만 형성된다.

③ 저해제는 효소의 활성화 자리가 아닌 다른 자리에 결합한다.

④ 경쟁적 저해제는 기질과 저해제의 화학구조가 비슷하여 효소 단백질의 활성을 저해한다.

21

② ESI 복합체가 형성되는 것은 비경쟁적 저해다.

22

① K_m은 미카엘리스 상수이다.

② $1/2\,V_{max}$ 일때의 기질 농도를 의미한다.

23

③ 일련의 효소반응에 있어서 그 경로의 초기 단계의 효소가 최종산물에 의해 저해를 받는 현상이 나타날 수 있으며, 이를 최종산물저해(end product inhibition) 또는 음의 되먹임 저해(negative feedback inhibition)라고 한다. 인체는 이 방법으로 과잉의 대사산물이 축적되지 않도록 대사를 조절하며, 일반적으로 되먹임저해를 받는 효소는 자신의 기질과 구조가 다른 화합물에 의해 저해받는 다른 자리 입체성 조절효소(allosteric enzyme)인 경우가 많다.

24

④ 비경쟁적 저해가 일어나는 경우, K_m은 변하지 않고, V_{max}는 감소한다.

25

① 경쟁적 저해가 일어나는 경우, K_m은 증가하고, V_{max}는 변하지 않는다.

26

① succinate가 fumarate로 되는 반응에서 malonate는 succinate dehydrogenase에 경쟁적 저해제로 작용한다.
③ 비가역적 저해는 저해제가 활성부위의 아미노산 잔기에 공유결합하여 효소와 기질이 결합할 수 없게 한다.
④ 난백 단백질 중 오보뮤코이드는 트립신의 활성을 저해한다.

27

효소작용이 어떤 물질의 첨가로 촉진되는 현상을 효소의 활성화(activation)라 하고 그와 같은 작용을 하는 물질을 활성제(activator)라고 한다. Cu, Ca, Mg 등은 효소의 활성제로 작용할 수 있으나, Pb, Ag, Hg 등과 같은 중금속은 효소의 활성을 저해하는 저해제로 작용할 수 있다.

28

lyase
• 비가수분해적으로 반응기를 분리·제거하는 반응
• 기질로부터 카복실기, 알데하이드기, H_2O, NH_3 등을 분리하여 이중결합을 만들거나 이중결합에 이들을 첨가하는 반응을 촉매
• 탈탄산반응, 탈알데하이드반응, 탈수반응, 탈암모니아반응

29

④ K_m 값이 낮을수록 효소의 기질에 대한 친화도가 높다.

30

① 효소는 기질과 결합하여 반응물질의 활성화에너지를 낮춘다.
③ 효소의 비경쟁적 억제제는 활성부위가 아닌 다른 자리에 결합한다.

01 ①	**02** ②	**03** ③	**04** ③	**05** ④
06 ③	**07** ④	**08** ③	**09** ②	**10** ④
11 ④	**12** ③	**13** ①	**14** ②	**15** ④
16 ②	**17** ②	**18** ①	**19** ④	**20** ②
21 ①	**22** ③	**23** ④	**24** ②	

01

① 글루코스 산화효소(glucose oxidase)는 글루코스, 산소와 반응하여 글루코노락톤 생성을 촉매하는 효소이다. 산화반응을 통해 글루코스와 산소를 제거함으로써 식품의 갈변을 방지할 수 있다.

02

② 포도당을 이성화하여 과당으로 바꾸는 효소로, 감미가 낮은 포도당액을 감미가 강한 전화당액으로 만드는 방법에 이용된다.

03

③ 전분 분자의 비환원성 말단에서부터 포도당 단위로 가수분해하는 효소는 글루코아밀레이스(glucoamylase)이고, 말토스 단위로 가수분해하는 효소는 베타-아밀레이스(β-amylase)이다.

04

③ α-amylase는 전분분자들의 α-1,4 결합을 무작위로 가수분해하여 덱스트린을 형성하며, 최종 분해시 말토스와 글루코스를 생성한다.

05

④ invertase은 설탕을 분해하여 전화당(invert sugar)을 만드는 효소이다.

06

㉠ nuclease - 핵산 분해 효소
㉢ zymase - 당 발효 효소

07

④ 레닌은 우유의 카제인(casein)을 변성시켜 치즈를 만드는 데 이용되는 효소이다.

08

③ 나린지네이스 − 쓴맛 제거
라이페이스 − 치즈의 풍미 증진

09

① β−amylase − 전분 − α−1,4
③ maltase − maltose − α−1,4
④ polygalacturonase − 펙틴 − α−1,4

10

④ lysozyme은 펩티도글리칸의 글리칸 사슬을 끊어 세균을 사멸시키는 효소로, 외막이 있는 그람음성균보다 그람양성균에 대하여 살균효과가 더 크다.

11

④ 전분을 분해하는 데 관여하는 효소로는 α−amylase, β−amylase, glucoamylase, isoamylase, pullulanse 등이 있다.

12

③ hesperidinase − *Aspergillus niger*

13

② 알파−아밀레이스는 액화효소로 불리우고, 베타−아밀레이스는 당화효소로 불리운다.
③ 이소아밀레이스는 α−1,6 결합에 작용하여 분지를 제거한다.
④ 글루코아밀레이스는 아밀로스는 100% 분해하고 아밀로펙틴은 80 ~ 90% 분해한다.

14

② 펙티네이스(pectinase)는 식물의 세포벽에 존재하는 펙틴을 분해하는 효소이다.

15

④ 탈수소효소는 주로 생체의 에너지 획득에 관여하며, 기질이 되는 물질로부터 수소를 유리시켜 다른 물질에 전달한다. 이러한 탈수소효소의 보조효소로는 NAD나 FAD 등이 있다. 환원효소는 탈수소효소의 역반응을 촉매한다.

16

② 효소작용은 반응생성물이 축적됨에 따라 속도가 감소되어 어떤 평형에 달하게 되는데, 이는 일련의 효소반응에 있어서 그 경로의 초기 단계의 효소가 최종산물에 의해 저해를 받기 때문이다. 이러한 현상을 되먹임저해(feedback inhibition)라고 한다.

17

② 반응식은 혐기적 상태에서 피루브산에서 젖산이 생성되는 과정이므로 젖산탈수소효소(lactic acid dehydrohenase)가 관여한다.

18

미생물의 2차 대사산물은 미생물의 성장단계에서 합성되는 물질로 성장에는 요구되지 않으나, 항생물질, 독소, 색소, 풍미물질 등과 같이 생존에 필요할 수 있는 물질이다.

19

④ 엔테로톡신(enterotoxin)은 세균 독소이다.

20

② *Candida rugosa* 는 지방분해효소인 lipase를 생성한다.

21

① Lactase는 lactose를 glucose와 galactose로 분해하는 효소이다.

22

① pectinase − 펙틴분해효소(가수분해효소)
② naringinase − 나린진분해효소(가수분해효소)
③ dehydrogenase − 탈수소효소(산화환원효소)
④ amylase − 전분분해효소(가수분해효소)

23

① α−Amylase: amylose와 amylopectin의 α−1,4 글루코사이드 결합을 주로 사슬 안쪽에서 임의로 절단하는 효소
② β−Amylase: α−1,4 글루코사이드 결합을 비환원성 말단으로부터 maltose 단위로 절단하는 효소
③ Glucoamylase: amylose와 amylopectin의 α−1,4 및 α−1,6 글루코사이드 결합을 비환원성 말단에서 glucose 단위로 차례로 절단하는 효소

24

② α-amylase는 amylose와 amylopectin의 α-1,4 결합을 무작위로 절단하는 효소이다.

Chapter 03 | 호흡과 발효

01 ①	02 ④	03 ④	04 ③	05 ②
06 ②	07 ④	08 ①	09 ③	10 ①
11 ②	12 ④	13 ①	14 ③	15 ③
16 ④	17 ②	18 ②	19 ③	20 ①
21 ③	22 ②	23 ③	24 ④	25 ③
26 ②	27 ④	28 ①	29 ②	30 ④
31 ③	32 ②	33 ④	34 ②	35 ①
36 ①	37 ②	38 ②	39 ②	40 ①
41 ②	42 ④	43 ③	44 ②	45 ③
46 ④	47 ③	48 ④	49 ②	50 ④
51 ②	52 ①	53 ④	54 ④	55 ④
56 ④	57 ③	58 ①	59 ②	

01

① 대부분의 생물은 산소를 이용하여 유기물을 물과 이산화탄소로 완전히 분해하는 세포호흡을 한다.

02

④ 세포호흡은 해당과정(EMP), TCA 회로, 산화적 인산화의 세 가지 과정으로 진행되며, 해당작용은 세포질에서 일어나고 TCA와 산화적 인산화는 미토콘드리아에서 일어난다.

03

① 해당과정 – 세포질
② 지방산합성 – 세포질
③ 당신생반응 – 세포질과 미토콘드리아 둘 다 일어남

04

① TCA cycle은 미토콘드리아 기질에서 일어난다.
② glycolysis는 세포질에서 일어난다.
④ ATP가 생성되는 장소는 미토콘드리아 기질이다.

05

① 당을 분해하는 과정이다.
③ 포도당이 분해되어 피루브산 두분자를 생성한다.
④ 1분자의 포도당은 해당과정을 통해 2 ATP를 생산한다.

06

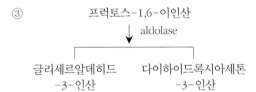

07

해당과정에서 ATP 생성위치(2군데)
(1) 1,3-다이포스포글리세린산 → 3-포스포글리세린산
(2) 포스포엔올피루브산 → 피루브산

08

해당과정에서 NADH 생성위치(1군데)
(1) 글리세르알데히드-3-인산 → 1,3-이인산글리세린산

09

③

프럭토스-1,6-이인산
↓ aldolase
글리세르알데히드   다이하이드록시아세톤
　-3-인산　　　　　　　-3-인산

10

② glucose 1분자가 해당과정을 거치면 2분자의 pyruvate가 형성되며, 2NADH와 2 ATP가 생성된다.

11

② ribose는 HMP shunt(hexose monophosphate pathway)를 거쳐 생성된다.

12

④ HMP shunt에서는 ATP를 생성하지 않으며, 지방산 합성에 필요한 NADPH를 생성한다.

13

① HMP shunt는 해당과정의 측로이며, 해당과정의 중간산물인 glucose-6-phosphate로부터 시작된다.

14

③ HMP shunt에서는 핵산을 구성하는 당인 리보오스(ribose)와 지방산 생합성에 필요한 NADPH를 생성한다.

15

$$TPP, NAD, FAD, Mg^{2+},$$
$$Lipoate, CoA-SH$$

③ pyruvate $\xrightarrow[\substack{피루브산탈수소효소 \\ 복합체}]{}$ acetyl-CoA + CO_2 + NADH

16

① 회로의 최초 시작물질은 구연산이다.
② 핵산 합성에 필요한 리보스를 공급하는 것은 HMP shunt이다.
③ 1회의 순환으로 2mol의 CO_2가 생성된다.

17

② 말로닉산(malonate)은 TCA 회로의 중간산물이 아니다.

18

② TCA 회로 중 숙시닐 CoA에서 숙신산이 생성될 때 GTP 한 분자가 생성된다.

19

피루브산 1분자가 TCA 회로를 통해 NADH가 생성되는 단계
(1) pyruvate → acetyl CoA
(2) isocitrate → α-ketoglutarate
(3) α-ketoglutarate → succinyl CoA
(4) malate → oxaloacetate

20

TCA 회로에서 CO_2가 생성되는 단계
(1) isocitrate → α-ketoglutarate
(2) α-ketoglutarate → succinyl CoA

21

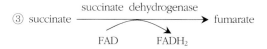

③ succinate $\xrightarrow[\substack{FAD \quad\quad FADH_2}]{succinate\ dehydrogenase}$ fumarate

22

크렙스 회로와 관련된 유기산에는 citrate, isocitrate, α-ketoglutarate, succinate, fumarate, malate, oxaloacetate 등이 있다.

23

③ 글리옥실산(C_2)은 acetyl-CoA(C_2)와 결합하여 말산(malate, C_4)을 합성한다.

24

④ NADH나 $FADH_2$에서 생성된 H^+가 지니고 있던 전자가 여러 가지 전자전달계를 거치면서 산소와 결합하여 물이 생성되는 과정이다.

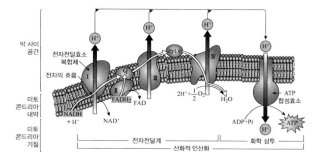

25

③ 전자가 전자전달계를 거치면서 생성되는 에너지는 미토콘드리아 기질에 있는 수소이온을 막사이 공간으로 보내는 데 사용된다.

26

② $FADH_2$ 1분자는 전자전달계와 화학삼투를 통해 2 ATP를 생성한다.

27

④ NADH 1분자는 전자전달계와 화학삼투를 통해 3 ATP를 생성한다.

28

① 전자전달 사슬을 거쳐 간 전자는 미토콘드리아 기질에 있는 H^+과 함께 산소(O_2)에 전달되어 물(H_2O)이 생성한다.

29

피루브산 1몰은 4분자의 NADH를 생성하고, 1분자의 NADH는 3 ATP를 생성하므로
4×3 ATP $= 12$ ATP

30

④ 미토콘드리아 기질에서 막사이 공간으로 수소이온이 능동수송될 때 ATP를 필요로 하지 않는다.

31

- NADH
  복합체 I → 유비퀴논 → 복합체 III(cytochrome b) → cytochrome c → 복합체 IV(cytochrome a)
- $FADH_2$
  복합체 II → 유비퀴논 → 복합체 III(cytochrome b) → cytochrome c → 복합체 IV(cytochrome a)

32

② TCA cycle에서 dehydrogenase의 수소를 수용하는 조효소는 NAD와 FAD이다.

33

- 해당과정: 2 ATP
- TCA 회로: 2 GTP(2 ATP)
- 전자전달계: 10 NADH(30 ATP)
                2 $FADH_2$(4 ATP)
- Total   38 ATP

34

② 당신생이란 탄수화물이 아닌 젖산이나 아미노산 등으로부터 포도당을 합성하는 대사과정을 말한다.

35

② 혐기적상태에서 포도당 1몰은 해당과정을 거쳐 2몰의 젖산이 생성되며, 최종 2 ATP가 생성된다.

36

세포질에서는 해당과정이 일어나고, 미토콘드리아에서는 TCA와 산화적인산화가 일어난다. 따라서 세포질에서는 2 ATP가 생성되며, 미토콘드리아에서는 36 ATP가 생성된다.

37

③ heterolactic(phosphoketolase) 통로는 포도당 한 분자에서 1분자의 피루브산과 1분자의 에탄올이 생성되면, 그 과정에서 1분자의 이산화탄소 가스가 생성되는 과정이다. 이러한 대사과정을 거치는 미생물로는 이상젖산발효균(hetero lactic acid bacteria)나 초산균(Acetobacter)이

대표적이다. 이상젖산발효균은 이러한 대사과정을 거치기 때문에 젖산만을 생성하는 정상젖산발효균과는 달리 에탄올과 이산화탄소를 생성하게 된다.

38

② glucose 대사 중 HMP 경로를 거치게 되면, 핵산 합성에 필요한 리보스(ribose)와 지방산 생합성에 필요한 NADPH 등을 생성할 수 있다.

39

① (가)는 해당과정으로 2 ATP가 생성된다.
③ (나)에서 2분자의 CO_2가 생성된다.
④ (다)에서 NADH는 NAD로 산화된다.

40

㉠ 탈탄산효소(decarboxylase)에 의해 2분자의 CO_2가 생성되므로 보효소인 TPP를 필요로한다.
㉡ 산화환원효소(dehydrogenase)에 의해 수소가 이동하므로 보효소인 NAD를 필요로한다.

41

① 물과 이산화탄소를 생성하지 않는다.
③ 젖산발효는 혐기적이다.
④ 전자전달계에서 산소를 이용하지 않는다.

42

① 2분자의 젖산이 생성되며, CO_2가 생성되지 않는다.
② 피루브산에서 젖산이 만들어질 때, 2분자의 NADH가 소모된다.
③ 젖산은 혐기적으로 발효가 진행된다.

43

③ 세포호흡은 혐기적 또는 호기적 환경에서 일어나고, 발효과정은 혐기적 환경에서 일어난다.

44

glucose → 2 ethanol(C_2H_5OH) + 2 CO_2
  180              $2 \times 46 = 92$

∴ $180 : 1000kg = 92 : x$
  $x = 511kg$

45

나. glutamate − 호기적

다. citrate − 호기적

라. gluconate − 호기적

46

④ 다량의 ATP가 생성된다.

47

③ 효모가 알코올 발효하는 과정에서 아황산나트륨을 적당
량 첨가하면 아황산염이 아세트알데히드와 결합하여 알
코올이 생성되지 않고 글리세롤이 생성된다.

48

④ 글리세롤은 glyceraldehyde−3−인산으로 전환되어 해당과
정으로 들어간다.

49

② 지방산의 분해 대사는 미토콘드리아에서 베타 산화과정
으로 진행된다.

50

④ 동·식물도 EMP나 TCA 회로 등 특정한 회로를 이용하여
탄수화물, 지방, 단백질 등을 이용한다.

51

② 당분해(glycolysis)과정은 세포질에서 진행되는 대사과정
으로 미토콘드리아와 무관하다.

52

① 발효는 혐기적 과정이며 최종 전자수용체가 산소인 것은
세포호흡에 해당한다.

53

④ 해당과정은 혐기적 반응으로 산소에 의존적이지 않다.

54

④ HMP shunt

• 오탄당 인산경로 / 육탄당 인산경로

• ATP를 필요로 하지 않음

• 지방산 합성에 이용되는 NADPH를 생성

55

④ 구연산회로(TCA cycle)에서 기질수준인산화는 일어난다.
(succinyl CoA → succinate)

56

① ㉠은 O_2이고, ㉡은 CO_2이다.

② (가)에서 포도당의 에너지는 ATP, NADH, $FADH_2$에 저장
된다.

③ (나)는 엽록체에서 일어난다.

57

③ α-케토글루타르산 → 숙신산

• α-ketoglutarate → succinyl CoA $\xrightarrow{}$ succinate
　　　　　　　　　　　　　GTP(ATP) 생성

• succinyl CoA에서 succinate가 생성되는 과정에서 GTP(ATP)가
생성되나, α-ketoglutarate에서 succinate로 표현해도 succinyl
CoA가 포함되어 있으므로 맞는 표현으로 볼 수 있다.

58

① 포스포글리세르산은 해당과정 중간산물로 시트르산회로
와 관련이 없다.

59

② 피루브산은 미토콘드리아의 크렙스 회로에 사용되게 된다.

Part 10. 미생물의 유전과 변이, 유전자 재조합

Chapter 01 | 유전자 구조와 기능				

01 ①	02 ③	03 ②	04 ④	05 ①
06 ①	07 ④	08 ②	09 ③	10 ④
11 ①	12 ②	13 ③	14 ③	15 ③
16 ②	17 ②	18 ①	19 ②	20 ③
21 ①	22 ①	23 ①	24 ④	25 ②
26 ①	27 ③	28 ④	29 ③	30 ①
31 ③	32 ④	33 ①	34 ②	35 ③
36 ①	37 ②	38 ④	39 ②	40 ④
41 ④	42 ②	43 ②	44 ④	45 ①
46 ③	47 ②	48 ①	49 ①	50 ③
51 ①	52 ④	53 ④	54 ③	55 ②
56 ④	57 ③	58 ③	59 ④	60 ②

01

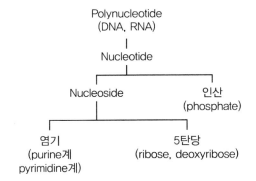

02

③ 진핵세포의 경우 핵산은 히스톤과 결합하여 핵단백질 형태로 존재한다.

03

② DNA에 함유되어 있는 네 가지 염기는 아데닌(A), 구아닌(G), 시토신(C), 티민(T)이며, A와 T의 분자비와 G와 C의 분자비는 같아서 G/C=1, A/T=1이다. 또한 DNA 중의 총 염기 몰수에 대한 G와 C의 몰수 비율은 그 생물의 중요한 특성 중 하나가 되고, 생물의 종류에 따라 일정한 비율을 가지기도 한다.

04

④ 핵산에는 DNA와 RNA가 존재하며, 기본단위는 뉴클레오티드이다. 유전정보를 나타내는 중요한 물질인 DNA는 아데닌, 구아닌, 시토신, 티민이며, RNA는 DNA와 동일하지만 티민을 대신해서 우라실로 되어 있다.

05

① 세포의 증식이 왕성할수록 DNA 함량은 증가한다.

06

① 뉴클레오티드와 뉴클레오티드는 3′, 5′-phosphodiester 결합하고 있다. 인산이 첫 번째 뉴클레오티드의 리보스 3번 탄소와 두 번째 뉴클레오티드의 리보스 5번 탄소에 에스테르 결합된 형태를 이루기 때문이다.

07

④ 리보스의 1번 탄소와 퓨린계 염기 9번 질소가 결합되어 있다.

08

① 이중가닥구조
③ 염기 사이의 수소 결합
④ DNA helix의 내부에는 당과 염기가 존재하고, 외부에는 인산기가 위치함

09

① 구아닌과 시토신의 결합을 끊는 것은 아데닌과 티민의 결합을 끊는 것보다 많은 에너지가 필요하다.
② 뉴클레오티드는 인산 : 당 : 염기가 1 : 1 : 1로 결합 되어 있는 구조다.
④ 염기와 염기는 수소결합하고, 염기와 당은 공유결합한다.

10

④ 염기는 DNA 분자 안쪽에서 골격을 이루고, 당과 인산은 바깥쪽에 배열된다.

11

① DNA는 우라실 대신 티민을 염기로 갖는다.

10

미생물의 유전과 변이, 유전자 재조합

12

② A와 T, G와 C는 상보적 결합으로 존재하므로 A/T 또는 G/C의 비율은 1을 나타낸다.

13

③ 퓨린염기인 아데닌(A)과 피리미딘 염기인 티민(T)이 두 개의 수소결합으로 염기쌍을 이루고, 동일한 방식으로 구아닌(G)과 시토신(C)은 세 개의 수소결합으로 염기쌍을 이룬다.

Adenine   Guanine

Cytosine   Thymine

14

③ 핵산에서 DNA는 대체로 이중나선구조로 되어 있으며, DNA 합성은 항상 $5' \rightarrow 3'$ 방향으로 일어난다. 두 가닥이 서로 반대방향으로 배치되어 역평행이면서 상보적으로 수소결합에 의하여 독특한 염기쌍(퓨린과 피리미딘)을 이룬다.

15

구아닌(G)이 15% 존재한다면, 시토신(C)도 15% 존재함
→ 총 30% 차지
아데닌(A)과 티민(T)의 총 함량은 70% 차지
→ 상보적으로 존재하므로 아데닌(A)은 35%, 티민(T)도 35%를 차지함

16

5′−ACTGAC−3′
3′−TGACTG−5′

17

22(base pair)=44 base
(G＋C) / (A＋T)＝12 / 10
(G＋C)＝44×12 / 22＝24
　→ C: 12, G: 12

18

DNA 내 500개 nucleotide 존재
티민(T)이 150개 존재한다면 아데닌(A)도 150개 존재함
T＋A＝300개
G＋C＝500−300＝200
∴ 시토신(C) 100개, 구아닌(G) 100개 존재함

19

② 합성을 시작하기 위해서 반드시 프라이머(primer)가 필요한 것은 지연가닥으로, 선도가닥은 필요치 않다.

20

③ 헬리케이스(helicase)는 DNA의 복제를 시작하기 위해 이중나선형태를 단일가닥으로 풀어주는 역할을 한다.

21

① 불연속적으로 합성되는 지연가닥(lagging strand)에서 오카자키 단편을 관찰할 수 있다.

22

① DNA가 비연속적으로 합성되는 경우(지연가닥)에는 DNA 프라이머가 존재하지 않으므로 DNA 의존성의 RNA 중합효소에 의하여 특정 부위 염기배열로 결정되어 있는 DNA에서 합성되는 RNA 프라이머가 그 합성 개시점의 역할을 한다.

23

② 진핵생물 DNA는 복제개시점이 여러 개 존재한다.
③ 원형 DNA는 양쪽 방향성의 복제를 한다.
④ DNA 중합효소 I은 지연가닥의 RNA primer를 제거할 수 있다.

24

DNA 복제과정에 관여하는 효소

$$helicase$$
$$\downarrow topoisomerase$$
$$primase$$
$$\downarrow$$
$$DNA\ polymerase\ III$$
$$\downarrow$$
$$exonuclease$$
$$\downarrow$$
$$DNA\ polymerase\ I$$
$$\downarrow$$
$$ligase$$

25

② 단일가닥 결합단백질(single-strand binding protein)은 DNA 단일가닥을 안정화시켜서 다시 이중나선으로 복귀하는 것을 막는다.

26

DNA 복제 시 지연가닥의 개시점 역할을 하는 것은 RNA primer이다.

27

중합효소 연쇄반응(PCR)은 DNA의 원하는 부분을 복제하고 증폭시키는 기술이다. 두 가닥의 DNA 분자를 분리한 후 목적한 DNA 부분을 합성할 수 있는 프라이머를 결합한다. 이후 DNA 중합효소로 DNA를 합성하는 과정을 여러번 반복함으로써 특정 DNA 단편만을 선택적으로 증폭시킬 수 있다.

28

④ 중합효소연쇄반응(PCR)을 시행하기 위해서는 목적 DNA, DNA primer, Taq polymerase, dNTP 등을 필요로 한다.

29

③ mRNA(messanger RNA)는 DNA 유전정보(암호)를 전사하는 RNA로서, 단백질 합성의 주형 역할을 한다.

30

① tRNA에는 mRNA에 상보적인 codon이 들어있다.

31

③ RNA는 리보스를 당으로 가진다.

32

① 아미노산을 지정하는 mRNA의 코돈은 61개이다.
② 1개의 코돈은 1개의 아미노산을 지정한다.
③ UAA, UAG, UGA는 어떤 아미노산과도 대응하지 않으므로 종결코돈이다.

33

① GUU, GUC, GUA, GUG — 발린
② UGA — 종결
③ UAA — 종결
④ AUG — 개시

34

① DNA에서 전사된 mRNA는 단일가닥이다.
③ rRNA는 세포 내의 전 RNA의 80%를 차지한다.

35

DNA   3′-AGTCCTA-5′
mRNA 5′-UCAGGAU-3′

36

① DNA   3′-TAC TTA GGG ACC-5′
   mRNA 5′-<u>AUG</u> AAU CCC UGG-3′
          개시코돈은 있으나, 정지코돈은 없음

37

• 1개 아미노산＝1 codon＝3 base
• 90개 아미노산＝90×3 base(nucleotide)＝270 nucleotide

38

① tRNA의 2차 구조는 클로버 형태이다.
② tRNA에는 변형 염기가 존재한다.
③ 뉴클레오티드 잔기수는 보통 75～90개이다.

39

② 아미노산이 결합하는 부위는 tRNA의 3′-OH이다.

40

④ tRNA의 3′ 말단에 존재하는 -CCA는 염기쌍을 이루고 있지 않다.

41

④ mRNA 사슬과 반대 방향으로 정렬되어 있다.

42

② 원핵세포의 경우 세포질에서 전사와 번역이 동시에 진행된다.

43

② 복제와 달리 전사는 연속적으로 신장하는 가닥만 존재한다.

44

(가) − 복제, (나) − 전사, (다) − 번역

45

① 단백질 합성(번역)은 두 개의 소단위체를 갖는 리보솜(ribosome)에서 일어난다.

46

③ 30S 소단위는 16S rRNA와 약 21종류의 단백질이 결합되어 있고, 50S 소단위는 23S rRNA와 28S rRNA, 약 34종류의 단백질이 결합되어 있다.

47

① 진정세균의 리보솜은 50S, 30S의 2개 소단위로 이루어져 있다.
③ 원핵생물의 리보솜은 70S이다.
④ 진핵생물의 리보솜은 80S이다.

48

가. 단백질 합성은 리보솜에서 이루어진다.
다. 아미노산은 tRNA와 특이적으로 결합한다.
라. 펩티드 사슬을 만들기 위해 인접한 아미노산과 펩티드 결합한다.
마. 단백질 생합성은 리보솜에서 일어나기도 한다.

49

① tRNA와 아미노산의 결합은 아미노아실−tRNA−합성효소들에 의해서 특이적으로 결합되는데 ATP 존재하에서 tRNA의 자루 쪽 3′ 말단의 리보스에서 특정 아미노산과 에스테르 결합으로 이루어진다.

50

단백질 생합성 순서

51

① ribosome은 mRNA를 따라 1개의 코돈만큼 이동한다.

52

④ 3′ 말단에 가장 가까운 리보솜은 거의 완성된 형태의 폴리펩티드를 지닌다.

53

④ DNA 복제과정 중 이중 나선가닥을 풀어주는 것은 헬리케이스(helicase)이다.

54

③ PCR을 이용한 유전자 증폭과정은 DNA 열변성 → 프라이머 결합 → 합성 및 증폭 순서로 진행된다.

55

② DNA와 RNA의 합성 방향은 모두 5′ → 3′ 이다.

56

④ 구아닌(G)＋시토신(C) 함량이 높을수록 흡광도 증가곡선의 1/2 지점 온도인 녹는점이 증가한다.

57

① 원핵세포인 대장균의 복제원점은 한 개이다.
② 지연가닥(lagging strand)을 합성할 때, DNA 중합효소 III와 DNA 중합효소 I이 사용된다.
④ 복제 중인 복제분기점에서 프리마제(primase)는 지연가닥(lagging strand) 합성에 주로 사용된다.

58

ㄱ. 염기, 당, 인산으로 구성된 뉴클레오티드가 기본 단위이다.

ㄴ. RNA의 구성 당은 리보오스이고, DNA의 구성 당은 데옥시리보오스이다.

59

④ 전사는 DNA 가닥과 상보적으로 mRNA를 합성하여 유전정보를 전달하는 과정을 말한다.

60

② DNA 복제과정에서 RNA 중합효소(RNA polymerase)는 관여하지 않는다.

Chapter 02 | 미생물의 돌연변이

01 ②	02 ④	03 ③	04 ①	05 ④
06 ③	07 ①	08 ③	09 ③	10 ④
11 ①	12 ①	13 ②	14 ③	15 ④
16 ②	17 ④	18 ④	19 ③	20 ②
21 ③	22 ①			

01

② 자연 돌연변이 확률은 매우 낮으므로 인공 돌연변이에 비해 발생하기 어렵다.

02

④ Point mutation은 frame shift에 의한 변이에 비해 복귀돌연변이(back mutation)가 되기 쉽다.

03

③ 삽입은 미생물의 친주로부터 돌연변이주를 유발시키기 위한 변이원(mutagen) 중 하나이다.

04

염기치환(substitution)이란 기존의 뉴클레오티드가 다른 뉴클레오티드로 대체되는 현상이며, 유전자 내에 하나 또는 그 이상의 뉴클레오티드가 첨가되거나 결손되는 것을 염기첨가(addition) 또는 염기결손(deletion)이라 한다.

05

④ 염기치환에 의하여 어떤 아미노산으로 대응하지 않는 암호를 갖는 것(종결코돈)을 사슬종료 돌연변이(nonsense mutation)라고 한다.

06

③ 한 개의 아미노산을 여러개의 코돈이 암호화하는 경우가 있기 때문에, 염기치환에 의해 염기가 바뀌었지만 같은 아미노산을 암호화하는 코돈으로 변경된 경우 단백질 합성(번역)에는 전혀 영향을 주지 않을 수 있다. 이러한 돌연변이를 침묵 돌연변이(silent mutation)라고 한다.

07

① 낫모양 적혈구 빈혈증은 염기 치환에 의하여 다른 아미노산의 유전암호로 변화되는 미스센스 돌연변이(missense mutation)에 의한것이며, β 사슬의 6번째 아미노산인 글루탐산이 발린으로 바뀌면서 산소운반능력이 저하되어 일어나는 질병이다.

08

- 전위: 퓨린 ↔ 퓨린염기, 피리미딘 ↔ 피리미딘염기
- 전환: 퓨린 ↔ 피리미딘염기, 피리미딘 ↔ 퓨린염기

09

③ nonsense mutation은 돌연변이에 의해 종결코돈(UAG, UAA, UGA)이 생성되는 것으로, 이로 인해 번역이 일찍 종료되어 짧은 폴리펩티드가 만들어지게 된다.

10

① 완전배지에서 자란다.

② 최소배지에 histidine을 첨가하지 않은 배지에서 자라지 못한다.

③ 최소배지에 histidine을 첨가해야만 잘 자란다.

11

① 에임스 시험법(ames test)은 병원성이 없는 *Salmonella* 변이균주(histidine 요구균주)를 사용하여 시험물질의 돌연변이 유발성을 조사하는 방법이다. 시험물질이 돌연변이성을 지닌 경우, 돌연변이의 복귀(histidine 비요구균주)를 유발하므로 돌연변이 유발성을 예민하게 검출할 수 있다.

12

돌연변이원의 종류

구분		돌연변이원
물리적 인자		방사선(감마선, X-선), 자외선(ultraviolet), 고열처리
화학적 인자	알킬화제	dimethyl sulfate(DMS), diethyl sulfate(DES), ethyl methane sulfate(EMS), nitrogen mustard, N-methyl-N'-nitrosoguadine(NTG, MNNG)
	염기유사물	5-bromouracil, 2-aminopurine
	삽입성물질	acridine orange, proflavin, ethidium bromide
	기타 화합물	nitrite, hydroxylamine(HA)

13

② 아질산(nitrite)은 아미노기가 함유된 염기(구아닌, 시토신, 아데닌)에 작용하여 탈아미노화 시키고, 각각 잔틴(xanthine), 우라실(uracil), 하이포잔틴(hypoxanthine)을 생성한다. 이들은 각각 시토신, 아데닌, 시토신과 염기쌍을 이루어 전이형의 GC ⇌ AT 변이체를 만든다.

14

③ MNNG의 경우, DNA의 구아닌 잔기를 메틸화하여 7-메틸구아닌을 생성함으로써 돌연변이를 유발하므로 틀변환 돌연변이를 유발하지 않는다.

15

5-bromouracil의 keto형과 enol형

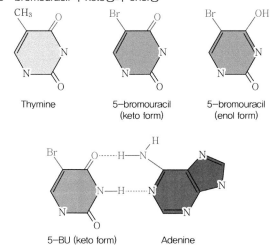

16

② 삽입성 물질에는 acridine orange, proflavin, ethidium bromide 등이 있다.

17

④ 영양 요구성 변이주는 아미노산, 비타민, 염기, 당, 유기산의 생합성 경로와 관련되는 효소에 결함이 있어서 이들 특정 영양소를 배지에 첨가하면 증식하는 경우를 말한다. 변이주를 검출하기 위해서는 페니실린 농축법, 복사평판법(replica-plating method) 등이 있으며, 융합법은 검출방법이 아니다.

18

④ 수복기구는 가장 많이 연구가 이루어진 자외선 손상에 대한 가시광선에 의한 광회복을 포함하여, 어두운 곳에서 진행되는 암회복으로 제거수복, 재조합수복, SOS수복 등이 있다.

19

③ 가시광선을 통하여 사멸률이나 변이율이 감소되는 광회복 효과가 나타나는데, 이는 광회복효소가 가시광선에 의하여 활성화되면서, 피리미딘 염기의 이중체가 단일체로 전환되기 때문이다.

20

② DNA 염기서열의 변화가 반드시 단백질의 변화를 동반하는 것은 아니다. 잠재성 돌연변이(silent mutation)의 경우, 코돈의 중복성으로 인해 DNA 염기서열이 변하더라도 최종 단백질은 변하지 않는다.

21

③ DNA가 자외선을 흡수하면 피리미딘(cytosine, thymine) 이량체가 생성된다.

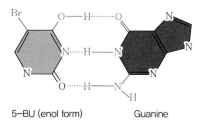

22

② 난센스돌연변이(nonsense mutation)는 돌연변이에 의해 종결코돈이 생성되는 것으로, 이로 인해 번역이 일찍 종료되어 짧은 폴리펩티드가 만들어지게 된다.

③ 미스센스돌연변이(missense mutation)는 단일염기가 바뀌면서 하나의 아미노산 코돈이 다른 종류의 아미노산 코돈으로 바뀌는 것이다.

④ 틀변환돌연변이(frame shift mutation)는 1개 혹은 2개의 염기쌍이 삽입되거나 결실되면서 일어나는데, 3개의 염기쌍이 삽입 또는 결실되었을 때보다는 최종 발현되는 단백질의 기능에 더 심각한 손상을 초래한다.

Chapter 03 | 미생물의 유전적 재조합

01 ③	02 ①	03 ④	04 ③	05 ③
06 ②	07 ③	08 ②	09 ①	10 ①
11 ③	12 ②	13 ③		

01

③ 세균에서 볼 수 있는 유전자 재조합에는 free DNA가 수용성 세포로 직접 삽입되는 형질전환(transformation), 세포 간의 접촉을 통하여 DNA가 전달되는 접합(conjugation), 또는 파지에 의해서 DNA가 한쪽 세균에서 다른 세균으로 전달되는 형질도입(transduction) 등이 있다.

02

① 형질전환은 폐렴쌍구균 등 특정 균종을 어떤 조건상태에서 배양하면 세포 외에 첨가한 DNA를 세포 내로 도입하여 재결합하는 능력(competence)을 갖게된다. 이와 같이 같은 종의 세포로부터 DNA를 추출하여 competent한 세포에 첨가해 주면, 세포 가운데 일부가 공여된 DNA의 유전형질을 획득하게 되는 것을 말한다.

03

④ 접합은 세포간에 일시적인 접촉(cell to cell contact)에 의한 유전물질의 이동(genetic transfer)을 말한다. 접합에 의해 이동되는 유전물질은 조그만 크기의 자율적인 증식이 가능한 이중가닥 DNA인 plasmid이거나 plasmid가 염색체에 삽입되어 이동이 가능하게 된 염색체의 일부이다.

04

③ 형질도입은 용원성 바이러스에 의해서 DNA가 한쪽 세포에서 다른 세포(수용균)로 이행하는 현상을 말한다.

05

② 접합: 성선모(sex pili)를 통한 염색체의 이동에 의한 DNA 재조합

④ 형질전환: 공여세포로부터 유리된 DNA가 직접 수용세포 내에 들어가서 일어나는 DNA 재조합

06

② 전사는 DNA의 유전정보를 RNA 중합효소를 이용하여 mRNA 형태로 상보적으로 합성하는 것이다.

07

③ 염색체에 비해 분자량이 작으며, 다양한 특징을 지닌다.

08

② 스스로 복제가 가능하나, 세균의 성장과 생식과정에 필수적인 것은 아니다.

09

② 접합 시 DNA의 전달은 한쪽 방향으로 진행된다.

③ 파지에 의해서 DNA가 한쪽 세균에 의해 다른 세균으로 전달되는 방법은 형질도입이다.

④ F plasmid는 생식능력을 갖는 인자로 생존에 필수적이지는 않다.

10

① 플라스미드는 공여체에서 수용체로 이동하기 전 복제되므로 공여체와 수용체 모두 F 플라스미드를 지니게 된다.

11

③ 형질도입(transduction)은 용원성 바이러스의 중개에 의해서 DNA가 한쪽 세포(공여균)로부터 다른 세포(수용균)로 이행하는 현상을 말한다.

12

② 대부분의 세균에는 핵 DNA 이외에 자율적으로 자가증식하는 환형 DNA가 존재한다. 이처럼 자가증식이 가능한 세포질성 유전인자를 플라스미드(plasmid)라고 한다. 플라스미드는 크기, 보유하고 있는 유전정보, 세포 사이의 전달능력 유무, 그리고 세포당 copy 수 등에 따라 매우 다양하게 존재한다.

13

서로 다른 두 원핵세포 간 DNA를 전달하는 방식에는 형질 전환(transformation), 형질 도입(transduction), 접합(conjugation) 등이 있다.

Chapter 04 │ 유전공학
01 ②   **02** ①   **03** ③   **04** ③   **05** ③
06 ④   **07** ①

01

② 제한효소(restriction endonuclease)는 DNA 사슬을 절단하는 효소이며, 제한효소가 인식하는 부위는 DNA 두 가닥 모두 5′→ 3′로의 염기서열이 동일한 대칭성을 나타내는 회문구조(palindrome structure)이다.

02

① 유전자 재조합 시 유전자를 이동하는 운반체인 벡터(vector)로 사용할 수 있는 것은 플라스미드(plasmid)와 용원성파지이다.

03

③ 원형질체 융합(protoplast fusion) 혹은 세포융합(cell fusion)은 특성이 다른 두 가지 종에서 유래한 원형질체를 융합시켜 두 종의 특성을 모두 가진 새로운 우량융합세포를 형성하는 기술이다. 먼저, 특성이 다른 두 세포의 세포벽을 용해효소처리하여 세포벽이 없는 원형질체를 형성한 후, 두 원형질체를 인위적으로 융합한 다음 융합된 세포의 세포벽을 다시 재생하여 새로운 우량융합세포를 형성한다.

04

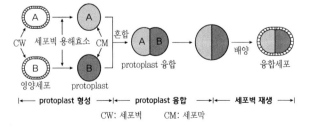

05

③ 하나의 조절자 또는 조절체계에 의하여 다양한 유전자가 함께 조절되는 현상을 포괄적 조절이라 한다.

06

④ 제한효소는 특정염기서열을 인식하며, 세균은 자신에게 주입된 파지의 DNA를 잘라내기 위해 제한효소를 만든다. 제한효소라는 명칭은 파지가 세균을 감염시키는 능력을 제한하는 효소의 활성에서 유래되었다. 제한효소에 의해 잘라진 DNA 부위는 연결효소(ligase)에 의해 연결될 수 있다.

07

① 제한효소가 인식하는 부위는 DNA 두 가닥 모두 5′→ 3′로의 염기서열이 동일한 대칭성을 나타내는 회문구조를 지닌다.

5′-TGAATTCC-3′
3′-ACTTAAGG-5′

Part 11. 미생물 실험법

Chapter 01	실험기구 및 배지

01 ②	**02** ②	**03** ①	**04** ④	**05** ①
06 ②	**07** ②	**08** ③	**09** ①	**10** ①
11 ③	**12** ①	**13** ③	**14** ①	**15** ②
16 ④	**17** ③	**18** ②	**19** ④	**20** ①
21 ④	**22** ③	**23** ④	**24** ②	**25** ③

01

② 백금이와 백금선은 불꽃에 직접 살균 한 후 냉각하여 사용한다.

02

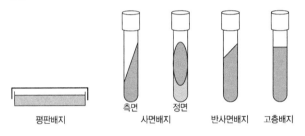

평판배지   측면   정면   반사면배지   고층배지
　　　　　　　　사면배지

03

① 한천(agar)은 홍조류인 우뭇가사리를 끓인 다음 식혀서 굳힌 끈끈한 물질로 찬물에는 용해되지 않지만, 뜨거운 물에는 용해되며 온도를 낮추면 고체화되어 gel을 형성한다.

04

④ TSI 배지 고층부에서 균이 증식하면서 당을 발효하게 되면, 산과 가스가 발생될 수 있으며 이로 인해 배지에 균열이 발생할 수 있다.

05

② MYP 한천배지 – *Bacillus cereus*
③ Oxford 한천배지 – *Listeria monocytogenes*
④ BCIG 한천배지 – 장출혈성대장균

06

② 미생물 배양용 고체배지를 제조하기 위해서는 1.5 ~ 2.0%의 한천을 첨가하게 되며, 너무 높은 농도로 첨가 시 미생물이 증식하지 못할 수 있다.

07

② 유당배지법에 의한 대장균군 정성시험 방법은 추정시험(유당배지) → 확정시험(BGLB, Endo agar, EMB agar) → 완전시험(NA agar, TSA) 순서로 진행된다.

08

① beef extract bouillon – 세균 배양
② peptone water – 세균 배양
④ yeast extract – 효모, 세균 배양

09

① beef extract bouillon은 일반 세균의 천연 배양 배지이다.

10

① 대장균군은 유당(lactose)을 분해하여 산과 가스를 생성하므로, 배지 내 유당을 첨가하여 가스 발생여부를 확인함으로써 대장균군 검출에 이용한다.

11

③ 곰팡이, 효모 – potato dextrose agar(PDA)

12

① 황색포도상구균(*Staphylococcus aureus*)은 Baird-Parker 한천배지에서 투명한 띠로 둘러싸인 광택이 있는 검정색 집락을 형성하며, 단백질 분해 작용에 의해 집락 주변에 투명한 영역이 생성된다.

13

③ 대장균군의 경우, EMB 한천배지에서 배양하면 녹색 빛깔 금속성 광택의 집락이 형성된다.

14

① 식품공전에 따른 살모넬라 시험법은 증균배양(펩톤식염완충액 등) → 분리배양(XLD, BG Sulfa, Desoxycholate Citrate 한천배지 등) → 확인시험[생화학적 확인시험(TSI agar, IMVIC test 등), 응집시험(살모넬라진단용 항혈청을 사용한 응집반응)] 순으로 시행한다.

11
미생물 실험법

15

① 합성배지는 합성하여 만든 배지를 말한다.

③ 합성배지는 미생물의 대사연구에 주로 사용한다.

④ 천연배지는 배양하고자 하는 미생물의 영양 요구조건이 명확하지 않을 때 사용한다.

16

바실러스 세레우스 정량시험 시 최종 균수계산(식품의 기준 및 규격) 확인 동정된 균수에 희석배수를 곱하여 계산한다. 예로 10^{-1} 희석용액을 0.2mL씩 5장 도말 배양하여 5장의 집락을 합한 결과 100개의 전형적인 집락이 계수되었고 5개의 집락을 확인한 결과 3개의 집락이 바실루스 세레우스로 확인되었을 경우 $100 \times (3 / 5) \times 10 = 600$으로 계산한다.

17

③ 감별 배지는 미생물 대사작용의 결과로 변화되는 성분들을 함유하고 있다. 이런 변화들은 미생물이 자라고 있는 한천 평판배지, 시험관, 액체배지에서 분명히 육안으로 확인할 수 있으며 이런 특징은 미생물들을 구별할 수 있도록 해준다.

18

② 선택 배지는 미생물을 그룹별로 또는 특정 미생물을 선택하기 위해서 광범위한 서로 다른 화학성분들이 배지에 사용될 수 있으며, 원하지 않는 미생물들을 저해하는 방법으로 만든다.

19

④ selective media − SS배지(SS agar)

20

나. 자연배지는 자연산물을 이용하여 미생물의 배양을 도모하기 위해 만든 배지이다.

마. 감별(분별)배지는 배지에 특수한 생화학적 지시약을 넣어 줌으로써 한 종류의 미생물을 다른 미생물과 구별할 수 있게 하는 배지이다.

21

① 제한배지는 특정미생물의 영양요구성을 알고 있을 때 사용하는 배지이다.

② 복합배지는 화합물의 조성을 모르는 성분이 포함된 배지를 말한다.

③ 효모추출물은 복합배지에 해당한다.

22

③ 대장균군은 EMB 배지에 분리 배양 시 금속성 광택의 심녹색 집락이 나타난다.

23

④ 펩톤은 화합물의 조성을 명확히 알 수 없는 복합배지에 해당한다.

24

② 선택배지는 여러 가지 영양성분을 넣어 주어, 특정 미생물의 성장을 도모하기 위해 만든 배지이다.

25

① 트립톤을 처리한 대두배지(tryptic soy broth)는 배지의 모든 화학적 조성이 알려진 성분명확배지가 아닌 복합배지이다.

② 배지의 고형화를 위한 한천(agar)은 복합배지(complex media)와 합성배지(synthetic media)에 사용될 수 있다

④ 혈액한천배지(blood agar)는 비용혈성 세균의 성장을 억제하고 용혈성 세균만을 자라게 하는 증식배지(enrichment media)이다.

Chapter 02 | 살균법

01 ③	02 ③	03 ②	04 ④	05 ④
06 ②	07 ②	08 ④	09 ③	10 ④

01

③ 여과법은 가열에 의해 변성될 염려가 있는 배지를 만들 때 주로 사용되며, 바이러스까지 제균할 수 없다.

02

③ 많은 비용이 소모되고, 식품의 품질이 저하될 수 있다.

03

② 화염멸균(flaming sterilization)은 백금이 등의 내열기구를 멸균하는 데 주로 사용되며, 알코올램프나 분젠버너 등의 화염으로 직접 살균하는 방법이다. 백금이 또는 백금선을 멸균하거나 미생물을 접종할 때 시험관 주위가 오염되지 않도록 하기 위해 사용한다.

04

④ 고압증기멸균(autoclave)은 고압솥을 사용하여 100℃ 이상의 고압증기로 멸균하는 방법이다. 1.1kg/cm²(15 lb/in²), 121℃에서 15 ~ 20분간 처리하며, 포자 등도 한 번의 멸균으로 충분히 사멸가능하다.

05

고압증기 멸균기 사용법
(1) 멸균할 물건을 알루미늄 호일로 감싸거나 비이커 등에 넣어 뚜껑을 덮는다.
(2) Autoclave용 indicator 테이프를 붙이고 필요사항을 기재한다.
(3) 멸균기에 수돗물을 기준선까지 채운 다음 멸균할 물건을 넣는다.
(4) 멸균기의 뚜껑을 닫고 121℃, 15 ~ 20분으로 설정하고 멸균기를 작동시킨다.
(5) 멸균이 끝나면 멸균통의 압력이 자연적으로 상압이 될 때까지 기다리거나 내용물에 액체가 없을 경우 배기 밸브를 아주 살짝 열어 증기를 완전히 뺀 후 꺼낸다.
(6) 살균 완료된 물건은 건조기에 넣는 등 목적에 따라 정리한다.

06

② 일반적으로 미생물 배지 제조 시 고압증기멸균을 시행한다. 고압증기멸균 시 배지 내 모든 미생물의 사멸이 가능하고, 배지에 첨가된 한천이 고온에 용해되어 고체배지를 제조할 수 있다.

07

② 프로피온산(propionic acid)은 보존료이다.

08

건열멸균은 유리기구, 도자기 및 금속기구 등의 멸균에 주로 사용되는 방법으로, 유리기구에는 시험관(test tube), 페트리 접시(petri dish, shale), 스프레더(spreader, 삼각유리봉), 기타 유리기구로는 피펫, 실린더, 플라스크 등이 있다.

09

③ 건열멸균은 유리기구, 도자기 및 금속기구 등의 멸균에 주로 사용되는 방법으로, 150 ~ 160℃에서 1시간 정도 가열한다.

10

④ 여과(filtration)는 항생물질, 비타민 등이 첨가되어 가열하면 변성될 염려가 있는 배지를 만들 때 주로 사용한다.

Chapter 03 | 배양 및 균주보존법				
01 ②	02 ①	03 ④	04 ③	05 ②
06 ④	07 ③	08 ①	09 ④	10 ②
11 ①	12 ④	13 ②		

01

린드너의 소적 발효 시험법, 듀람 발효관법, 아인혼 발효관법 등은 효모의 발효 실험에 이용되며, 효모의 당류 이용성 실험에는 옥사노그래피법이 이용된다.

02

라. 모래배양법은 균주를 보존하는 방법이다.

03

④ 천자배양은 주로 혐기성균의 배양에 이용한다. 백금선으로 균을 취해서 배양관 입구를 아래로 하고, 고체배지의 중앙을 바닥까지 찔러준다. 이후 배양하면 혐기성균은 시험관의 아래쪽, 가장 깊은 곳에서 증식하게 된다.

04

③ candle-jar 배양법

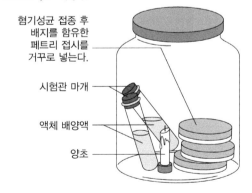

혐기성균 접종 후 배지를 함유한 페트리 접시를 거꾸로 넣는다.

시험관 마개

액체 배양액

양초

05

곰팡이나 방선균과 같이 균사가 발달하는 균은 프레파라트 제작에 있어서 구조가 망가지기 쉬우므로, 슬라이드 글라스 위에서 직접 배양하기도 한다. 이를 슬라이드 배양이라고 한다.

06

효모나 곰팡이를 배양할 때 균의 호흡을 촉진하거나 그 밖의 목적으로 액체 배지 내에 무균 공기를 불어 넣으면서 배양하는 방법을 통기배양이라 한다. 배지에 통기를 하면 산소 공급과 교반 두가지 효과를 내는데, 실험관과 같이 소규모일 경우는 용기를 진탕기에 고정하고 모터를 구동해 계속 흔들면서 배양하는 진탕 배양법도 통기 배양법과 같은 효과를 낼 수 있다.

07

혐기성균을 순수분리하기 위해서는 2중접시배양법이나 뷰리관법 등을 들 수 있으며, 혐기성균 배양법에는 혐기배양기(anaerobic jar, candle jar), 진공배양, 산소흡수, 수소치환법 등이 있다.

08

① 미생물 보관 시 상온에서는 보관하지 않는다.

09

④ 균주 보존법으로는 사면 배양법, 천자 배양법, 당액 중 보존법, 모래 배양법(sand culture), 토양 보존법(soil culture), 유중 보존법(preservation in oil), 동결 건조법(lyophile preservation, freeze-drying) 등이 있다.

10

② 동결 건조법(lyophile preservation, freeze-drying)은 곰팡이, 효모, 세균에 다 같이 쓰이는 방법으로 곰팡이는 오랜기간 보존이 가능하다. 이 방법은 보존에 사용된 포자가 직접 발아하기 때문에 형태나 생리적 변화가 없고, 잡균의 오염이 없으며 저장이 용이하고 간편한 장점을 지닌다.

11

① 토양보존법(soil culture)은 포자형성세균, 방선균, 곰팡이 등의 장기저장에 이용한다. 풍건한 흙에 수분이 20%가 되게 물을 가하고 시험관에 분주하여 120℃로 3시간 살균한 후 다음 날 다시 한 번 살균한다. 여기에 배양액이나 포자현탁액 1mL를 가해서 실온으로 보존한다.

12

① 유중보존법: 곰팡이 보존에 이용할 수 있음
② 천자배양법: 혐기성균을 보존하고 냉장보관함
③ 동결건조법: 곰팡이, 효모, 세균에 모두 사용가능

13

② *Campylobacter jejuni*는 미호기성 균으로 산소농도 2 ~ 10%(5 ~ 10%)에서 생육이 가능하기 때문에 혐기배양기나 가스팩 등을 사용해 산소조건을 맞추어 배양하여야 한다.